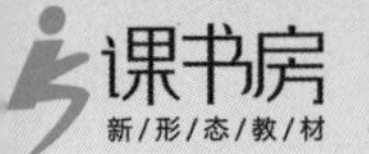

高等职业教育建设工程管理类专业系列教材
GAODENG ZHIYE JIAOYU JIANSHE GONGCHENG GUANLI LEI ZHUANYE XILIE JIAOCAI

JIANZHU GONGCHENG ZHITU YU SHITU

建筑工程制图与识图

主　编 / 赵春荣
副主编 / 王　强　庞清水
参　编 / 崔　炜

重庆大学出版社

内容提要

本书以国家现行制图标准为编写依据，编写时结合高职高专的办学特点，基于工作过程，分解工作任务，以典型工作任务为载体，以学生为中心，以能力培养为本位。知识上“以应用为目的，以必需够用为度”，着重介绍了制图的基本知识与技能、正投影原理、轴测投影、建筑施工图、结构施工图的图示内容及识读方法。编写中还融入了工匠精神，体现出“课程思政”的概念。同时，为适应不同培养方向的需要，对书中部分内容进行了适当的加深和拓展，可满足不同层次学生的学习需求。

本书可作为高职高专、各类成人高校建筑工程专业的基础教材，也可作为建筑学、城市规划、地下建筑等相近专业的教材使用，同时还可作为职工培训和广大自学者及工程技术人员的参考用书。

图书在版编目(CIP)数据

建筑工程制图与识图 / 赵春荣主编. -- 重庆：重庆大学出版社，2022.8

高等职业教育建设工程管理类专业系列教材

ISBN 978-7-5689-3383-4

Ⅰ. ①建… Ⅱ. ①赵… Ⅲ. ①建筑制图—识别—高等职业教育—教材 Ⅳ. ①TU204.21

中国版本图书馆 CIP 数据核字(2022)第 111162 号

高等职业教育建设工程管理类专业系列教材

建筑工程制图与识图

主 编 赵春荣

副主编 王 强 庞清水

策划编辑：刘颖果

责任编辑：姜 凤 版式设计：刘颖果

责任校对：谢 芳 责任印制：赵 晟

*

重庆大学出版社出版发行

出版人：饶帮华

社址：重庆市沙坪坝区大学城西路 21 号

邮编：401331

电话：(023) 88617190 88617185(中小学)

传真：(023) 88617186 88617166

网址：http://www.cqup.com.cn

邮箱：fxk@cqup.com.cn (营销中心)

全国新华书店经销

重庆俊蒲印务有限公司印刷

*

开本：787mm×1092mm 1/16 印张：18 字数：452 千

2022 年 8 月第 1 版 2022 年 8 月第 1 次印刷

印数：1—2 000

ISBN 978-7-5689-3383-4 定价：59.00 元

前　言

随着社会、经济的不断发展，现代企业大量引进新的管理模式、生产方式和组织形式，社会对人才需求的多样性，促进了人才培养模式和人才培养结构的巨大变化。为全面提高教育教学质量，更新教学内容，改革教学方式，加强职业院校学生的实践能力和职业技能培养，满足高职高专建筑工程类各专业的教学需要，结合我国高等职业教育的特点编写而成。"建筑工程制图与识图"是建筑工程专业最主要的技术基础课之一。

本书在编写中体现了以下特点：

一是"校企双元"，注重与企业合作开发教材。副主编、参编为长期从事建筑结构设计、施工管理的工程技术人员，使教材更贴近工程实际，符合职业能力培养的要求。

二是"数字资源"，配套教学开发动画数字资源，帮助学生理解教材中的重点及难点。

三是"课程思政"，融入工匠精神，为学生送上精神大餐。

四是"任务式编写方法"，以国家职业标准为依据，以综合职业能力培养为目标，以典型工作任务为载体，以学生为中心，以能力培养为本位，融入"建筑工程识图职业技能等级'1+X'考级"要求，以任务为导向，采用任务书和引导问题的方式进入学习，打破传统教材以知识体系为导向的结构体例。

五是"先进性"，全部采用国家现行制图标准，包括《房屋建筑制图统一标准》(GB/T 50001—2017)、《总图制图标准》(GB/T 50103—2010)、《建筑制图标准》(GB/T 50104—2010)，保证学习内容紧跟行业新技术、新规范。

本书由北京工业职业技术学院赵春荣担任主编，北京工业职业技术学院王强和北京玖衡建筑设计有限公司庞清水担任副主编，中国水利水电科学研究院崔炜担任参编。另外，北京工业职业技术学院王博、李小利等也参加了部分章节的讨论与绘图工作。

本书在编写过程中参考了部分相邻学科的教材、习题集等文献，在此谨向文献的作者致谢。

由于编者水平有限，书中错误之处在所难免，恳请使用本书的师生和广大同仁批评指正。

编　者

2022年4月

目　录

项目一　绘制空间元素三视图 …… 1
学习性工作任务 1　绘制点的投影 …… 1
学习性工作任务 2　绘制直线的投影 …… 17
学习性工作任务 3　绘制平面的投影 …… 28
学习性工作任务 4　绘制基本立体的投影 …… 41
项目二　绘制建筑形体轴测图 …… 63
学习性工作任务 1　绘制正等轴测图 …… 63
学习性工作任务 2　绘制斜轴测图 …… 74
项目三　绘制建筑形体剖面图与断面图 …… 84
学习性工作任务 1　绘制建筑形体剖面图 …… 84
学习性工作任务 2　绘制建筑形体断面图 …… 97
项目四　识读建筑施工图 …… 107
学习性工作任务 1　识读建筑施工图首页 …… 107
学习性工作任务 2　识读建筑总平面图 …… 116
学习性工作任务 3　识读建筑平面图 …… 126
学习性工作任务 4　识读建筑屋顶平面图 …… 144
学习性工作任务 5　识读建筑立面图 …… 156
学习性工作任务 6　识读建筑剖面图 …… 163
学习性工作任务 7　识读建筑详图 …… 170
项目五　识读结构平法施工图 …… 185
学习性工作任务 1　识读结构设计说明 …… 185
学习性工作任务 2　识读基础平法施工图 …… 196
学习性工作任务 3　识读柱平法施工图 …… 211
学习性工作任务 4　识读梁平法施工图 …… 223
学习性工作任务 5　识读板平法施工图 …… 240
学习性工作任务 6　识读剪力墙平法施工图 …… 252
学习性工作任务 7　识读板式楼梯平法施工图 …… 270
参考文献 …… 279

项目一　绘制空间元素三视图

学习性工作任务1　绘制点的投影

典型工作任务描述

根据给定的点的两面投影，采用绘图工具绘制点的第三面投影；根据点的空间坐标，采用绘图工具绘制点的三视投影图。

【学习目标】

1. 掌握投影原理、分类及正投影的特性。
2. 理解工程中常用的投影图类型。
3. 熟练掌握三面投影体系的形成及展开。
4. 掌握点的三面投影图的规律和位置对应关系。

【任务书】

根据典型工作环节2的资讯材料，完成引导问题，在此基础上完成以下任务，填写“点的投影绘制记录单”。

1. 根据立体轴测图找到对应的三面投影图。
2. 根据点的三面投影图，绘制直观图。
3. 根据直观图，绘制点的三面投影图。
4. 补全点的投影，并判定两点在空间的相对位置。
5. 已知点 $D(30,0,20)$，点 $E(0,0,20)$，点 F 在点 D 的正前方25 mm，求点 D,E,F 的三面投影并判别可见性。
6. 对照立体图，在三面投影中注明点 A,B,C 的三面投影。

1.

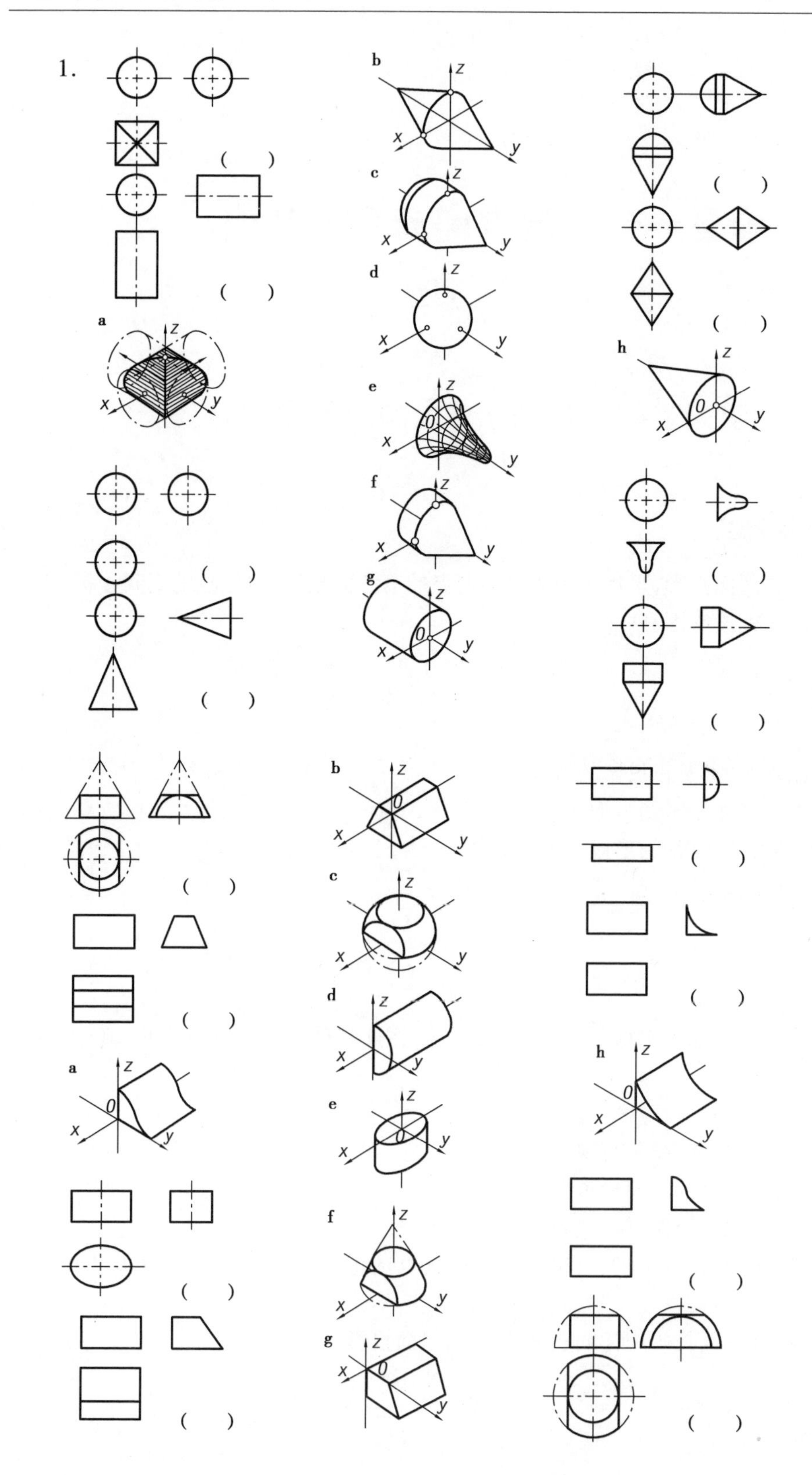

2.

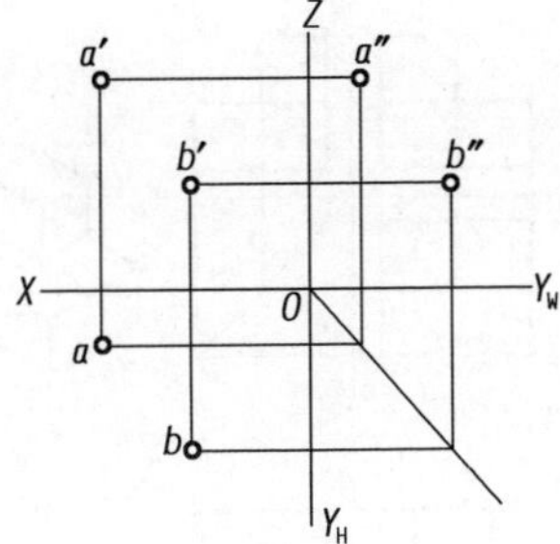

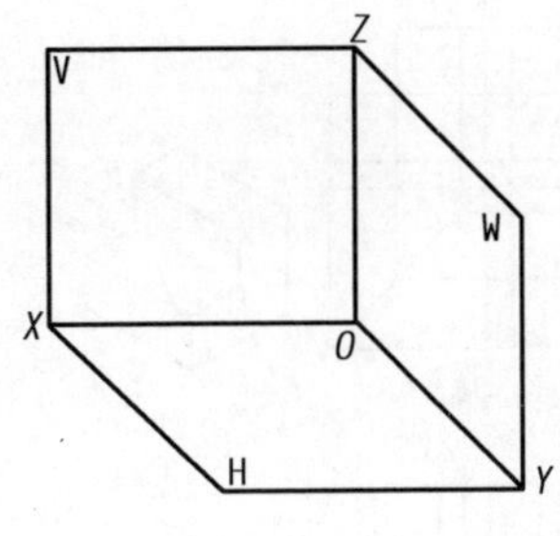

3.

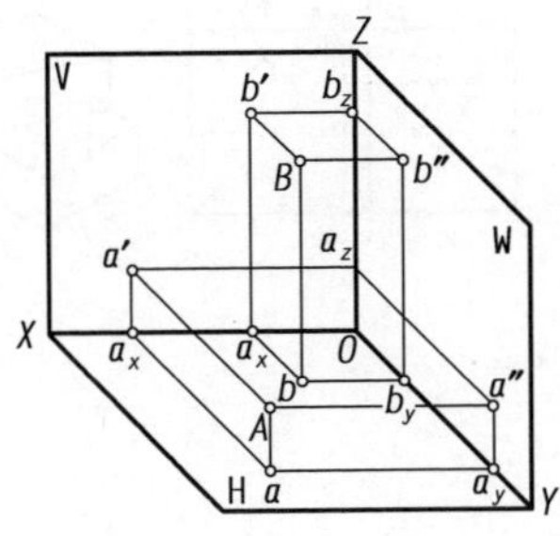

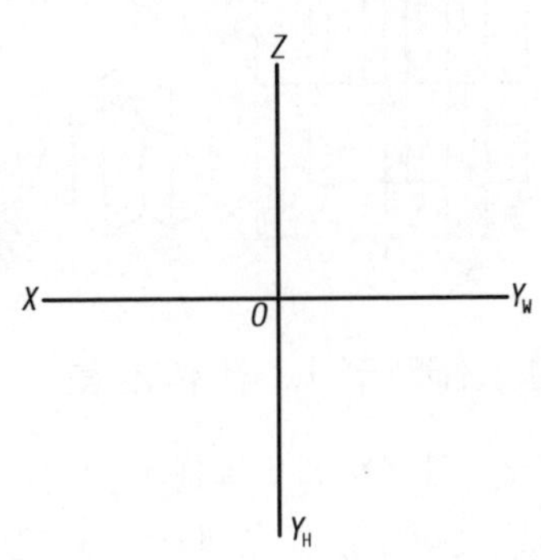

4.

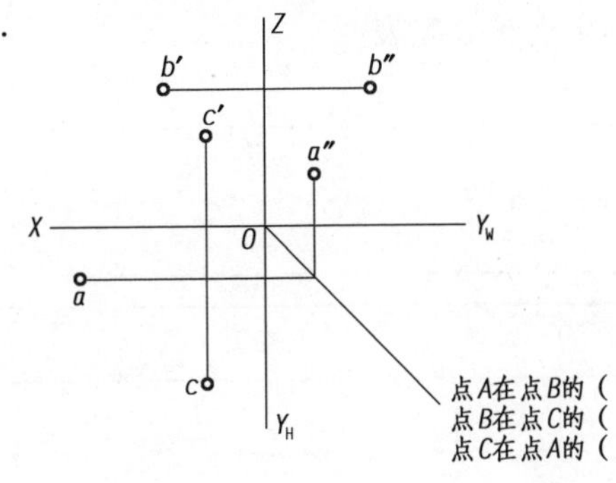

点A在点B的（　　）
点B在点C的（　　）
点C在点A的（　　）

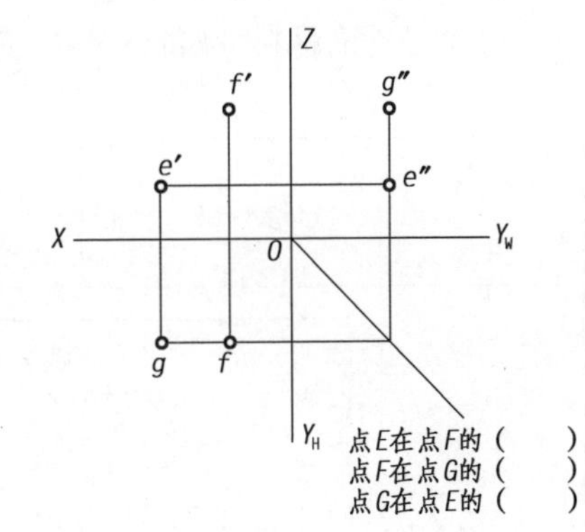

点E在点F的（　　）
点F在点G的（　　）
点G在点E的（　　）

5.

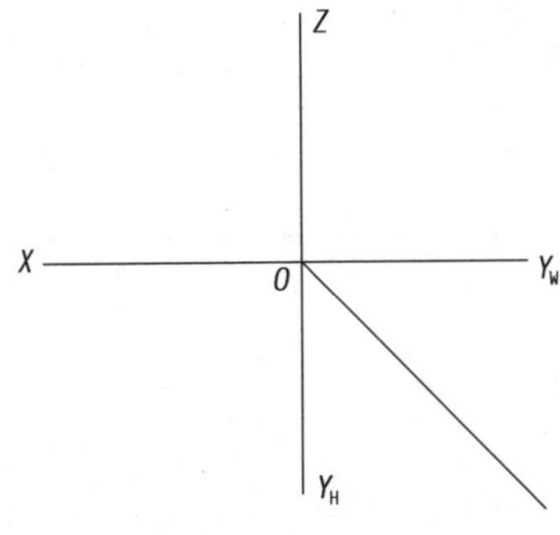

6.

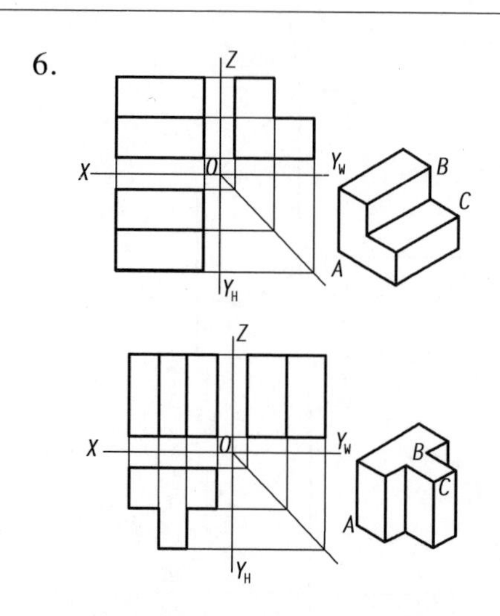

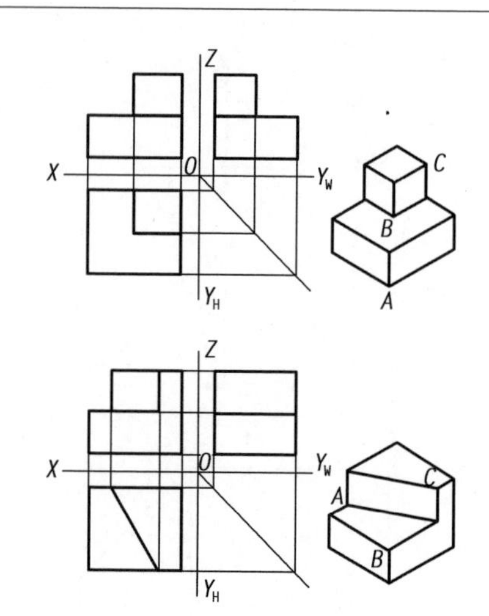

典型性工作环节1　工作准备

1. 阅读任务书,基本了解任务量、任务难度和任务内容。
2. 小组成员对本次任务进行分解,制订合理的实施计划,并进行人员任务分工。
3. 学习资讯材料、准备任务书、记录单,填写学生任务分配表。

学生任务分配表

<table>
<tr><td>班级</td><td></td><td>组号</td><td></td><td>指导教师</td><td></td></tr>
<tr><td>组长</td><td></td><td>学号</td><td colspan="3"></td></tr>
<tr><td rowspan="6">组员</td><td colspan="3">姓名</td><td colspan="2">学号</td></tr>
<tr><td colspan="3"></td><td colspan="2"></td></tr>
<tr><td colspan="3"></td><td colspan="2"></td></tr>
<tr><td colspan="3"></td><td colspan="2"></td></tr>
<tr><td colspan="3"></td><td colspan="2"></td></tr>
<tr><td colspan="3"></td><td colspan="2"></td></tr>
<tr><td colspan="6">任务分工</td></tr>
</table>

典型工作环节2　资讯搜集

知识点1:投影类型及特性

1.投影

通过物体的一组投射线,在一个选定的面上形成的图形,称为该物体在该面上的投影,如图1.1所示。

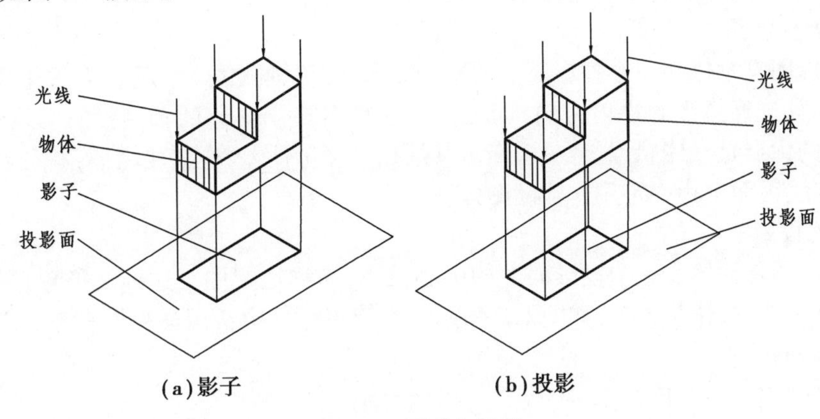

(a)影子　(b)投影

图1.1　影子与投影

根据投影线之间的相互关系,可将投影分为中心投影和平行投影。

(1)中心投影

当投影中心S在有限的距离内,所有的投影线都交于一点时,这种方法产生的投影,称为中心投影,如图1.2所示。

(2)平行投影

把投影中心S移到离投影面无限远处,则投影线可视为互相平行,由此产生的投影称为平行投影。平行投影的投影线互相平行,所得投影的大小与物体离投影中心的距离无关。

根据投影线与投影面之间的位置关系,平行投影又分为斜投影和正投影两种。投影线与投影面倾斜时称为斜投影,如图1.3(a)所示。投影线与投影面垂直时称为正投影,如图1.3(b)所示。

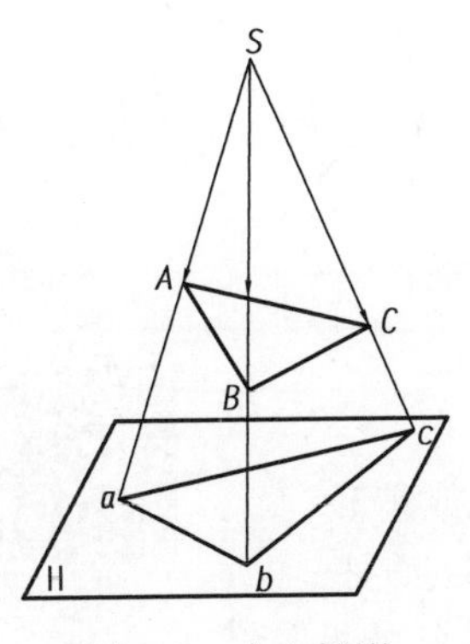

图1.2　中心投影

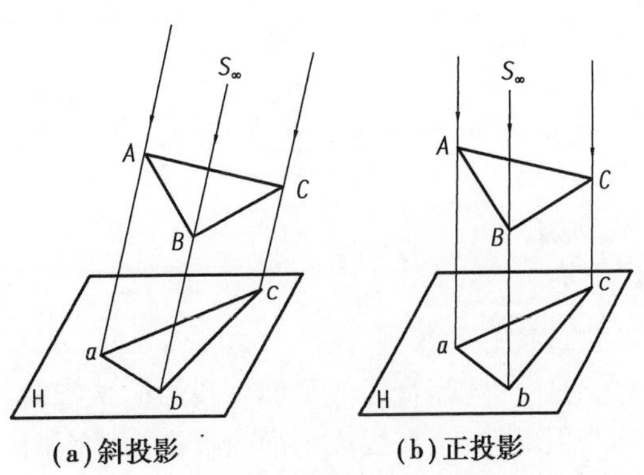

(a)斜投影　(b)正投影

图1.3　平行投影

2. 投影图类型

工程上常用的投影图有正投影图、轴测投影图、透视投影图和标高投影图。

(1)正投影图

用正投影法将形体向两个或两个以上互相垂直的投影面进行投影,再按照一定的规律将其展开到一个平面上,所得的投影图称为正投影图,如图 1.4 所示。

这种图的优点是能准确地反映物体的形状和大小,作图方便,度量性好。其缺点是立体感差,不宜看懂。因而工程中常用作主要图样。

(2)轴测投影图

轴测投影图是物体在一个投影面上的平行投影,简称轴测图。将物体安置于投影面体系中合适的位置,选择适当的投射方向,即可得到这种富有立体感的轴测投影图,如图 1.5 所示。这种图的优点是立体感强,容易看懂。其缺点是度量性差,作图较麻烦,并且对复杂形体难以表达清楚,因而工程中常用作辅助图样。

(3)透视投影图

透视投影图是物体在一个投影面上的中心投影,简称透视图。这种图形象逼真,像照片一样,但其度量性差,作图繁杂,如图 1.6 所示。在建筑设计中常用透视投影来表现所设计的建筑物建成后的外貌。

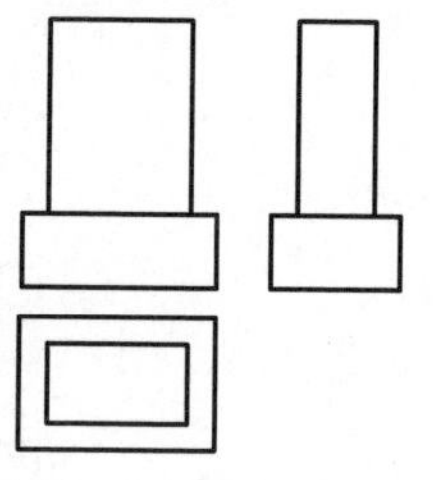

图 1.4　正投影图

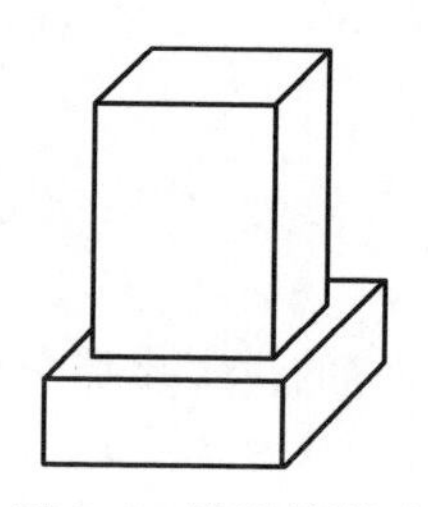

图 1.5　轴测投影图

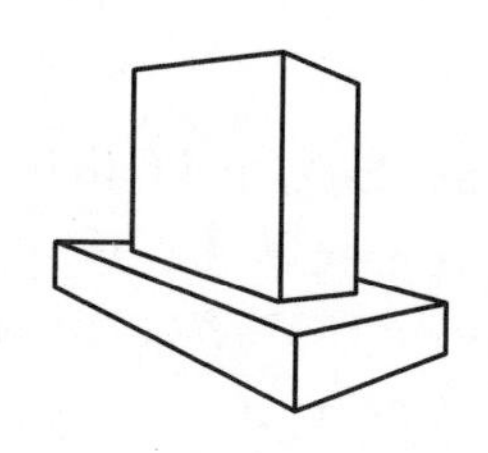

图 1.6　透视投影图

(4)标高投影图

作图时将间隔相等而高程不同的等高线(地形表面与水平面的交线)投影到水平投影面上,并标注出各等高线的高程,即标高投影图。它是一种带有数字标记的单面正投影图,用正投影反映物体的长度和宽度,其高度用数字标注,如图 1.7 所示。这种图常用来表达地面的形状,被广泛用于土木工程中。

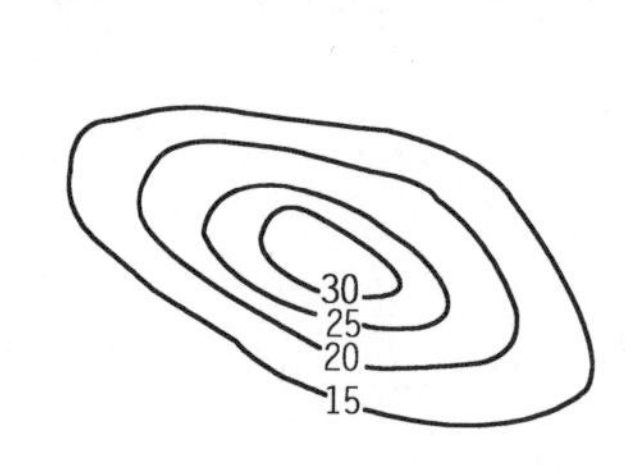

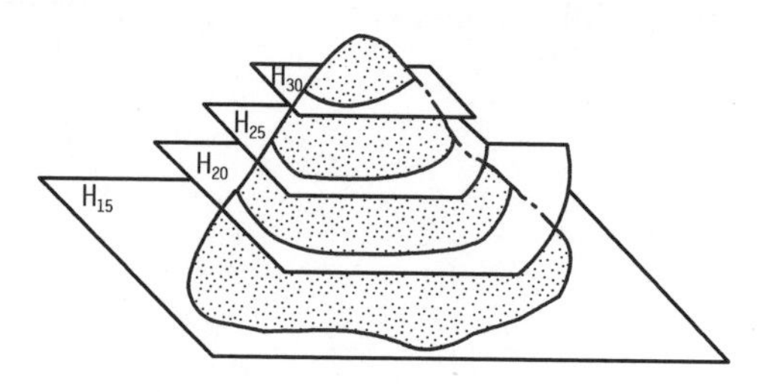

图 1.7　标高投影图

平行投影的特性

3. 正投影特性

①显实性:当直线或平面与投影面平行时,它们的投影反映实长或实形。

②积聚性:当直线或平面与投影面垂直时,其投影积聚于一点或一直线。

③类似性:当直线段或平面与投影面倾斜时,其投影小于实形,但直线的投影仍

为直线，平面的投影仍为平面。当直线段或平面与投影面垂直时，其投影积聚为一点或一直线。

④平行性：当空间两直线互相平行时，它们在同一投影面上的投影仍互相平行。

⑤定比性：直线上两线段长度之比等于其同面投影的长度之比。

知识点 2：三面投影体系

三面投影体系的形成

(1)三面投影体系的形成

其形体向水平投影面 H 投影得到单面投影图，此投影图不能确定空间形体的唯一性。形体向水平投影面 H 和正立投影面 V 投影得到两面投影图，对复杂形体仍不能确定空间形体的唯一性，如图 1.8 所示。

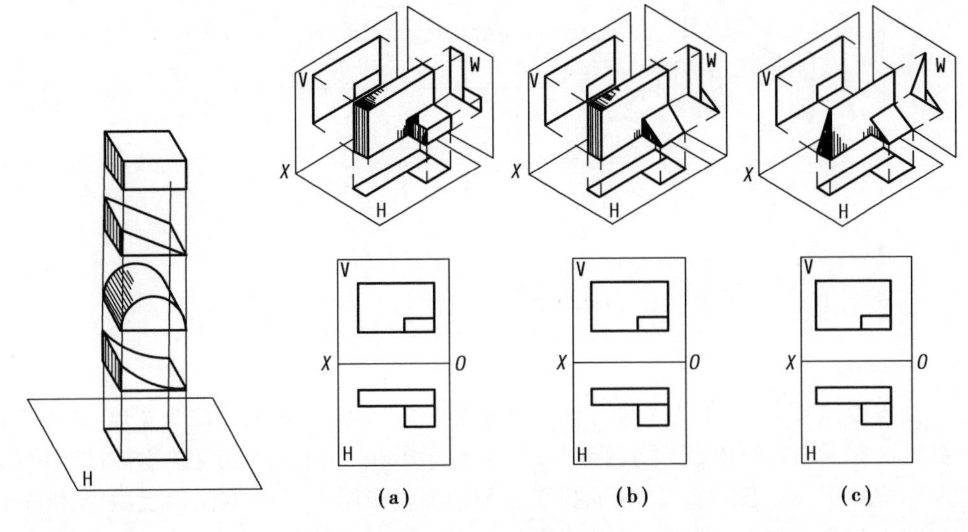

图 1.8　不同形体的一面投影和两面投影

若使正投影图能够唯一确定物体的形状，就必须采用多面正投影的方法，为此，我们设立了三面投影体系。把 3 个互相垂直的平面作为投影面，组成一个三面投影体系，如图 1.9 所示。水平投影面用 H 标记，简称水平面或 H 面；正立投影面用 V 标记，简称正立面或 V 面；侧立投影面用 W 标记，简称侧面或 W 面。两投影面的交线称为投影轴，H 面与 V 面的交线为 *OX* 轴，H 面与 W 面的交线为 *OY* 轴，V 面与 W 面的交线为 *OZ* 轴，它们互相垂直，并交于原点 *O*。

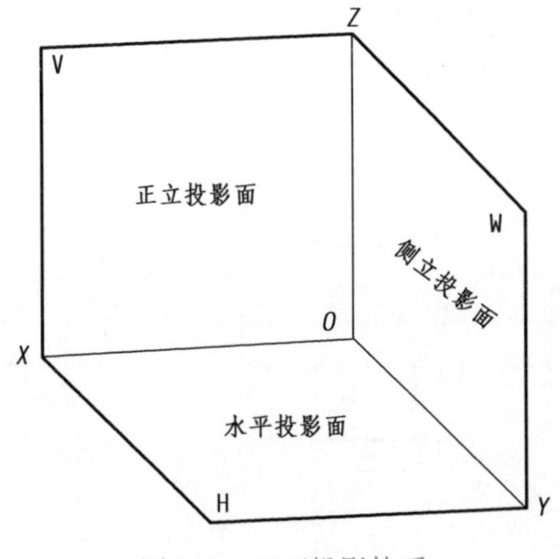

图 1.9　三面投影体系

(2)三面投影图的方位关系

形体在三面投影体系中的位置确定后,相对观察者,它在空间上有上、下、左、右、前、后 6 个方位,如图 1.10(a)所示。这 6 个方位在每个投影图中都可反映出其中 4 个方位。V 面投影反映形体的上下、左右关系,H 面投影反映形体的前后、左右关系,W 面投影反映形体的前后、上下关系。

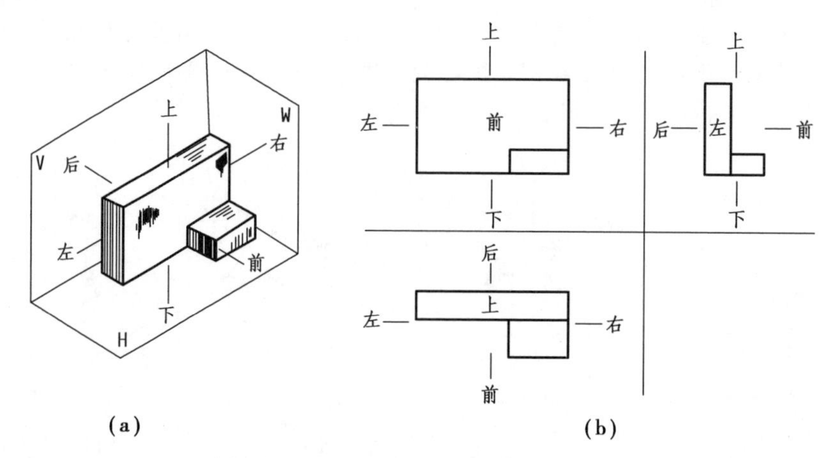

图 1.10 三面投影图的方位关系

(3)三面投影图的投影关系

在三面投影体系中,形体的 X 轴方向尺寸称为长度,Y 轴方向尺寸称为宽度,Z 轴方向尺寸称为高度。在三面投影中,水平投影图和正面投影图在 X 轴方向都反映物体的长度,它们的位置左右应对正,即“长对正”。正面投影图和侧面投影图在 Z 轴方向都反映物体的高度,它们的位置上下应对齐,即“高平齐”。水平投影图和侧面投影图在 Y 轴方向都反映物体的宽度,这两个宽度一定相等,即“宽相等”。“长对正、高平齐、宽相等”称为“三等关系”。

(4)三面投影图的基本画法

三面投影图的基本画法

为了把互相垂直的 3 个投影面上的投影画在一张二维的图纸上,我们必须将其展开。为此,假设 V 面不动,H 面沿 OX 轴向下旋转 90°,W 面沿 OZ 轴向后旋转 90°,使 3 个投影面处于同一个平面内,如图 1.11(a)所示。这时 Y 轴分为两条,一条随 H 面旋转到 OZ 轴的正下方,用 Y_H 表示;一条随 W 面旋转到 OX 轴的正右方,用 Y_W 表示,如图 1.11 所示。

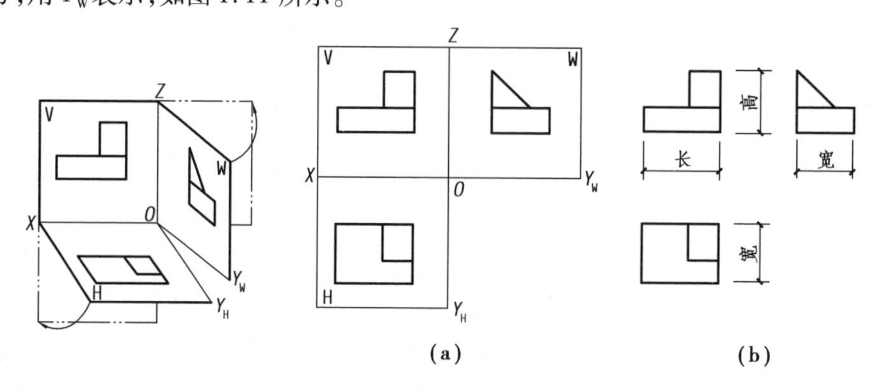

图 1.11 形体的三面正投影

实际绘图时，在投影图外不必画出投影面的边框，也不必注写H，V，W字样，还不必画出投影轴，这就是形体的三面正投影图，简称三面投影。

知识点3：点的投影

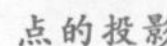

（1）点的投影规律

如图1.12所示，空间点A放置在三面投影体系中，过点A分别作垂直于H面、V面、W面的投影线，其投影线与H面的交点（即垂足点）a称为点A的水平投影（H投影）；投影线与V面的交点a'称为点A的正面投影（V投影）；投影线与W面的交点a''称为点A的侧面投影（W投影）。

在投影法中，空间点用大写字母表示，其在H面的投影用相应的小写字母表示；在V面的投影用相应的小写字母右上角加一撇表示；在W面的投影用相应的小写字母右上角加两撇表示。在图1.12(a)中，空间点A的三面投影分别用a，a'，a''表示。

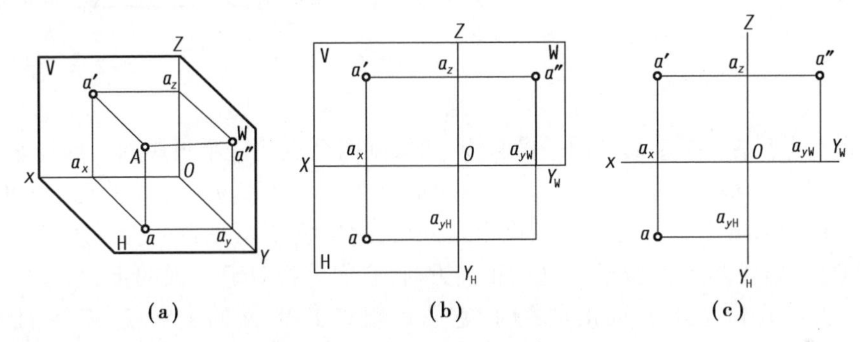

图1.12　形体的三面投影

点的水平投影和正面投影的连线垂直于OX轴（长对正）。

点的正面投影和侧面投影的连线垂直于OZ轴（高平齐）。

水平投影到OX轴的距离等于侧面投影到OZ轴的距离（宽相等）。

（2）点的投影与直角坐标的关系

各投影到投影轴的距离等于该点到通过该轴的相邻投影面的距离（也等于空间点到投影面的距离）。

$$a'a_x = a''a_{yW} = A\text{到H面的距离}$$
$$Aa_x = a''a_{zV} = A\text{到V面的距离}$$
$$a'a_z = aa_{yH} = A\text{到W面的距离}$$

根据上述投影特性可知，由点的两面投影就可以确定点的空间位置，故只要已知点的任意两个投影，就可以运用投影规律求出该点的第三个投影。

（3）两点的相对位置

空间两点的相对位置可以根据其坐标关系来确定：x坐标大者在左，小者在右；y坐标大者在前，小者在后；z坐标大者在上，小者在下。也可以根据它们的同面投影来确定：V投影反映它们的上下、左右关系，H投影反映它们的左右、前后关系，W投影反映它们的上下、前后关系。

如图1.13(a)所示,已知A,B两点的三面投影。$x_A > x_B$表示点A在点B之左,$y_A > y_B$表示点A在点B之前,$z_A > z_B$表示点A在点B之上,即点A在点B的左、前、上方,如图1.13(b)所示。若已知A,B两点的坐标,就可知点A在点B左方$x_A - x_B$处(负数为反方向),点A在点B前方$y_A - y_B$处(负数为反方向),点A在点B上方$z_A - z_B$处(负数为反方向);反之,如果已知两点的相对位置,以及其中一点的投影,也可以作出另一点的投影。

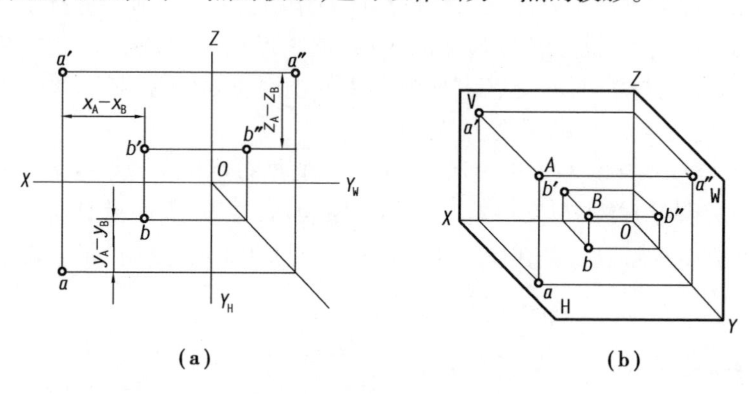

图1.13　根据两点的投影判断其相对位置

当两个点处于某一投影面的同一投影线上时,则两个点在这个投影面上的投影便互相重合,这个重合的投影称为重影,空间的两点称为重影点。当点A位于点B的正上方时,A,B两点是相对于H面的重影点。为了区别重影点的可见性,将不可见点的投影用字母加括号表示,如重影点$a(b)$。当点C位于点D的正前方时,它们是相对于V面的重影点,其V面投影为$c'(d')$。当点E位于点F的正左方时,它们是相对于W面的重影点,其W面投影为$e''(f'')$,如图1.14所示。

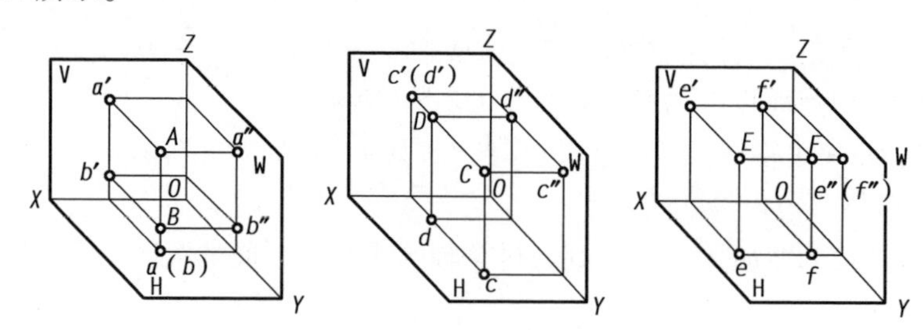

图1.14　在投影面的重投影

知识点4:点投影求解范例

范例1　已知点A的水平投影a和正面投影a',求其侧面投影a'',如图1.15(a)所示。

解　作图步骤如下:

①过a'引OZ轴的垂线$a'a_z$,所求a''必在这条延长线上,如图1.15(b)所示。

②在$a'a_z$的延长线上截取$a_z a'' = aa_x$,a''即为所求,如图1.15(c)所示。或以原点O为圆心,以aa_x为半径作弧,再向上引线,如图1.15(d)箭头所示;也可过原点O作45°辅助线,过点a作$aa_{yH} \perp OY_H$并延长交所作辅助线于一点,过此点作OY_W轴垂线交$a'a_z$于一点,此点即为a'',如图1.15(e)箭头所示。

范例2　已知点$A(14,10,20)$,作其三面投影图。

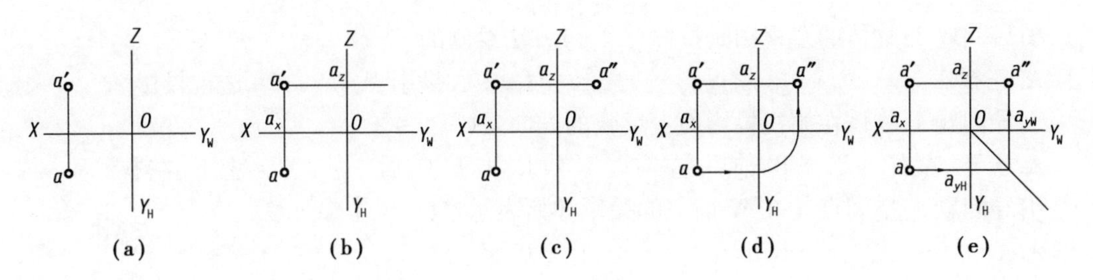

图 1.15　求点的三面投影

解　作图步骤如下：

(1)方法一：如图 1.16 所示。

①在投影轴 OX,OY_H 和 OY_W,OZ 上，分别从原点 O 截取 14,10,20 mm，得点 a_x,a_{yH} 和 a_{yW},a_z。

②过点 a_x,a_{yH},a_{yW},a_z 分别做投影轴 OX,OY_H,OY_W,OZ 的垂线，得点 A 的三面投影 a,a',a''。

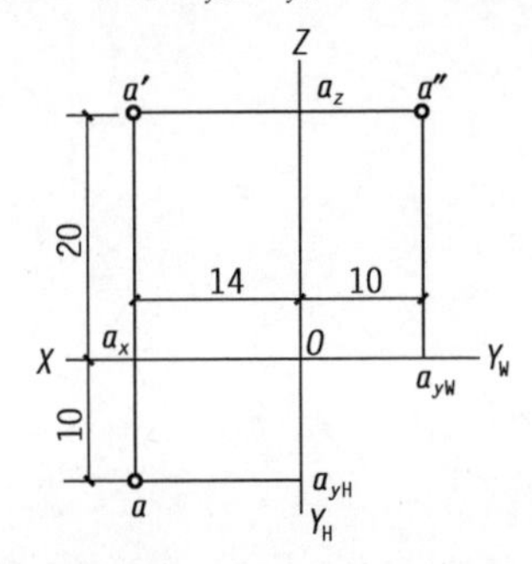

图 1.16　点的投影与坐标(方法一)

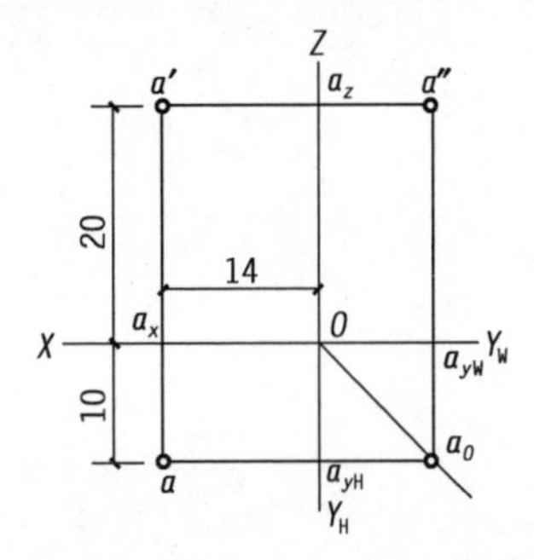

图 1.17　点的投影与坐标(方法二)

(2)方法二：如图 1.17 所示。

①在 OX 轴上，从点 O 截取 14 mm，得点 a_x。

②过点 a_x 作 OX 轴的垂线，在此垂线上，从点 a_x 向下截取 10 mm，得点 a，从点 a_x 向上截取 20 mm，得点 a'。

③在 OY_H 和 OY_W 轴之间作 45°辅助线，从点 a 作 OY_H 的垂线与 45°线交得点 a_0；过点 a_0 作 OY_W 轴垂线，过点 a' 作 OZ 轴垂线，与过点 a_0 作 OY_W 的垂线交于点 a''。

典型性工作环节 3　工作实施

(1)学习资讯材料

掌握其中投影的概念、分类、常用类型及特性，三面投影体系的建立、三面投影图的画法、点的投影的求解，填写工作任务单。

(2)回答引导问题

引导问题 1：Z 投影轴表示物体的(　　)。

A. 高度　　B. 长度　　C. 宽度　　D. 角度

引导问题 2：水平投影面的表示符号是(　　)。

A. W　　B. H　　C. V　　D. Y

引导问题3:物体的三视图是按照(　　)方法绘制的。

A. 正投影　　B. 斜投影　　C. 中心投影　　D. 透视投影

引导问题4:物体在俯视投影面上反映的方向是(　　)。

A. 上下、左右　　B. 前后、左右　　C. 上下、前后　　D. 上下、左右

引导问题5:空间点 A 在 W 面上的投影如何表示?(　　)

A. A　　B. a　　C. a'　　D. a''

引导问题6:若点 A 与点 B 是重影点,点 A 在点 B 的正下方,其水平投影图应如何表示?(　　)

A. $a(b)$　　B. $(a)b$　　C. $b(a)$　　D. $(b)a$

点投影绘制记录单

班级:________组别:________

典型性工作环节4　评价反馈

(1)学生自评

学生自评表

班级		姓名		学号	
任务1	绘制点的投影				
评价项目	评价标准			分值/分	得分/分
引导问题1	正确			5	
引导问题2	正确			5	
引导问题3	正确			5	
引导问题4	正确			5	
引导问题5	正确			5	
引导问题6	正确			5	
点投影绘制记录单	1.全面　2.专业　3.正确　4.清晰			35	
工作态度	态度端正,无缺勤、迟到、早退现象			10	
工作质量	能按计划完成工作任务			10	
协调能力	能与小组成员、同学合作交流,协调工作			5	
职业素质	能做到细心、严谨,体现精益求精的工匠精神			5	
创新意识	能提炼材料内容,找到解决任务的途径,理论联系实践			5	
合计				100	

(2)学生互评

学生互评表

任务名称	绘制点的投影														
评价项目	分值/分	等级								评价对象(组别)					
										1	2	3	4	5	6
计划合理	10	优	10	良	9	中	7	差	6						
团队合作	10	优	10	良	9	中	7	差	6						
组织有序	10	优	10	良	9	中	7	差	6						
工作质量	20	优	20	良	18	中	14	差	12						
工作效率	10	优	10	良	9	中	7	差	6						

续表

评价项目	分值/分	等级								评价对象(组别)					
										1	2	3	4	5	6
工作完整	10	优	10	良	9	中	7	差	6						
工作规范	10	优	10	良	9	中	7	差	6						
成果展示	20	优	20	良	18	中	14	差	12						
合计	100														

(3)教师评价

教师评价表

班级		姓名		学号	
任务1		绘制点的投影			
评价项目		评价标准		分值/分	得分/分
考勤(10%)		无迟到、早退、旷课现象		10	
工作过程(60%)	引导问题1	正确		5	
	引导问题2	正确		5	
	引导问题3	正确		5	
	引导问题4	正确		5	
	引导问题5	正确		5	
	引导问题6	正确		5	
	点投影绘制记录单	1.全面　2.专业　3.正确　4.清晰		15	
	工作态度	态度端正,工作认真、主动		5	
	协调能力	能按计划完成工作任务		5	
	职业素质	能与小组成员、同学合作交流,协调工作		5	
项目成果(30%)	工作完整	能按时完成任务		5	
	工作规范	能按规范要求完成引导问题及绘制点的投影,规范填写记录单		5	
	任务记录单	正确、规范、专业、完整		15	
	成果展示	能准确表达、汇报工作成果		5	
合计				100	
综合评价		学生自评(20%)	小组互评(30%)	教师评价(50%)	综合得分

典型性工作环节 5　拓展思考题

1. 已知点 A 到 3 个投影面的距离均为 10 mm，点 B 在 H 面上，且点 B 在点 A 正前方 10 mm，正左方 15 mm，请完成 A，B 两点的投影。

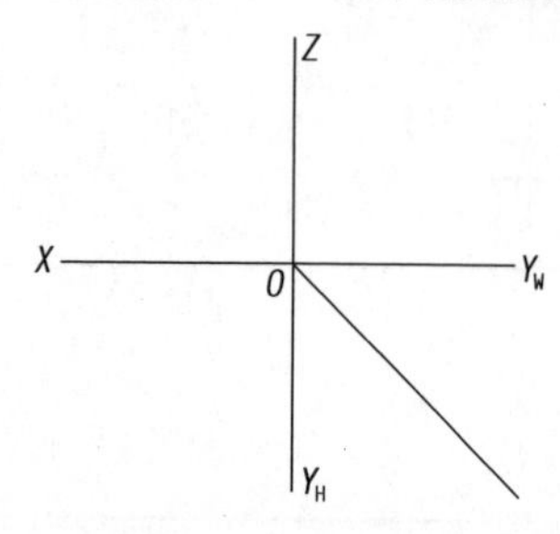

2. 已知点 A 的投影，点 B 在点 A 的正左方 15 mm，点 C 在点 A 的正下方 15 mm，点 D 在点 A 的正前方 15 mm，求 B，C，D 的三面投影，并判别可见性。

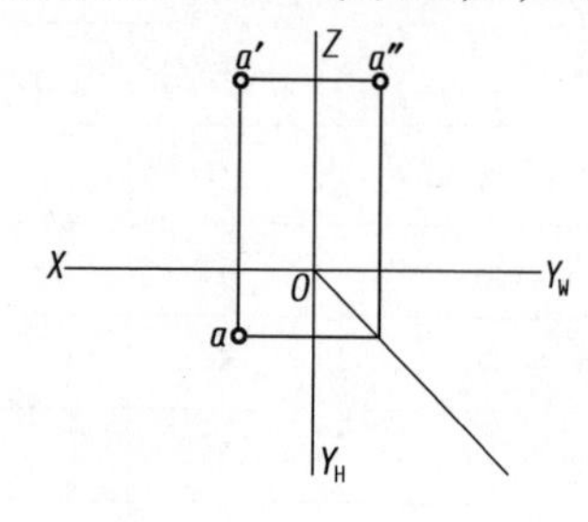

学习性工作任务2　绘制直线的投影

典型工作任务描述

根据给定的直线的两面投影，采用绘图工具绘制直线的第三面投影，并确定直线类型；根据直线类型、实长、夹角绘制直线三视投影图；根据直线端点坐标绘制直线三视投影图。

【学习目标】

1. 掌握直线的类型。
2. 掌握不同类型直线的投影特性。

【任务书】

根据典型工作环节2的资讯材料，完成引导问题，在此基础上完成以下任务，填写"直线的投影绘制记录单"。

1. 标出立体图上所注线段的三面投影，并写出它们是什么类型的线段。
2. 过点 A 作正平线 AB，实长为 20 mm，$\alpha=30°$。
3. 已知点 $E(15,5,15)$，过点 E 作实长为 20 mm 的正垂线 EF，点 F 在点 E 前。
4. 过点 C 作到 W 面距离为 15 mm，$\alpha=60°$，实长为 25 mm 的侧平线。
5. 已知直线的两面投影，求第三面投影。
6. 已知线段 RS 的长度及其 V 面投影 L，求 rs。

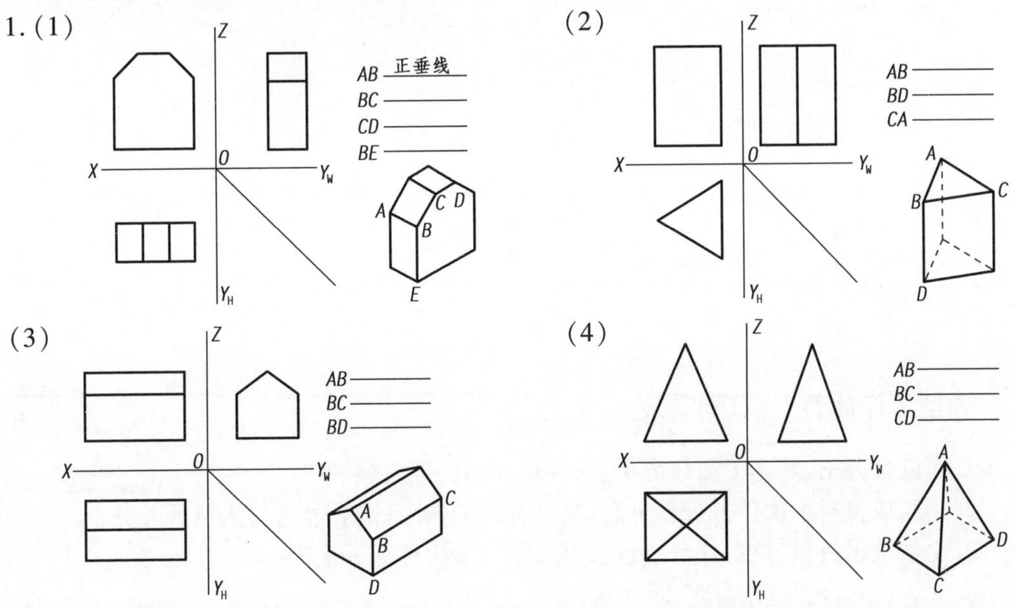

2.

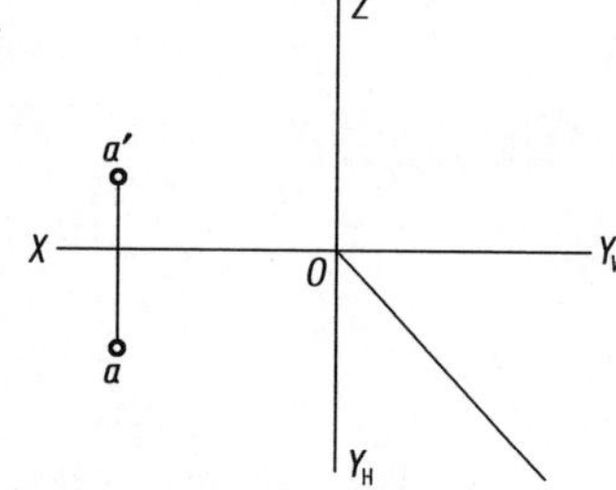

3.

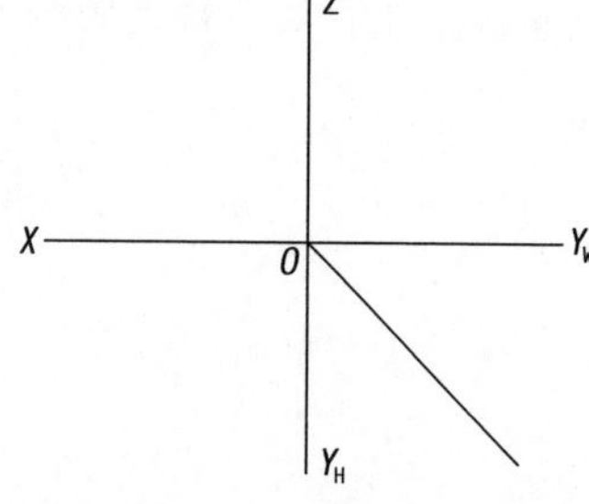

4.

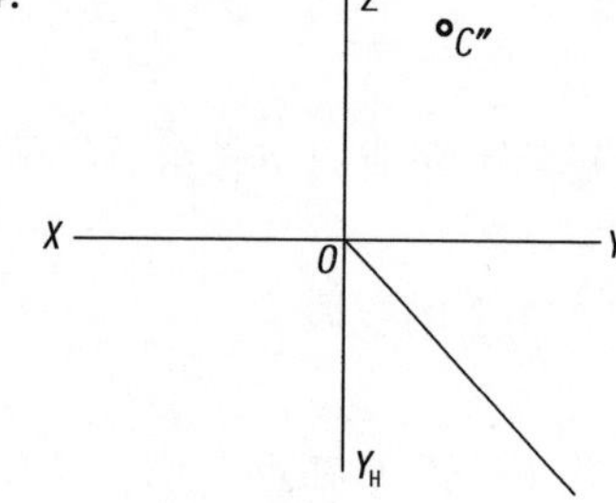

5.

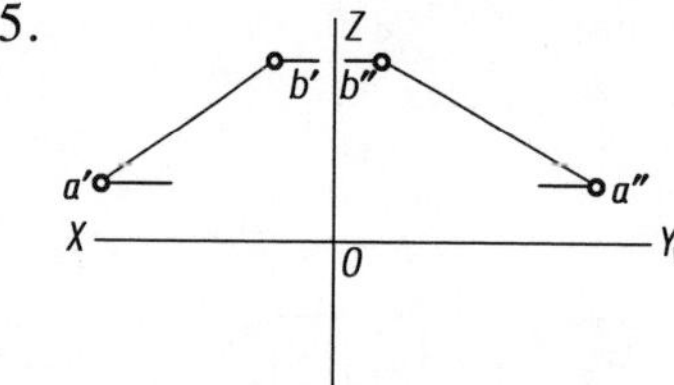

6.

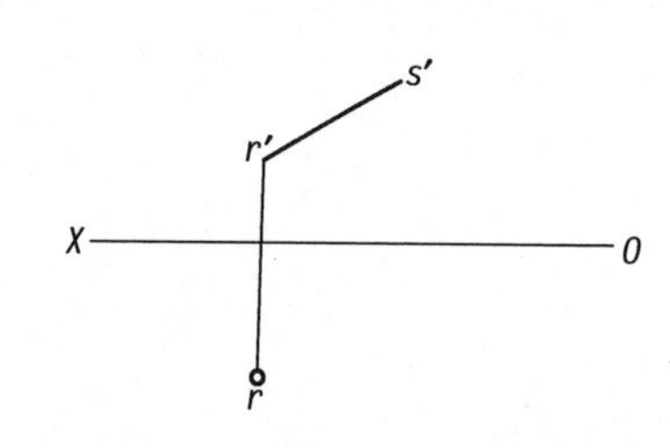

典型工作环节 1　工作准备

1. 阅读任务书，基本了解任务量、任务难度和任务内容。
2. 小组成员对本次任务进行分解，制订合理的实施计划，并进行人员任务分工。
3. 学习资讯材料、准备任务书、记录单，填写学生任务分配表。

学生任务分配表

<table>
<tr><td>班级</td><td></td><td>组号</td><td></td><td>指导教师</td><td></td></tr>
<tr><td>组长</td><td></td><td>学号</td><td colspan="3"></td></tr>
<tr><td>组员</td><td colspan="5"><table>
<tr><td>姓名</td><td>学号</td></tr>
<tr><td></td><td></td></tr>
<tr><td></td><td></td></tr>
<tr><td></td><td></td></tr>
<tr><td></td><td></td></tr>
<tr><td></td><td></td></tr>
</table></td></tr>
<tr><td colspan="6">任务分工</td></tr>
</table>

典型工作环节 2　资讯搜集

知识点 1:直线三面投影的形成

两点可以决定一直线。在几何学里,直线是没有起点和终点的,即直线的长度是无限的。直线上两点之间的部分(一段直线)称为线段,线段有一定的长度。本书所讲的直线实质上是指线段。

直线的投影一般情况下仍是直线。直线在某一投影面上的投影是通过该直线上各点的投影线所形成的平面与该投影面的交线。作某一直线的投影,只要作出这条直线两个端点的三面投影,然后将两端点的同面投影相连,即得直线的三面投影。

知识点 2:直线的类型

按直线与 3 个投影面之间的相对位置,将直线分为三大类:投影面平行线、投影面垂直线、一般位置直线。前两类统称为特殊位置直线。

知识点 3:直线的投影特性

直线的分类及投影特性

1. 投影面垂直线

垂直于一个投影面的直线称为投影面垂直线,可分为以下 3 种:

(1)铅垂线

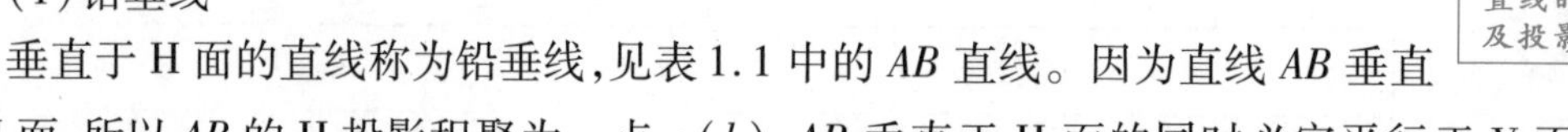

垂直于 H 面的直线称为铅垂线,见表 1.1 中的 AB 直线。因为直线 AB 垂直于 H 面,所以 AB 的 H 投影积聚为一点 $a(b)$;AB 垂直于 H 面的同时必定平行于 V 面和 W 面,由平行投影的显实性可知,$a'b'=a''b''=AB$,并且 $a'b'$垂直于 OX 轴,$a''b''$垂直于 OY_W 轴,它们同时平行于 OZ 轴。

(2)正垂线

垂直于 V 面的直线称为正垂线,见表 1.1 中的 CD 直线。

(3)侧垂线

垂直于 W 面的直线称为侧垂线,见表 1.1 中的 EF 直线。

表 1.1 投影面垂直线

名称	立体图	投影图	投影特性
铅垂线			①ab 积聚为一点 ②$a'b' // a''b'' // OZ$ ③$a'b'=a''b''=AB$
正垂线			①$c'd'$积聚为一点 ②$cd // OY_H, c''d'' // OY_W$ ③$cd=c''d''=CD$
侧垂线			①$e''f''$积聚为一点 ②$ef // e'f' // OX$ ③$ef=e'f'=EF$

综合表 1.1 中的铅垂线、正垂线、侧垂线的投影规律,可归纳出投影面垂直线的投影特性如下:

①直线在它所垂直的投影面上的投影积聚为一点。

②直线的另外两个投影平行于相应的投影轴,且反映实长。

投影面垂直线的图示特点:一点两线。

2. 投影面平行线

只平行于一个投影面，而倾斜于另外两个投影面的直线，称为投影面平行线。直线与投影面之间的夹角，称为直线的倾角。直线对 H 面、V 面、W 面的倾角分别用希腊字母 α,β,γ 标记。投影面平行线可分为以下 3 种类型：

(1)水平线

平行于 H 面，同时倾斜于 V 面、W 面的直线称为水平线，见表 1.2 中的 AB 线，由于水平线 AB 平行于 H 面，同时又倾斜于 V 面和 W 面，因而其 H 面投影 ab 与直线 AB 平行且相等，即 ab 反映直线的实长。投影 ab 倾斜于 OX,OY_H 轴，它与 OX 轴的夹角反映直线对 V 面的倾角 β 的实形，与 OY_H 轴的夹角反映直线对 W 面的倾角 γ 的实形，AB 的 V 面投影和 W 面投影分别平行于 OX,OY_W 轴，同时垂直于 OZ 轴。

(2)正平线

平行于 V 面，同时倾斜于 H 面、W 面的直线称为正平线，见表 1.2 中的 CD 线。

(3)侧平线

平行于 W 面，同时倾斜于 H 面、V 面的直线称为侧平线，见表 1.2 中的 EF 线。

表 1.2　投影面平行线

名称	立体图	投影图	投影特性
水平线			①$a'b'/\!/OX, a''b''/\!/OY_W$ ②$ab=AB$ ③ab 与投影轴的夹角反映 β,γ
正平线			①$cd/\!/OX, c''d''/\!/OZ$ ②$c'd'=CD$ ③$c'd'$ 与投影轴的夹角反映 α,γ
侧平线			①$ef/\!/OY_H, e'f'/\!/OZ$ ②$e''f''=EF$ ③$e''f''$ 与投影轴的夹角反映 α,β

综合表 1.2 中的水平线、正平线、侧平线的投影规律，可归纳出投影面平行线的投影特性如下：

①投影面平行线在它所平行的投影面上的投影反映实长，且倾斜于投影轴，该投影与相应投影轴之间的夹角反映直线与另外两个投影面的倾角。

②其余两个投影平行于相应的投影轴,长度小于实长。

投影面平行线的图示特点:一平两斜。

3. 一般位置直线

对3个投影面都倾斜(即不平行又不垂直)的直线称为一般位置直线。

从图1.18中可以看出,一般位置直线具有以下投影特性:

①一般位置直线在3个投影面上的投影都倾斜于投影轴,其投影与相应投影轴的夹角不能反映真实的倾角。

②3个投影的长度都小于实长。

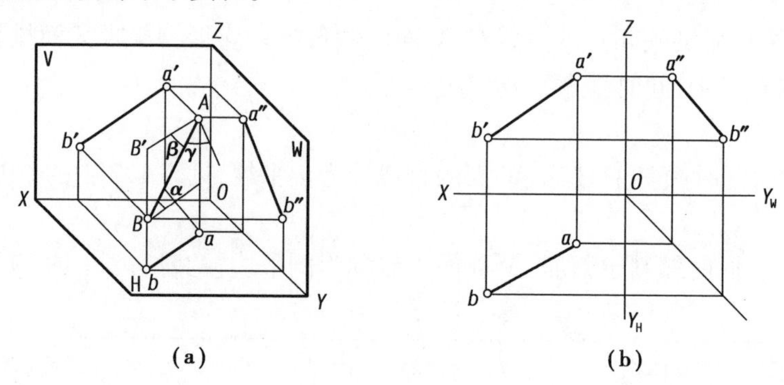

图1.18　一般位置直线

一般位置直线的图示特点:三斜。

知识点4:直线上的点

点与直线的相对位置,可分为点在直线上和点不在直线上两种。

点在直线上,由正投影的从属性和定比性可知,该点的投影必在该直线的同面投影上,且符合点的投影规律;点与线段成某一比例,则该点的各个投影也与该线段的同面投影成同一比例。

知识点5:直线投影的求解范例

范例　已知直线 AB 的水平投影 ab,直线 AB 对H面的倾角为30°,端点 A 距水平面的距离为10 mm,点 A 在点 B 的左下方,求直线 AB 的正面投影 $a'b'$,如图1.19(a)所示。

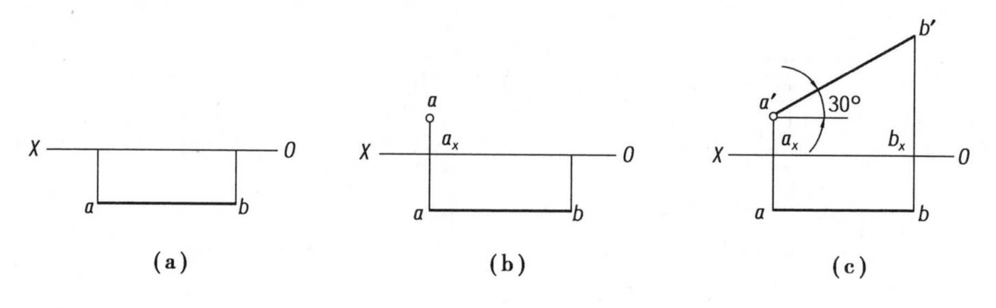

图1.19　直线投影解题范例

解　(1)作图分析

由已知条件可知,AB 的水平投影 ab 平行于 OX 轴,因而 AB 是正平线,正平线的正面投影与 OX 轴的夹角反映直线与H面的倾角。点 A 到水平面的距离等于其正面投影 a' 到 OX 轴的距离，从而先求出 a'。

(2)作图步骤

①过点 a 作 OX 轴的垂线 aa_x，在 aa_x 的延长线上截取 $a'a_x = 10$，如图 1.19(b)所示。

②过点 a'作与 OX 轴成30°的直线，与过点 b 作 OX 轴的垂线 bb_x 的延长线相交，因为点 A 在点 B 的左下方，故所得交点即为 b'，连接 $a'b'$即为所求，如图 1.19(c)所示。

典型工作环节 3　工作实施

(1)学习资讯材料

掌握直线投影的形成方法、直线的类型、各类型直线的投影特性及其三面投影图的画法，填写工作任务单。

(2)回答引导问题

引导问题 1:空间直线的类型可分为哪几种?

引导问题 2:侧垂线的投影特性是什么?

引导问题 3:正平线的投影特性是什么?

引导问题 4:直线与 H 面、V 面、W 面的倾角分别用什么字母标记?

引导问题 5:判断以下描述是否正确?

①三视图投影与投影轴均倾斜的直线，则对应的直线一定为一般位置直线。　(　　)

②平行于 H 面的直线称为水平线。　(　　)

直线投影绘制记录单

班级：________组别：________

典型工作环节4 评价反馈

(1)学生自评

学生自评表

班级		姓名		学号	
任务2	绘制直线的投影				
评价项目	评价标准			分值/分	得分/分
引导问题1	1.正确 2.完整 3.书写清晰			5	
引导问题2	1.正确 2.书写清晰			5	
引导问题3	1.正确 2.书写清晰			5	
引导问题4	1.正确 2.书写清晰			5	
引导问题5	正确			5	
引导问题6	正确			5	
直线投影绘制记录单	1.完整 2.正确 3.规范 4.清晰			35	
工作态度	态度端正,无缺勤、迟到、早退现象			10	
工作质量	能按计划完成工作任务			10	
协调能力	能与小组成员、同学合作交流,协调工作			5	
职业素质	能做到细心、严谨,体现精益求精的工匠精神			5	
创新意识	能提炼材料内容,找到解决任务的途径,理论联系实践			5	
合计				100	

(2)学生互评

学生互评表

任务名称	绘制直线的投影														
评价项目	分值/分	等级								评价对象(组别)					
										1	2	3	4	5	6
计划合理	10	优	10	良	9	中	7	差	6						
团队合作	10	优	10	良	9	中	7	差	6						
组织有序	10	优	10	良	9	中	7	差	6						
工作质量	20	优	20	良	18	中	14	差	12						
工作效率	10	优	10	良	9	中	7	差	6						
工作完整	10	优	10	良	9	中	7	差	6						

续表

评价项目	分值/分	等级								评价对象(组别)					
										1	2	3	4	5	6
工作规范	10	优	10	良	9	中	7	差	6						
成果展示	20	优	20	良	18	中	14	差	12						
合计	100														

(3)教师评价

教师评价表

班级		姓名		学号	
任务2		绘制直线的投影			
评价项目		评价标准		分值/分	得分/分
考勤(10%)		无迟到、早退、旷课现象		10	
工作过程(60%)	引导问题1	正确		5	
	引导问题2	1. 正确　2. 规范		5	
	引导问题3	1. 正确　2. 规范		5	
	引导问题4	1. 正确　2. 规范　3. 清晰		5	
	引导问题5	1. 正确　2. 规范		5	
	引导问题6	1. 正确　2. 规范　3. 完整		5	
	直线投影绘制记录单	1. 完整　2. 正确　3. 规范　4. 清晰		15	
	工作态度	态度端正,工作认真、主动		5	
	协调能力	能按计划完成工作任务		5	
	职业素质	能与小组成员、同学合作交流,协调工作		5	
项目成果(30%)	工作完整	能按时完成任务		5	
	工作规范	能按规范要求完成引导问题及绘制直线投影,规范填写记录单		5	
	任务记录单	正确、规范、专业、完整		15	
	成果展示	能准确表达、汇报工作成果		5	
合计				100	
综合评价		学生自评(20%)	小组互评(30%)	教师评价(50%)	综合得分

典型工作环节5　拓展思考题

1. 在 AB 直线上作出点 C，使 $AC : CB = 3 : 2$；作出点 D，使其到 V 面和 H 面的距离相等。

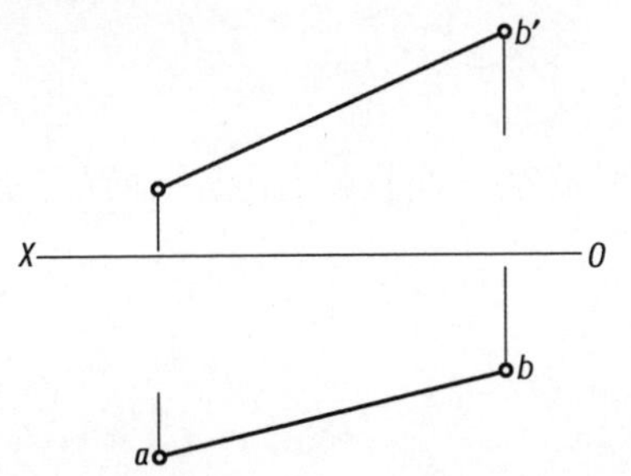

2. 已知线段 AB 与 H 面的夹角 $\alpha = 30°$，求其水平投影，本题有几解？

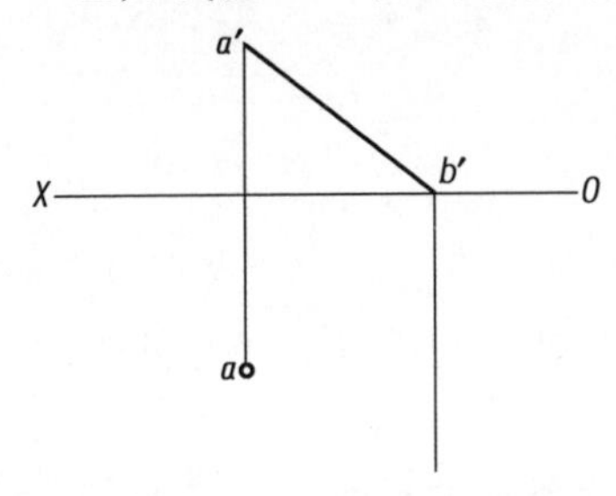

学习性工作任务3　绘制平面的投影

典型工作任务描述

根据给定的平面的两面投影，采用绘图工具绘制平面的第三面投影；根据平面的三面投影判定平面类型；绘制平面内点和直线的投影。

【学习目标】

1. 掌握平面的类型。
2. 掌握不同类型平面的投影特性。

【任务书】

根据典型工作环节2的资讯材料，完成引导问题，在此基础上完成以下任务，填写“平面投影绘制记录单”。

1. 标出立体图上指定平面的三面投影，并写出它们是什么类型的平面。

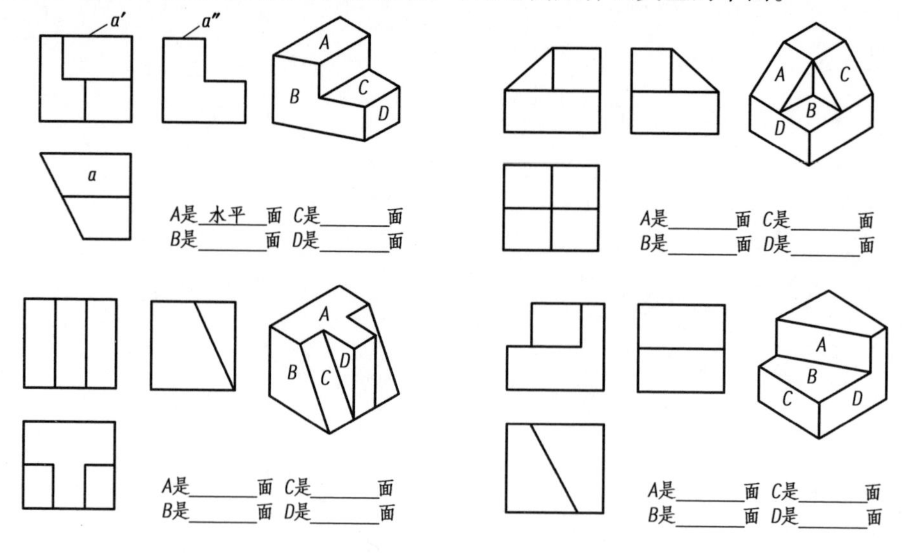

2. 判别下列各平面的类型。

(1)

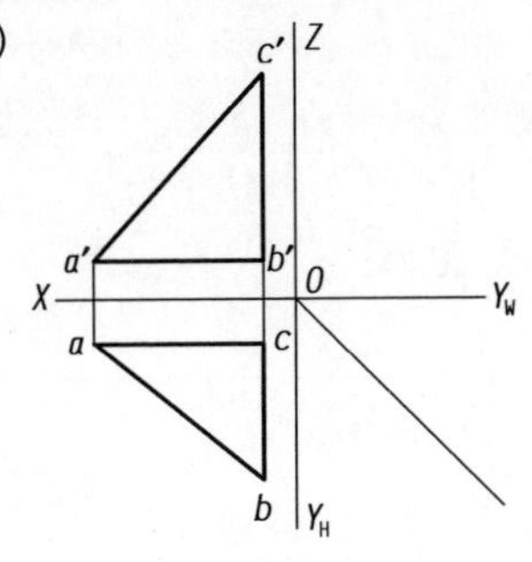

(2)

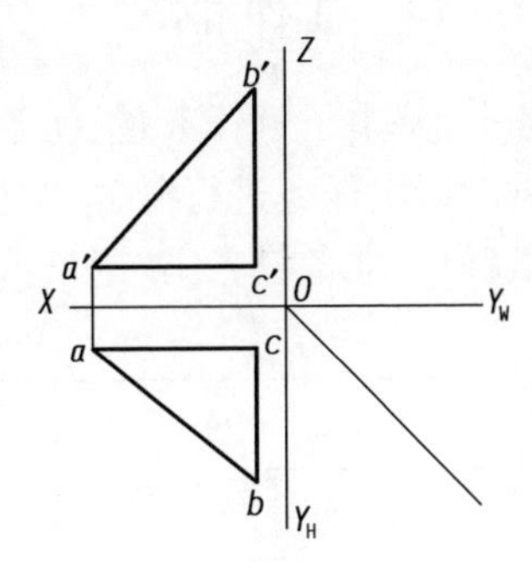

(3)

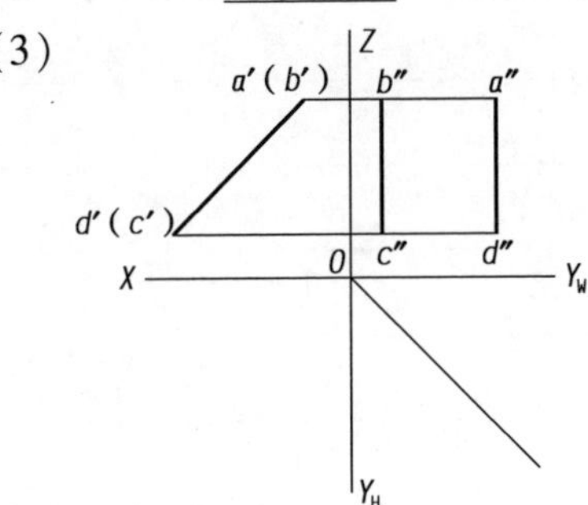

(4)

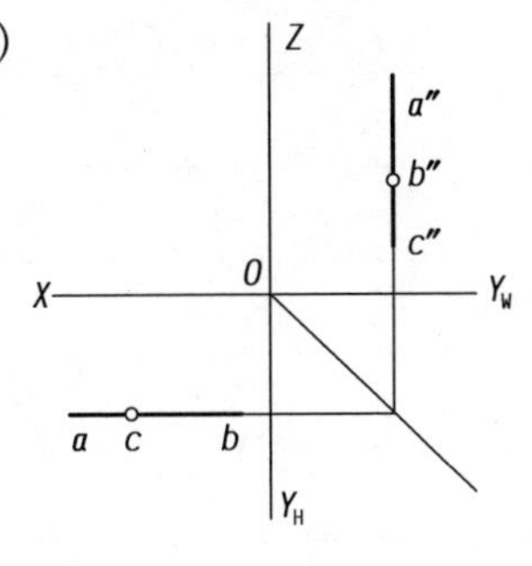

3. 补全平面的第三投影，并判别各平面的空间位置。

(1)

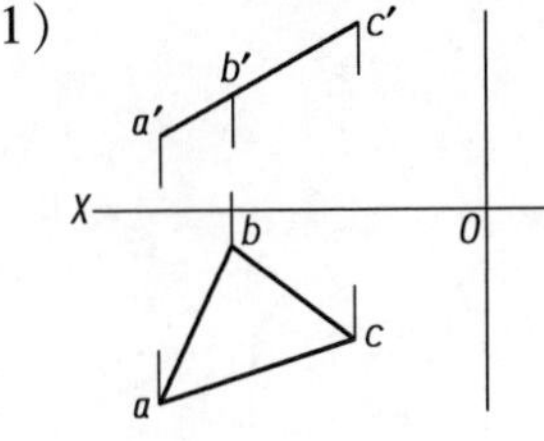

(2)

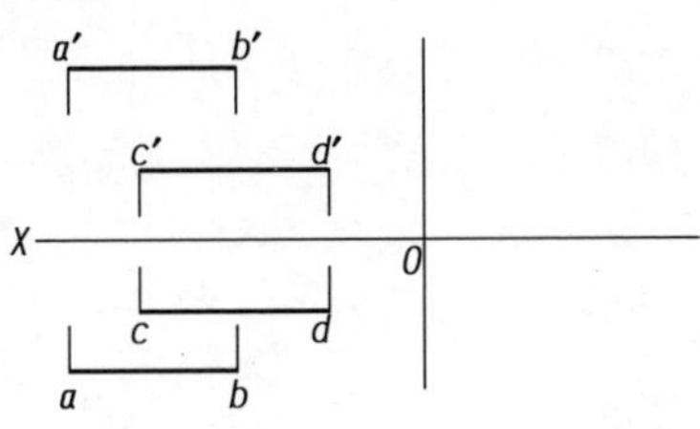

(3)

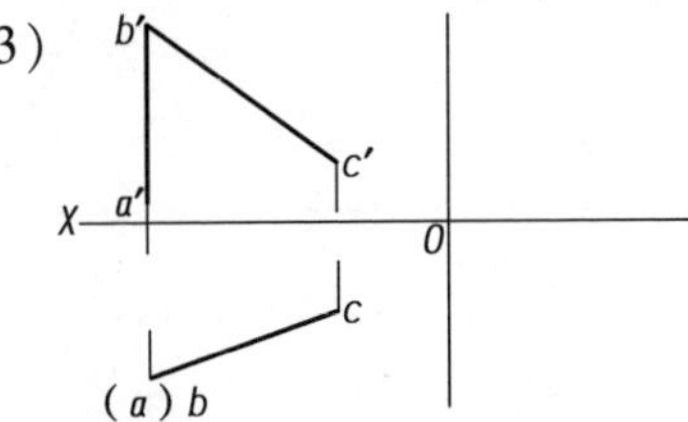

(4)

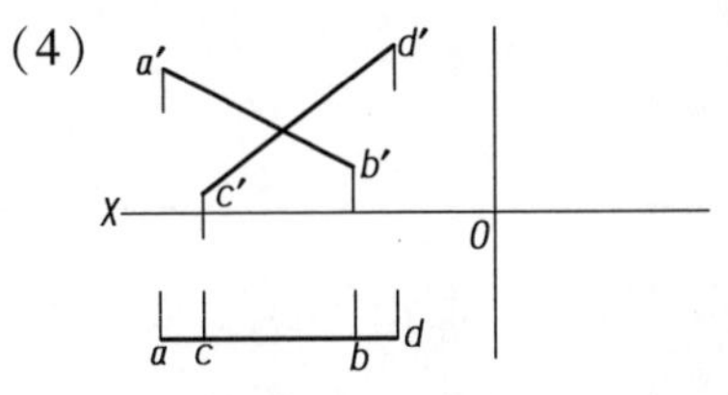

4. 已知点 $A(20,15,20)$、$B(5,18,12)$、$C(0,0,25)$ 的坐标值，在表格内填写各点到投影面的距离。

点	距 V 面	距 H 面	距 W 面
A			
B			
C			

典型工作环节 1　工作准备

1. 阅读任务书,基本了解任务量、任务难度和任务内容。
2. 小组成员对本次任务进行分解,制订合理的实施计划,并进行人员任务分工。
3. 学习资讯材料、准备任务书、记录单,填写学生任务分配表。

学生任务分配表

<table>
<tr><td>班级</td><td></td><td>组号</td><td></td><td>指导教师</td><td></td></tr>
<tr><td>组长</td><td></td><td>学号</td><td colspan="3"></td></tr>
<tr><td rowspan="6">组员</td><td colspan="3">姓名</td><td colspan="2">学号</td></tr>
<tr><td colspan="3"></td><td colspan="2"></td></tr>
<tr><td colspan="3"></td><td colspan="2"></td></tr>
<tr><td colspan="3"></td><td colspan="2"></td></tr>
<tr><td colspan="3"></td><td colspan="2"></td></tr>
<tr><td colspan="3"></td><td colspan="2"></td></tr>
<tr><td colspan="6">任务分工</td></tr>
</table>

典型工作环节 2　资讯搜集

知识点 1:平面的表示方法

1. 用几何元素表示平面

平面的空间位置,可用下列任何一组几何元素来表示:

①不在同一直线上的 3 点[A,B,C],如图 1.20(a)所示。

②一直线和该直线外一点[BC,A],如图 1.20(b)所示。

③相交两直线[$AB \times AC$],如图 1.20(c)所示。

④平行两直线[$AB /\!/ CD$],如图 1.20(d)所示。

⑤平面图形[$\triangle ABC$],如图 1.20(e)所示。

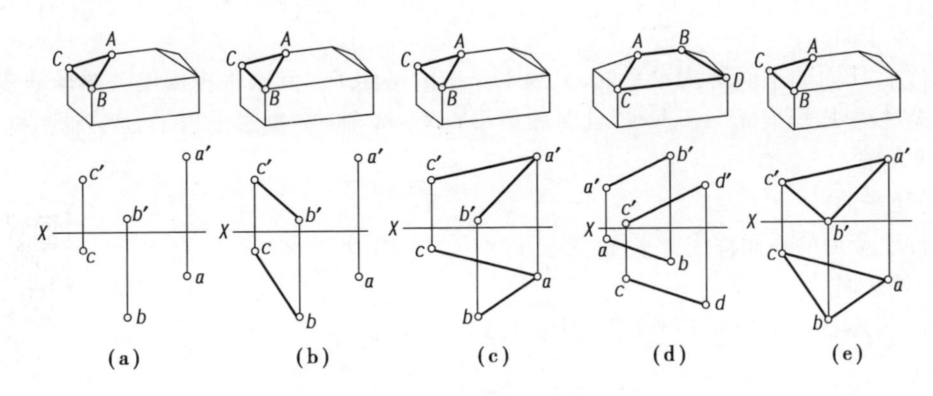

图 1.20　平面的表示方法

2. 用迹线表示平面

平面的空间位置还可由它与投影面的交线来确定，平面与投影面的交线称为该平面的迹线。如图 1.21 所示，P 平面与 H 面的交线称为水平迹线，用 P_H 表示；P 平面与 V 面的交线称为正面迹线，用 P_V 表示；P 平面与 W 面的交线称为侧面迹线，用 P_W 表示。

一般情况下，相邻两条迹线相交于投影轴上，它们的交点也就是平面与投影轴的交点。在投影图中，这些交点分别用 P_x，P_y，P_z 来表示。如图 1.21(a)所示的 P 平面，实际上就是相交两直线 P_H 与 P_V 所表示的平面，如图 1.21(b)所示，也就是说，3 条迹线中任意两条可以确定平面的空间位置。

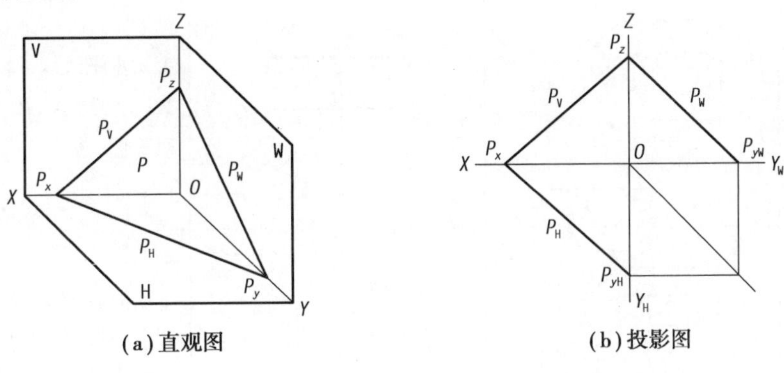

图 1.21　用迹线表示平面

由于迹线位于投影面上，它的一个投影与自身重合，另外两个投影与投影轴重合，通常用只画出与自身重合的投影并加标记的办法来表示迹线，凡是与投影轴重合的投影均不标记。

水平投影特性

知识点 2：平面的类型

按平面与 3 个投影面之间的相对位置，将平面分为三大类：投影面平行面、投影面垂直面、一般位置平面。前两类统称为特殊位置平面。

正平面
投影特性

知识点 3：平面的投影特性

1. 投影面平行面

平行于一个投影面的平面称为投影面平行面，它可分为以下 3 种类型：

(1)水平面

平行于 H 面的平面称为水平面,见表 1.3 中的平面 P。其水平投影反映图形的实形,V 投影和 W 投影均积聚成一条直线,且 V 投影平行于 OX 轴,W 投影平行于 OY_W 轴,它们同时垂直于 OZ 轴。

(2)正平面

平行于 V 面的平面称为正平面,见表 1.3 中的平面 Q。

(3)侧平面

平行于 W 面的平面称为侧平面,见表 1.3 中的平面 R。

侧平面
投影特性

表 1.3　投影面平行面

名称		直观图	投影图	投影特性
水平面	图形平面			①水平投影 p 反映实形 ②正面投影 p' 和侧面投影 p'' 均积聚为直线,且分别平行于 OX 轴和 OY 轴
	迹线平面			①无水平迹线 P_H ② $P_V // OX$ 轴, $P_W // OY_W$ 轴,有积聚性
正平面	图形平面			①正面投影 q' 反映实形 ②水平投影 q 和侧面投影 q'' 均积聚为直线,且分别平行于 OX 轴和 OZ 轴
	迹线平面			①无正面迹线 Q_V ② $QH // OX$ 轴, $Q_W // OZ$ 轴,有积聚性

续表

名称		直观图	投影图	投影特性
侧平面	图形平面	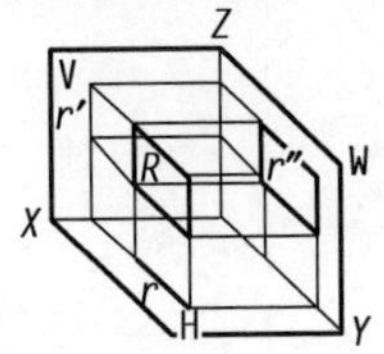	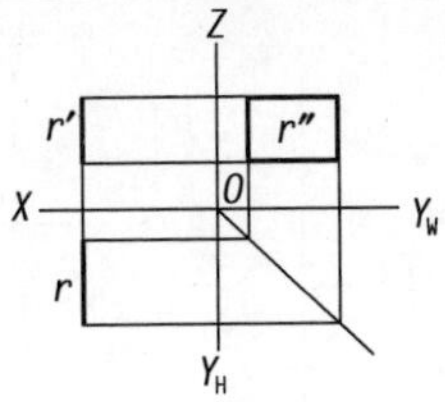	①侧面投影 r'' 反映实形 ②水平投影 r 和正面投影 r' 均积聚为直线，且分别平行于 OY_H 轴和 OZ 轴
侧平面	迹线平面	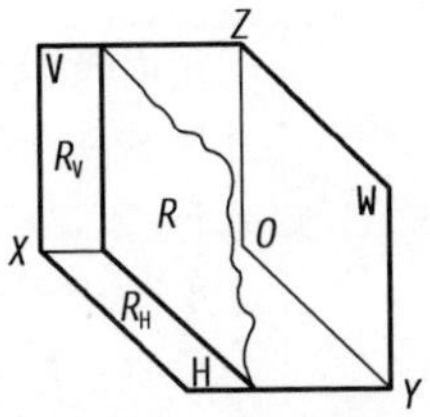	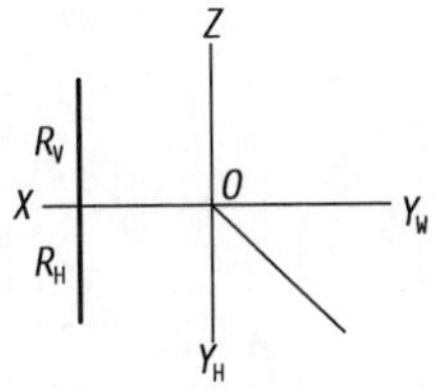	①无侧面迹线 R_W ②$R_H // OY_H$ 轴，$R_V // OZ$ 轴，有积聚性

综合表1.3中的水平面、正平面、侧平面的投影规律，可以归纳出投影面平行面的投影特性如下：

①平面在它所平行的投影面上的投影反映实形。

②平面的另外两个投影积聚为一直线，且分别平行于相应的投影轴。

投影面平行面的图示特点：一面两线。

2. 投影面垂直面

垂直于一个投影面，而倾斜于另外两个投影面的平面，称为投影面垂直面。平面与投影面之间的夹角，称为平面的倾角。直线对H面、V面、W面的倾角分别用 α,β,γ 标记。投影面垂直面可分为以下3种类型：

(1)铅垂面

垂直于H面，同时倾斜于V面、W面的平面称为铅垂面，见表1.4中的平面 P，平面 P 垂直于水平面，其水平面投影积聚成一倾斜直线 p，倾斜直线 p 与 OX 轴、OY_H 轴的夹角分别反映铅垂面 P 与V面、W面的倾角 β 和 γ，由于平面 P 倾斜于V面和W面，所以其正面投影和侧面投影均为类似形。

(2)正垂面

垂直于V面，同时倾斜于H面、W面的平面称为正垂面，见表1.4中的平面 Q。

(3)侧垂面

垂直于W面，同时倾斜于H面、V面的平面称为侧垂面，见表1.4中的平面 R。

表1.4 投影面垂直面

名称		立体图	投影图	投影特性
铅垂面	图形平面	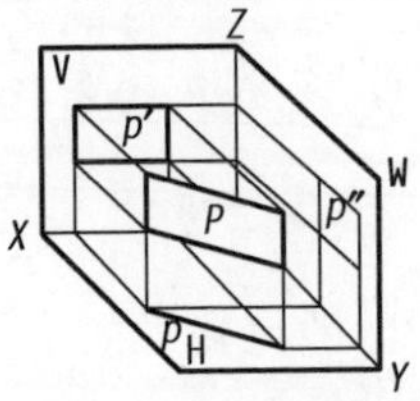	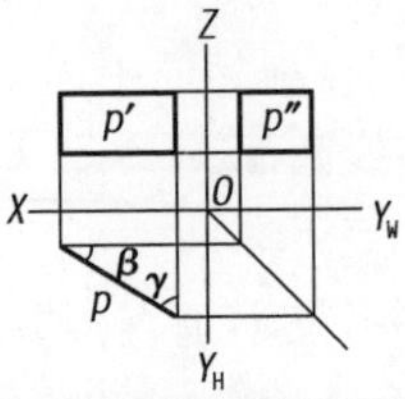	①水平投影 p 积聚为一直线，并反映对V面、W面的倾角 β,γ ②正面投影 p' 和侧面投影 p'' 是与平面 P 相类似的图形，且面积缩小

续表

名称		立体图	投影图	投影特性
铅垂面	迹线平面	Z V P_V P W X P_W P_H H Y	Z P_V P_W X 0 Y_W β P_H γ Y_H	①P_H 有积聚性，它与 OX 轴的夹角反映 β；它与 OY_H 的夹角反映 γ ②$P_V \perp OX$ 轴，$P_W \perp OY_W$ 轴
正垂面	图形平面	Z V q' W Q q'' X 0 q H Y	Z q' α γ q'' X 0 Y_W q Y_H	①正面投影 q' 积聚为一直线，并反映对 H 面、W 面的倾角 α，γ ②水平投影 q 和侧面投影 q'' 是与平面 Q 相类似的图形，且面积缩小
	迹线平面	Z V Q_V Q_W W Q X Q_H H Y	Z Q_W Q_V γ X α 0 Y_W Q_H Y_H	①Q_V 有积聚性，它与 OX 轴的夹角反映 α；它与 OZ 轴的夹角反映 γ ②$Q_H \perp OX$ 轴，$Q_W \perp OZ$ 轴
侧平面	图形平面	Z V r' W R r'' X r H Y	Z r'' r' β α 0 X Y_W r Y_H	①侧面投影 r'' 积聚为一直线，并反映对 H 面、W 面的倾角 α，β ②水平投影 r 和正面投影 r' 是与平面 R 相类似的图形，且面积缩小
	迹线平面	Z V R_V W R R_W X R_H H Y	R_V Z β R_W X 0 α Y_W R_H Y_H	①无侧面迹线 R_W 有积聚性，它与 OY_W 轴的夹角反映 α；它与 OZ 轴的夹角反映 β ②$R_H \perp OY_H$ 轴，$R_V \perp OZ$ 轴

综合表1.4中铅垂面、正垂面、侧平面的投影规律，可以归纳出投影面垂直面的投影特性如下：

①平面在它所垂直的投影面上的投影积聚成一直线，此直线与相应投影轴的夹角反映该平面对另外两个投影面的倾角。

②平面在另外两个投影面上的投影为原平面图形的类似形，面积比实形小。

投影面垂直面的图示特点：一线两面。

3. 一般位置平面

对3个投影面都倾斜（即不平行又不垂直）的平面称为一般位置平面。

一般位置平面投影的求解

从图 1.22 中可以看出,一般位置平面具有以下投影特性:

①三面投影都不反映空间平面图形的实形,是原平面图形的类似形,面积比实形小。

②三面投影都不反映该平面与投影面的倾角。

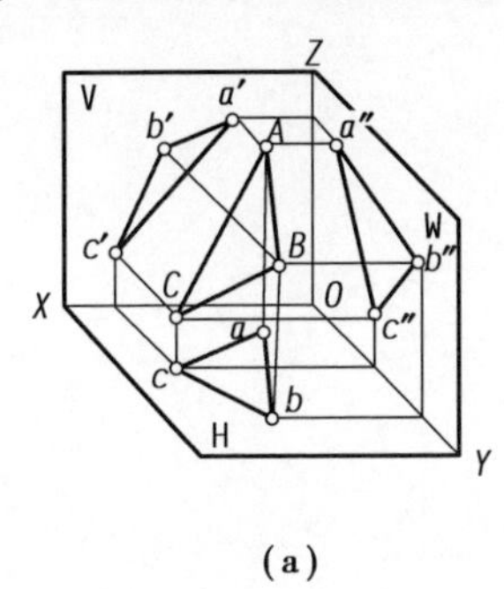

(a)

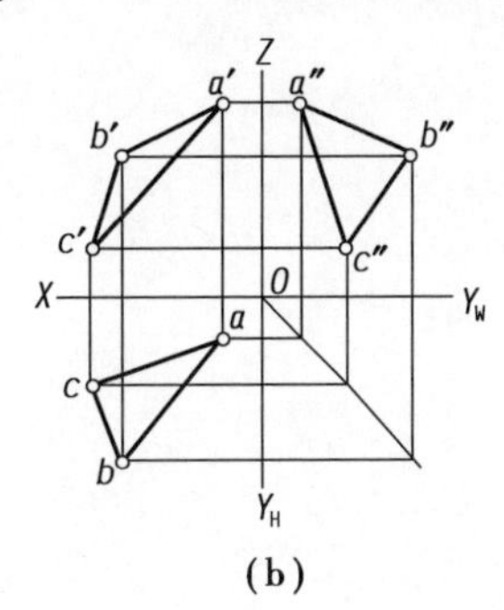

(b)

图 1.22　一般位置平面

一般位置平面的图示特点:三面。

知识点 4:平面上的点和直线

点和直线与平面的相对位置,可分为点和直线在平面上与点和直线不在平面上两种。

点在平面上,该点的投影必在该平面的同面投影上,且符合点的投影规律;点分线段成某一比例,则该点的各个投影也与该线段的同面投影成同一比例。

知识点 5:平面求解范例

范例　已知正方形平面 *ABCD* 垂直于 V 面以及 *AB* 的两面投影,求作此正方形的三面投影图,如图 1.23 所示。

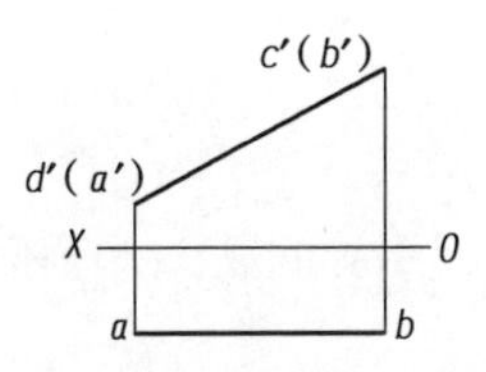

图 1.23　正方形的三面投影已知条件

解　(1)作图分析

由已知条件可知,*AB* 的水平投影 *ab* 平行于 *OX* 轴,因而 *AB* 是正平线,正平线的正面投影与 *OX* 轴的夹角反映直线与 H 面的倾角。点 *A* 到水平面的距离等于其正面投影 a'到 *OX* 轴的距离,从而先求出 a'。

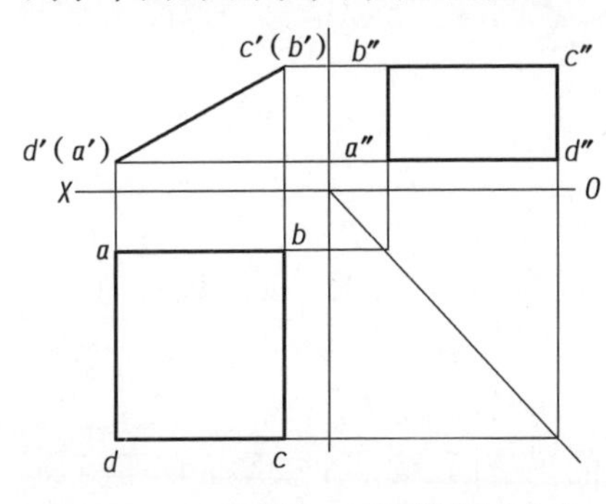

图 1.24　正方形的三面投影作图方法

正方形 *ABCD* 为一正平面,因而 *AB*,*CD* 边是正平线,*AD*,*BC* 边是正垂线,$a'b'$的长为正方形各边的实长。

(2)作图步骤(图 1.24)

①过 a,b 分别作 $ad \perp ab$、$bc \perp ab$,且截取 $ad = bc = a'b'$。

②连接 dc 即为正方形 *ABCD* 的水平投影。

③正方形 *ABCD* 的正面投影积聚为直线 $a'b'$,再根据投影关系分别求出 a'',b'',c'',d'',并连线,即为正方形 *ABCD* 的侧面投影。

典型工作环节 3　工作实施

(1)学习资讯材料

掌握平面投影的形成方法、平面的类型、各类型平面的投影特性及其三面投影图的画法,填写工作任务单。

(2)回答引导问题

引导问题1:空间平面可分为哪几种类型?

引导问题2:正平面的投影特性是什么?

引导问题3:侧垂面的投影特性是什么?

引导问题4:当平面在某一个或某两个投影面的投影具有积聚性时,该平面一定是(　　)。

A. 那个投影面的垂直面　　B. 那个投影面的平行面

C. 一般位置平面　　D. 某个投影面的垂直面,或某个投影面的平行面

引导问题5:一般位置平面在3个投影面上的投影具有(　　)。

A. 真实性　　B. 积聚性　　C. 扩大性　　D. 收缩性

引导问题6:若平面在W面和V面的投影均为一条垂直于Z轴的直线,则它是投影面的(　　)。

A. 正平面　　B. 水平面　　C. 铅垂面　　D. 侧垂面

平面投影绘制记录单

班级:________组别:________

典型工作环节4　评价反馈

(1)学生自评

学生自评表

班级		姓名		学号	
任务3	绘制平面的投影				
评价项目	评价标准			分值/分	得分/分
引导问题1	1.正确　2.完整　3.书写清晰			5	
引导问题2	1.正确　2.完整　3.书写清晰			5	
引导问题3	1.正确　2.完整　3.书写清晰			5	
引导问题4	正确			5	
引导问题5	正确			5	
引导问题6	正确			5	
平面投影绘制记录单	1.完整　2.正确　3.规范　4.清晰			35	
工作态度	态度端正,无缺勤、迟到、早退现象			10	
工作质量	能按计划完成工作任务			10	
协调能力	能与小组成员、同学合作交流,协调工作			5	
职业素质	能做到细心、严谨,体现精益求精的工匠精神			5	
创新意识	能提炼材料内容,找到解决任务的途径,理论联系实践			5	
合计				100	

(2)学生互评

学生互评表

任务名称	绘制平面的投影														
评价项目	分值/分	等级								评价对象(组别)					
										1	2	3	4	5	6
计划合理	10	优	10	良	9	中	7	差	6						
团队合作	10	优	10	良	9	中	7	差	6						
组织有序	10	优	10	良	9	中	7	差	6						
工作质量	20	优	20	良	18	中	14	差	12						
工作效率	10	优	10	良	9	中	7	差	6						

续表

评价项目	分值/分	等级								评价对象(组别)					
										1	2	3	4	5	6
工作完整	10	优	10	良	9	中	7	差	6						
工作规范	10	优	10	良	9	中	7	差	6						
成果展示	20	优	20	良	18	中	14	差	12						
合计	100														

(3)教师评价

教师评价表

班级		姓名		学号	
任务3		绘制平面的投影			
评价项目		评价标准		分值/分	得分/分
考勤(10%)		无迟到、早退、旷课现象		10	
工作过程(60%)	引导问题1	1. 正确　2. 完整　3. 书写清晰		5	
	引导问题2	1. 正确　2. 完整　3. 书写清晰		5	
	引导问题3	1. 正确　2. 完整　3. 书写清晰		5	
	引导问题4	正确		5	
	引导问题5	正确		5	
	引导问题6	正确		5	
	平面投影绘制记录单	1. 完整　2. 正确　3. 规范　4. 清晰		15	
	工作态度	态度端正,工作认真、主动		5	
	协调能力	能按计划完成工作任务		5	
	职业素质	能与小组成员、同学合作交流,协调工作		5	
项目成果(30%)	工作完整	能按时完成任务		5	
	工作规范	能按规范要求完成引导问题及绘制平面的投影,规范填写记录单		5	
	任务记录单	正确、规范、专业、完整		15	
	成果展示	能准确表达、汇报工作成果		5	
合计				100	

综合评价	学生自评(20%)	小组互评(30%)	教师评价(50%)	综合得分

典型工作环节 5　拓展思考题

已知点 K 在平面内,请做出平面与点的三面投影。

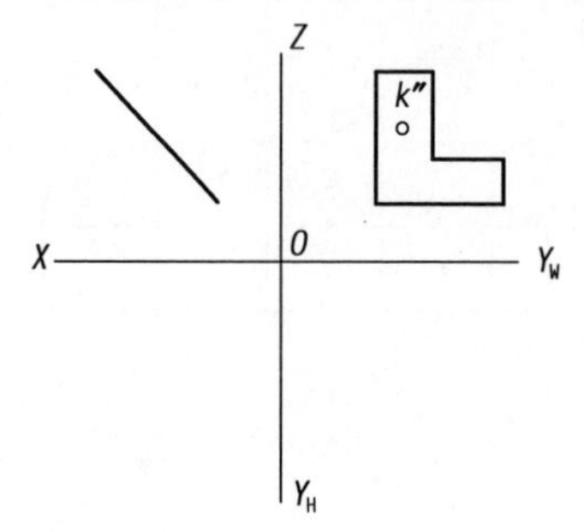

学习性工作任务4　绘制基本立体的投影

典型工作任务描述

根据给定的立体的两面投影,采用绘图工具绘制立体的第三面投影;根据给定图样,补绘立体表面上点和直线的投影。

【学习目标】

1. 掌握基本立体三面投影图的形成特点。
2. 掌握基本立体的投影规律。
3. 掌握基本平面和曲面立体三视图的绘图方法。
4. 能读懂组合体的三视图。

【任务书】

根据典型工作环节2的资讯材料,完成引导问题,在此基础上完成以下任务,填写“基本立体的投影绘制记录单”。

1. 完成平面立体的第三面投影及其表面上各点的三面投影。

(1)

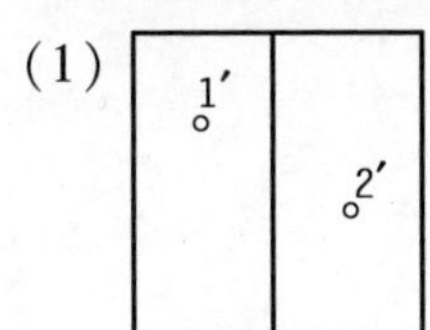

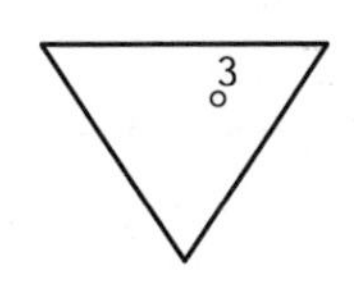

(2)

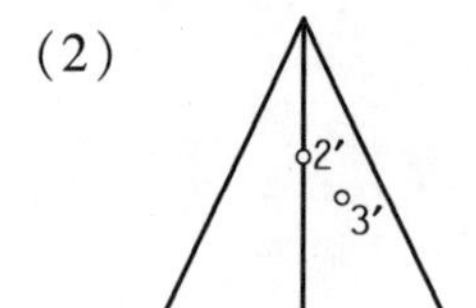

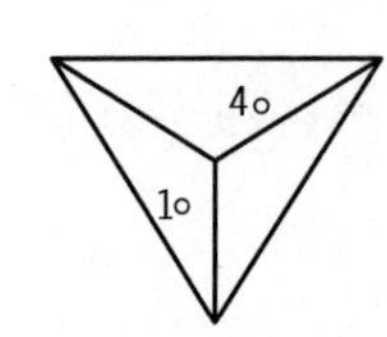

2. 完成平面立体的第三面投影及其表面上线段的三面投影。

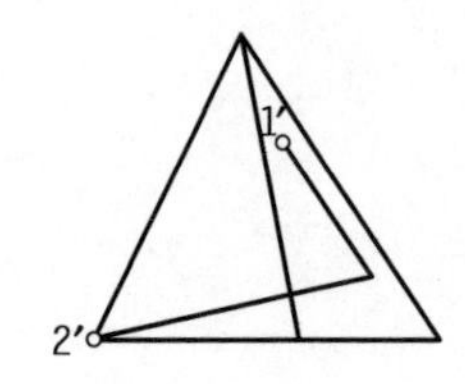

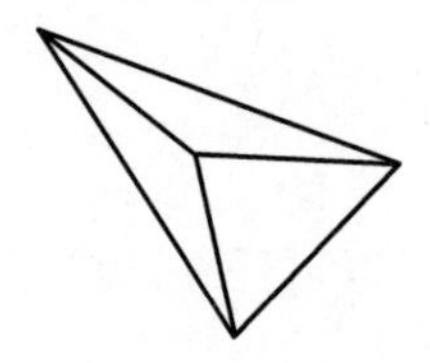

3. 补全立体表面上各点的三面投影。

(1)

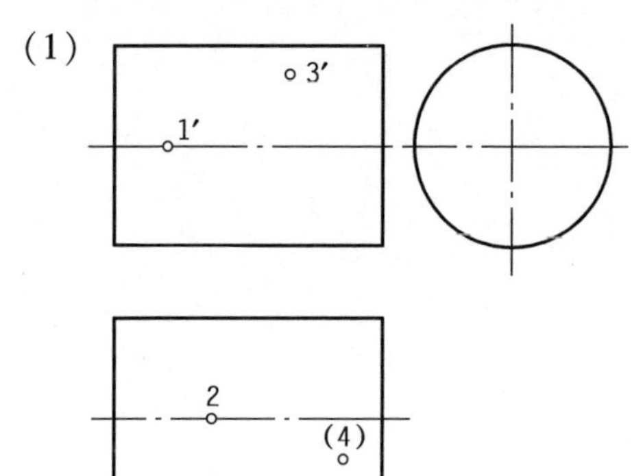

(2)

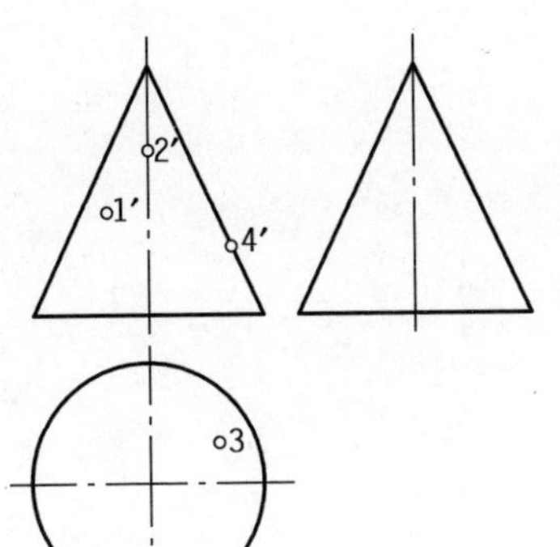

(3)

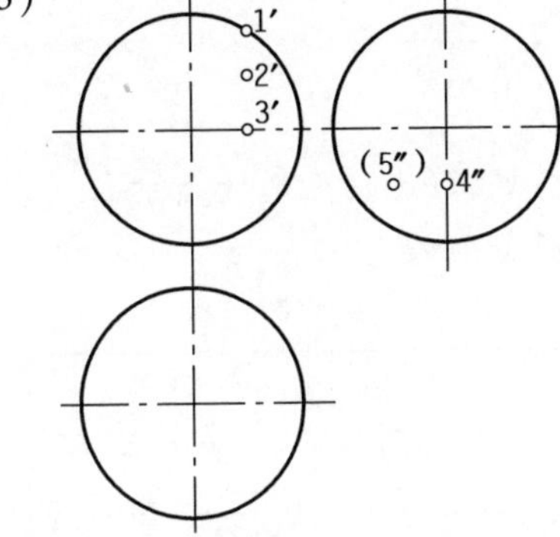

4. 补全立体表面上各曲线的投影。

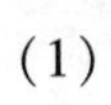
(1)

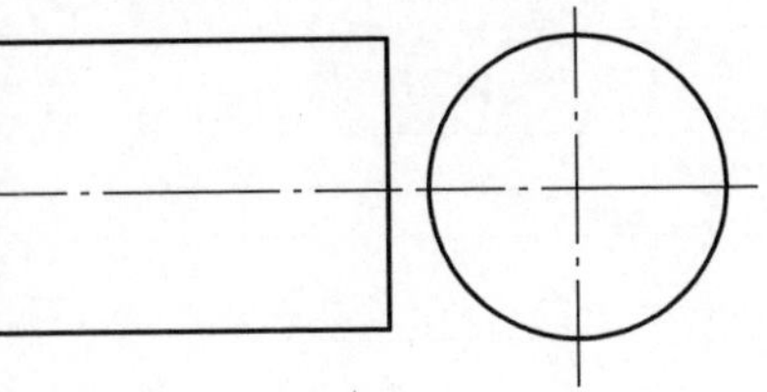

(2)

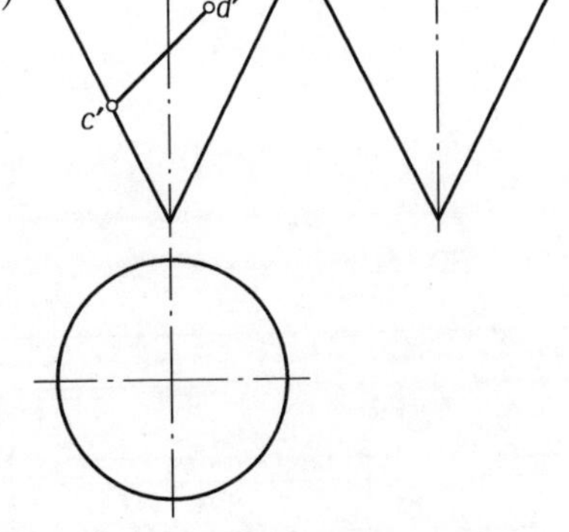

(3)

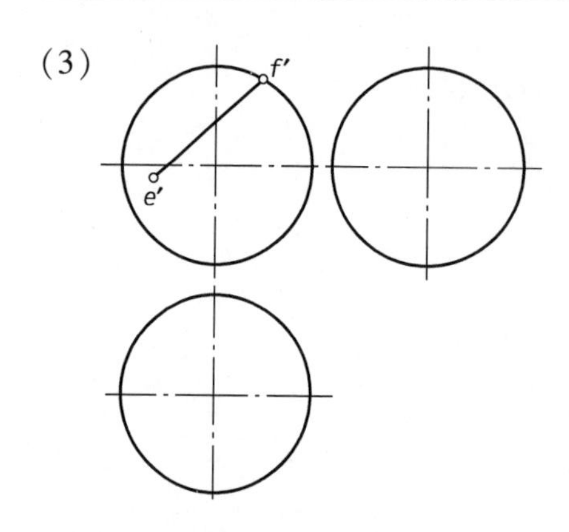

典型性工作环节 1　工作准备

1. 阅读任务书,基本了解任务量、任务难度和任务内容。
2. 小组成员对本次任务进行分解,制订合理的实施计划,并进行人员任务分工。
3. 学习资讯材料、准备任务书、记录单,填写学生任务分配表。

学生任务分配表

<table>
<tr><td>班级</td><td></td><td>组号</td><td></td><td>指导教师</td><td></td></tr>
<tr><td>组长</td><td></td><td>学号</td><td colspan="3"></td></tr>
<tr><td rowspan="6">组员</td><td colspan="3">姓名</td><td colspan="2">学号</td></tr>
<tr><td colspan="3"></td><td colspan="2"></td></tr>
<tr><td colspan="3"></td><td colspan="2"></td></tr>
<tr><td colspan="3"></td><td colspan="2"></td></tr>
<tr><td colspan="3"></td><td colspan="2"></td></tr>
<tr><td colspan="3"></td><td colspan="2"></td></tr>
<tr><td colspan="6">任务分工</td></tr>
</table>

典型性工作环节 2　资讯搜索

知识点 1:平面立体的投影

平面立体的表面都是平面多边形,其基本形体如图 1.25 所示。凡是带有斜面的平面体统称为斜面体,如棱锥、棱台等。建筑工程中把有坡屋顶的房子、有斜面的构件均看成斜面体的组合体。

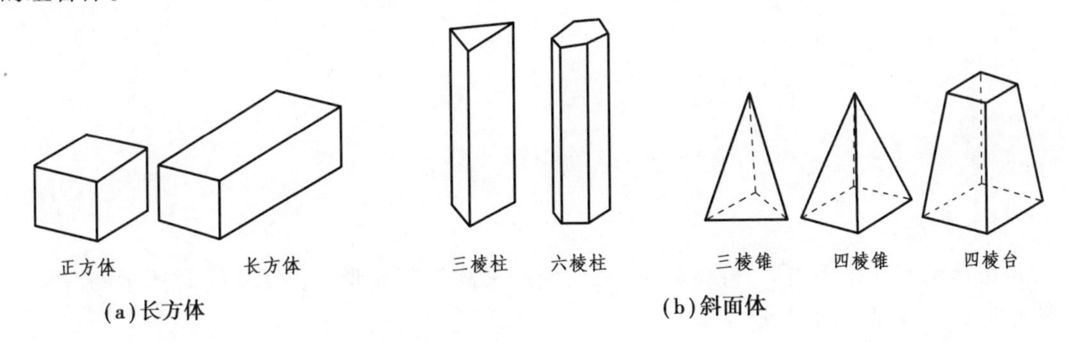

图 1.25　平面体的基本形状

平面立体的投影就是作出组成立体表面的各平面、各棱线和各顶点的投影,由于点、直线和平面是构成平面立体表面的几何元素,因此,绘制平面立体的投影,归根结底是绘制点、直线和平面的投影。在平面立体中,可见棱线用实线表示,不可见棱线用虚线表示,以区分可见表面和不可见表面。

1.棱柱体

(1)形体特征

棱柱体的各棱线互相平行,底面、顶面为多边形。棱线垂直顶面时称为直棱柱,棱线倾斜顶面时称为斜棱柱。图 1.26(a)所示的直三棱柱由上、下两个底面(三角形)和三个棱面(长方形)组成。

(2)安放位置

安放形体时要考虑两个因素:一是使形体处于稳定状态;二是考虑形体的工作状况。为了作图方便,应尽量使形体的表面平行或垂直于投影面。对图 1.26(a)所示的直三棱柱,选上下底面平行于 H 面,棱面 AA_1C_1C 平行于 V 面。

(3)投影分析

图 1.26(b)是图 1.26(a)的两面投影图。因为上、下两底面是水平面,棱面 AA_1C_1C 为正平面,其余两个棱面是铅垂面,所以它的水平投影是一个三角形,这个三角形是上、下底面的投影,反映了实形,三角形的 3 个边即为 3 个棱面的积聚投影,三角形的 3 个顶点分别是 3 条棱线的水平积聚投影。三棱柱的后棱面是正平面,它的正面投影反映实形,称为棱柱的外形轮廓线,此外形轮廓线的上、下两边即为上、下两底面的积聚投影,左、右两边是左、右两条棱线的投影。$b'b'_1$ 是棱线 BB_1 的 V 面投影,它把三棱柱的正面投影分为左、右两个线框,这两个线框就是左、右两个棱面的投影(不反映实形)。

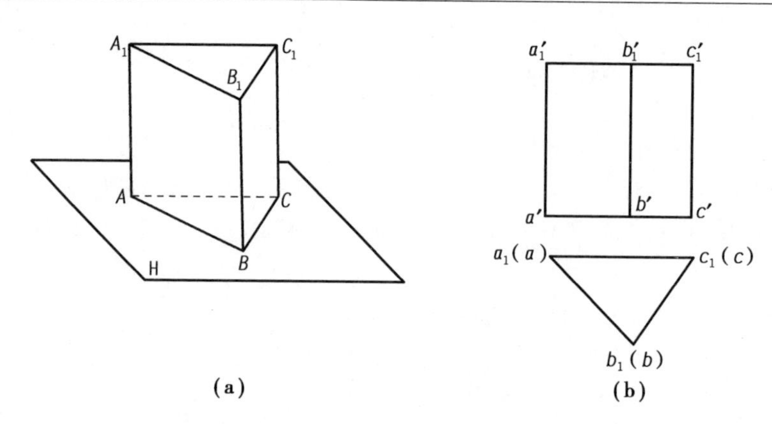

图 1.26　三棱柱的投影

2. 棱锥体

(1)形体特征

棱锥体的底面是多边形,棱线交于一点,侧棱面均为三角形。图 1.27(a)所示的三棱锥由一个底面和 3 个棱面组成。

(2)安放位置

底面△ABC 平行于 H 面。

(3)投影分析

图 1.27(b)是图 1.27(a)所示三棱锥的两面投影图。因为底面是水平面,所以它的水平投影是一个三角形(反映实形),正面投影是一条直线(有积聚性)。连锥顶 S 和底面△ABC 各顶点的同面投影,即为三棱锥的两面投影。其中,水平投影为 3 个三角形的线框,它们分别表示 3 个棱面的投影。正面投影的外轮廓线 $s'a'b'$ 是三棱锥前面棱面 SAB 的投影,是可见的。其他两棱面的正面投影是不可见的,因此,它们的交线(即 SC 棱线)的正面投影 $s'c'$ 也是不可见的,将它们画成虚线。

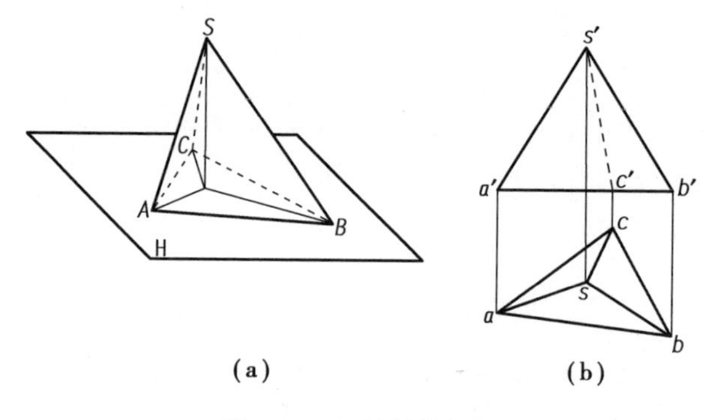

图 1.27　三棱锥的投影

3. 平面立体表面上点和直线的投影

平面立体的表面都是平面多边形,在其表面取点、取线的作图问题上,实际上就是平面上取点、取线作图的应用。其作图的基本原理是:平面立体上的点和直线一定在立体表面上。由于平面立体的各表面存在相对位置的差异,必然会出现表面投影的相互重叠,从而产生各表面投影的可见与不可见问题,因此,对表面上的点和线,还应考虑它们的可见性。判断立体表面上点和线可见与否的原则是：如果点、线所在的表面投影可见，那么点、线的同面投影一定可见，否则不可见。

立体表面取点、取线的求解问题一般是指已知立体的三面投影和它表面上某一点（线）的一面投影，要求该点（线）的另两面投影，这类问题的求解方法有：

（1）从属性法

当点位于立体表面的某条棱线上时，点的投影必定在棱线的投影上，即可利用线上点的"从属性"求解。

（2）积聚性法

当点所在的立体表面对某投影面的投影具有积聚性时，点的投影必定在该表面对这个投影面的积聚投影上。

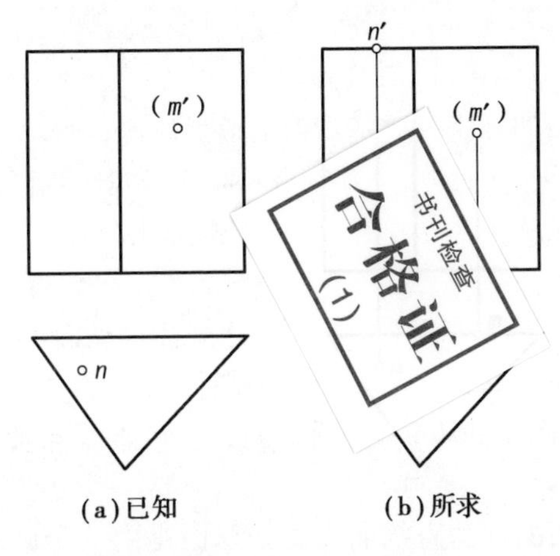

图1.28　三棱柱表面上的定点

如图1.28(a)所示，在三棱柱后棱面上给出了点 M 的正面投影 m'，可以利用棱面和底面投影的积聚性直接作出点 M 的水平投影点 m、点 N 的正面投影 n'，如图1.28(b)所示。

（3）辅助线法

当点所在的立体表面无积聚性投影时，必须利用作辅助线的方法来帮助求解。这种方法是先过已知点在立体表面作一辅助直线，求出辅助直线的另外两面投影，再依据点的"从属性"求出点的各面投影。

如图1.29(a)所示，在三棱锥的 sab 棱面上给出了点 M 的正面投影 m'，又在 sbc 棱面上给出了点 N 的水平投影 n。为了作出点 M 的水平投影 m 和点 N 的正面投影 n'，可以运用前面讲过的在平面上定点的方法，即首先在平面上画一条辅助线，然后在此辅助线上定点。

图1.29(b)说明了这两个投影的画法，图中过点 M 作一条平行于底边的辅助线，而过点 N 作一条通过锥顶的辅助线。所求的投影 m 是可见的，投影 n' 是不可见的。

知识点2：曲面立体的投影

1.基本概念

由曲面包围或者由曲面和平面包围而成的立体称为曲面立体。圆柱、圆锥、球和环是工程上常见的曲面立体。建筑工程中的壳体屋盖、隧道的拱顶以及常见的设备管道等的几何形状都是曲面立体，在制图、施工和加工中应熟悉它们的特性。

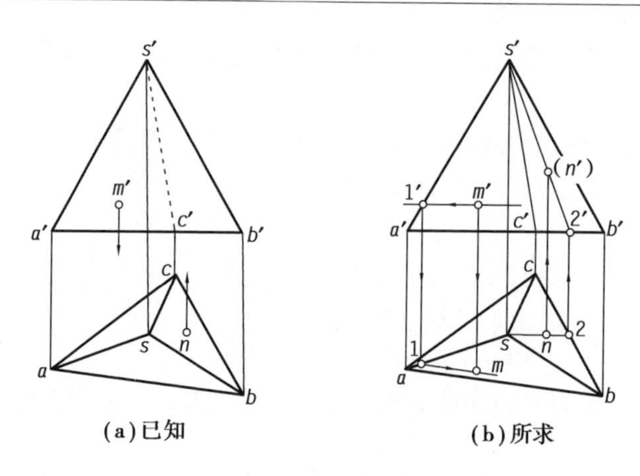

图 1.29　三棱柱表面上定点

(1)曲线

曲线可以看成一个点按照一定规律运动而形成的轨迹。

曲线上各点都是在同一个平面内的称为平面曲线(如圆、椭圆、双曲线、抛物线等);曲线上各点不在同一个平面内的称为空间曲线(如圆柱螺旋线等)。

(2)曲面

曲面可以看成是由直线或曲线在空间按照一定规律运动而形成的面。

由直线运动而形成的曲面称为直线曲面。如圆柱曲面是一条直线围绕一条轴线始终保持平行和等距旋转而成的[图 1.30(a)]。圆锥面是一条直线与轴线交于一点始终保持一定夹角旋转而成的[图 1.30(b)]。

由曲线运动而形成的曲面称为直线曲面。如球面是由一个圆或圆弧线以直径为轴旋转而成的[图 1.30(c)]。

工程中,常见的曲面立体多为回转体。回转体是由一母线(直线或曲线)绕一固定轴线作回转运动形成的,因此,圆柱体、圆锥体、球体和环体都是回转体。

圆锥面的形成

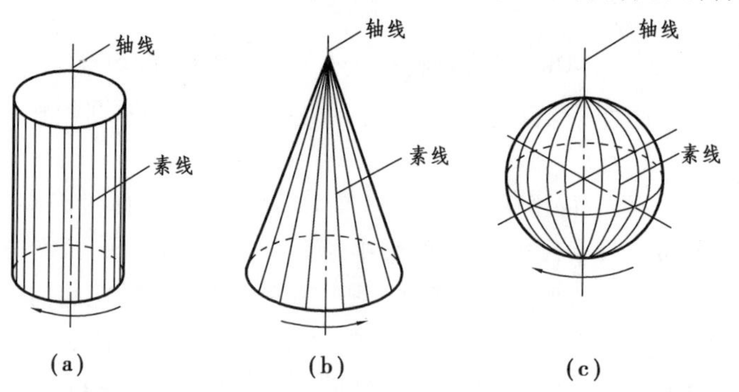

图 1.30　曲面与素线

(3)素线与轮廓线

形成曲面的母线,它们在曲面上的任何位置称为素线,如圆柱体的素线都是互相平行的直线;圆锥体的素线都是汇集于锥顶 S 点的倾斜线;圆球体的素线是通过球体上下顶点的半圆弧线。

我们把确定曲面范围的外形线称为轮廓线(或转向轮廓线),轮廓线也是可见与不可见的分界线。轮廓线的确定与投影体系及物体的摆放位置有关,当回转体的旋转轴在投影体系中摆放的位置合理时,轮廓线与素线重合,这种素线称为轮廓素线。在三面投影体系中,常用的4条轮廓素线分别为形体最前边素线、最后边素线、最左边素线和最右边素线。

(4)纬圆

由回转体的形成可知,母线上任意一点的运动轨迹为圆,该圆垂直轴线,此圆即为纬圆。

2. 圆柱体

圆柱体曲面的投影

绘制曲面立体投影时,应先画出它们的轴线(用点画线表示)。

(1)形体分析

圆柱体是由圆柱面和两个圆形的底面所围成的。

(2)安放位置

圆柱体在投影面体系中的位置一经确定,它对各投影面的投影轮廓也随之确定。我们只研究圆柱轴线垂直于某一投影面,底面、顶面为投影面平行面的情况。

如图1.31(a)所示的直圆柱体,其轴线垂直于水平投影面,因而两底面互相平行且平行于水平面,圆柱面垂直于水平面。

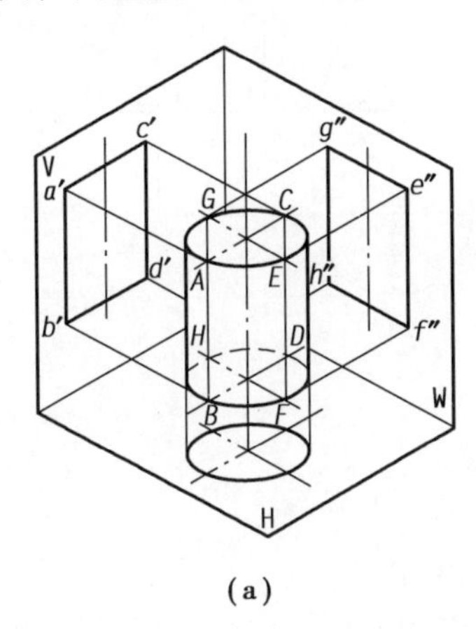

(a)

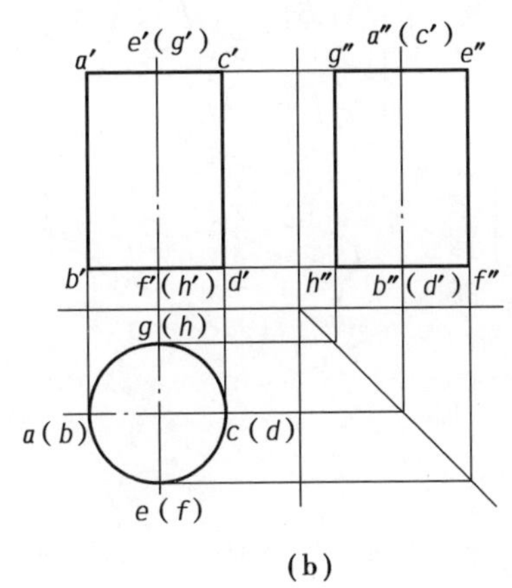

(b)

图1.31　圆柱体的投影

(3)投影分析

①H面投影:为圆形。它既是两底面的重合投影(真形),又是圆柱面的积聚投影。

②V面投影:为矩形。该矩形的上下两条边为圆柱体上下两底面的积聚投影,而左右两条边则是圆柱面的左右两条轮廓素线 AB,CD 的投影。该矩形线框表示圆柱体前半圆柱面与后半圆柱面的重合投影。

③W面投影:为矩形。该矩形上下两条边为圆柱体上下两底面的积聚投影,而左右两条边则是圆柱面的前后两条轮廓素线 EF,GH 的投影。该矩形线框表示圆柱体左半圆柱面与右半圆柱面的重合投影。

(4)作图步骤

①用点画线画出圆柱体各投影的轴线和中心线。

②用直径画水平投影圆。

③由“长对正”和高度作正面投影，为矩形。

④由“高平齐、宽相等”作侧面投影，为矩形。

注意：圆柱面上的 *AB*，*CD* 两条素线的侧面投影与轴线的侧面投影重合，它们在侧面投影中不能画出；*EF* 和 *GH* 两条素线的正面投影与轴线的正面投影重合，它们在正面投影中不能画出。也就是说，非轮廓线的素线投影不必画出。

3. 圆锥体

(1)形体分析

圆锥体是由圆锥面和底平面所围成的。

(2)安放位置

圆锥体在投影面体系中的位置一经确定，它对各投影面的投影轮廓也随之确定。如图1.32所示，圆锥轴线垂直于 H 面，底平面为水平面。

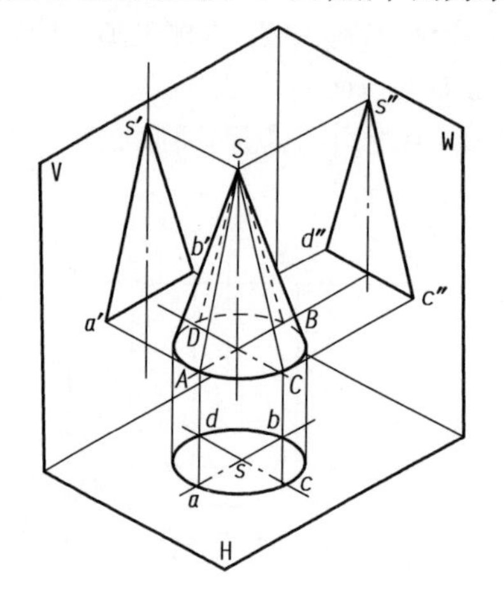

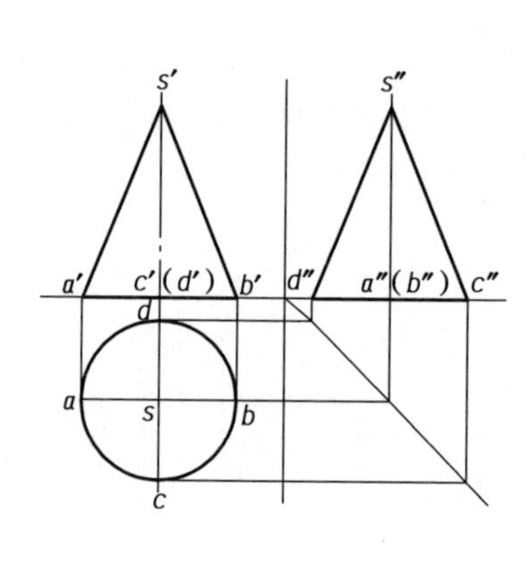

图 1.32　圆锥体的投影

(3)投影分析

①H 面投影：为圆。它是圆锥底面和圆锥面的重合投影。

②V 面投影：为等腰三角形。三角形的底边是圆锥底圆的积聚投影，三角形的腰 $s'a'$ 和 $s'b'$ 分别是圆锥面上最左边素线 *SA* 和最右边素线 *SB* 的 V 面投影；三角形框是圆锥面前半部分和后半部分(*SA* 和 *SB* 将圆锥面分为前后两部分)的重合投影，前半部分可见，后半部分不可见。

③W 面投影：为等腰三角形。三角形的底边是圆锥底圆的积聚投影，三角形的腰 $s''c''$ 和 $s''d''$ 分别是圆锥面上最前边素线 *SC* 和最后边素线 *SD* 的 W 面投影；三角形框是圆锥左半部分和右半部分(*SC* 和 *SD* 可将圆锥面分为左右两部分)的重合投影，左半部分可见，右半部分不可见。

(4)作图步骤

①用点画线画出圆锥体三面投影的轴线、中心线。

②画出底面圆的三面投影。底面为水平面，水平投影为反映实形的圆，其他两投影积聚为直线段，长度等于底圆直径。

③依据圆锥的高度画出锥顶点 *S* 的三面正投影。

④画轮廓线的三面正投影，即连接等腰三角形的腰。

圆锥面是光滑的,与圆柱面类似,当素线的投影不是轮廓线时,均不画出。

4. 圆球体

(1)形体分析

圆球面是半圆的弧线绕旋转轴旋转而成的,是一种曲线曲面,圆球面上的素线是半圆弧线。

圆球体是由圆球面所围成的。

由于通过球心的直线都可作旋转轴,故球面的旋转轴可根据需要确定。

(2)投影分析

如图 1.33(a)所示,圆球体的三面投影都是大小相等的圆,是球体在 3 个不同方向的轮廓线的投影,其直径与球径相等。H 面投影的圆 a 是球体上半部分的球面与下半部分球面的重合投影,上半部分可见,下半部分不可见;圆周 a 是球面上平行于 H 面的最大圆 A 的投影。V 面投影的圆 b 是球体前半部分的球面与后半部分的球面的重合投影,前半部分可见,后半部分不可见;圆周 b 是球面上平行于 V 面的最大圆 B 的投影。W 面投影的圆 c 是球体左半部分的球面与右半部分的球面的重合投影,左半部分可见,右半部分不可见;圆周 c 是球面上平行于 W 面的最大圆 C 的投影。

球面上 A,B,C 3 个大圆的其他投影均与相应的中心线重合;这 3 个大圆分别将球面分成上下、前后、左右 3 个部分。

(3)作图步骤

①用点画线画出圆球体各投影的中心线。

②以球的直径为直径画 3 个等大的圆,如图 1.33(b)所示。

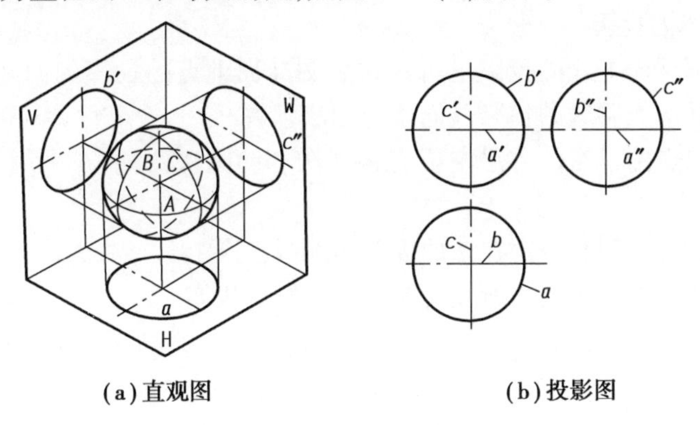

(a)直观图　　(b)投影图

图 1.33　圆球体的投影

知识点 3:曲面立体上点和直线的投影

曲面立体上点和直线的投影作图,与在平面上取点和取线的原理一样。

1. 圆柱面上的点和线

(1)圆柱面上点的投影

圆柱面上的点必定在圆柱面的一条素线或一个纬圆上。当圆柱面具有积聚投影时,圆柱面上点的投影必在同面积聚投影上。

(2)圆柱面上线的投影

圆柱面上的线必定在圆柱面上,当圆柱面具有积聚投影时,圆柱面上线的投影必在同面积聚投影上。线的投影的求解可以理解为线上的点的投影的求解,因此,圆柱面上线的求解可以转化为圆柱面上点的投影问题。

2. 圆锥面上的点和线

(1)圆锥面上点的投影

圆锥体的投影没有积聚性,在其表面上取点的方法有两种:

方法一:素线法。圆锥面是由许多素线组成的。圆锥面上任一点必定在经过该点的素线上,因此,只要求出过该点素线的投影,即可求出该点的投影。

方法二:纬圆法。由回转面的形成可知,母线上任意一点的运动轨迹为圆,该圆垂直于旋转轴线,把这样的圆称为纬圆。圆锥面上任一点必然在与其高度相同的纬圆上,因此,只要求出过该点的纬圆的投影,即可求出该点的投影。

由上述两种作图法可以看出,当某点的任意投影为已知时,均可用素线法或纬圆法求出它的其余两面投影。

(2)圆锥面上线的投影

与圆柱类似,圆锥面上线的投影也可转化为圆锥面上点的投影问题,用素线法或纬圆法求解。

3. 圆球面上的点和线

(1)圆球面上点的投影

由于圆球体的特殊性,过球面上一点可作属于球体的无数个纬圆,为了作图方便,常沿投影面的平行面作相应投影面的纬圆,这样过球面上任一点可以得到 H,V,W3 个方向的纬圆。因此,只要求出过该点的纬圆投影,即可求出该点的投影。

(2)圆球面上线的投影

与圆柱类似,圆球面上线的投影也可转化为圆球面上点的投影的问题,但由于圆球的各向同性的特殊性,其上点和线的投影只能用纬圆法求解。

可见,求曲面上点的投影的方法主要有素线法和纬圆法两种,在采用这两种方法时应着重弄清以下概念:

①某一点在曲面上,则它一定在该曲面的素线或纬圆上。

②求一点投影时,要先求出它所在的素线或纬圆的投影。

③为了熟练掌握在各种曲面上作素线或纬圆的投影,必须了解各种曲面的形成规律和特性。

知识点 4:立体上点和线的投影求解范例

范例 1(求解平面立体的投影) 作四棱台的正投影图,如图 1.34 所示。

解 (1)分析

①四棱台的上、下底面都与 H 面平行,前、后两棱面为侧垂面,左、右两棱面为正垂面。

②上、下两底面与 H 面平行,其水平投影反映实形;其正面、侧面投影积聚为直线。

③前、后两棱面与 W 面垂直,其侧面投影积聚为直线;与 H,V 面倾斜,投影为缩小的类似形。

④左、右两个面与 V 面垂直,其正面投影积聚为直线;与 H,W 面倾斜,投影为缩小的类似形。

⑤4 根斜棱线都是一般位置直线,其投影都不反映实长。

(2)作图[图1.34(b)]

①先作出正立面投影,向下"长对正"引铅垂线,向右"高平齐"引水平线。

②按物体宽度作出水平投影,并向右"宽相等"引水平线至45°线,转向上作出侧面投影。

③加深图形线。

注意:作图时一定要遵守"长对正、高平齐、宽相等"的投影规律。

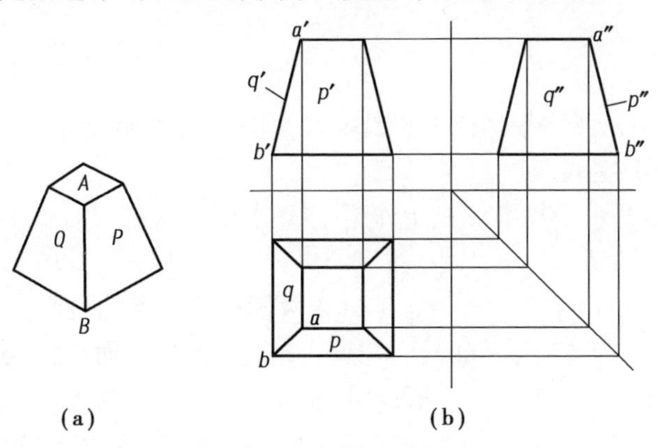

(a)　　(b)

图1.34　四棱台的投影

范例2(积聚性法求解平面立体表面上点的投影)　如图1.35所示,已知四棱柱的三面投影及其表面上点M和点N的正面投影,求出另外两面投影。

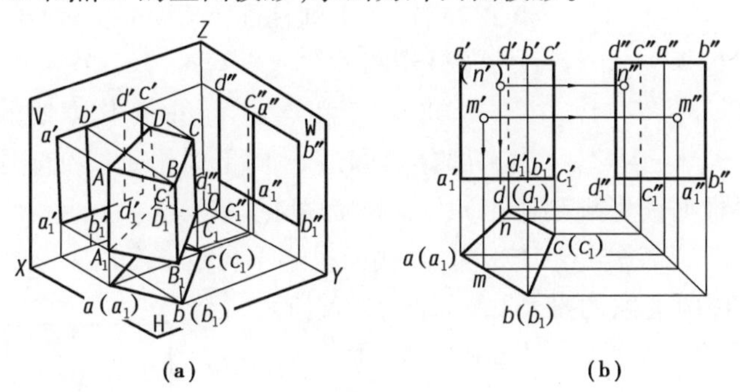

(a)　　(b)

图1.35　四棱柱表面上的定点

解　(1)分析

从已知投影可知,点M的正面投影m'为可见,因此点M在前棱面AA_1B_1B上。点N的正面投影n'不可见,因此必在AA_1D_1D平面上,其侧投影n''为可见。

(2)作图

①求点m,m''。点M在棱面AA_1B_1B上,该平面为铅垂面。其水平投影积聚成一条直线,点m也积聚在该直线上,由点m'按投影关系直接求得。再由m',m可求得m''。

②求点n,n''。点N在棱面AA_1D_1B上,该棱面水平投影积聚成一条直线,点n也积聚在该直线上,可求得n,n''。

范例3(辅助线法求解平面立体上线的投影)　如图1.36所示,已知三棱锥的三面投影及其表面上的线段EF的

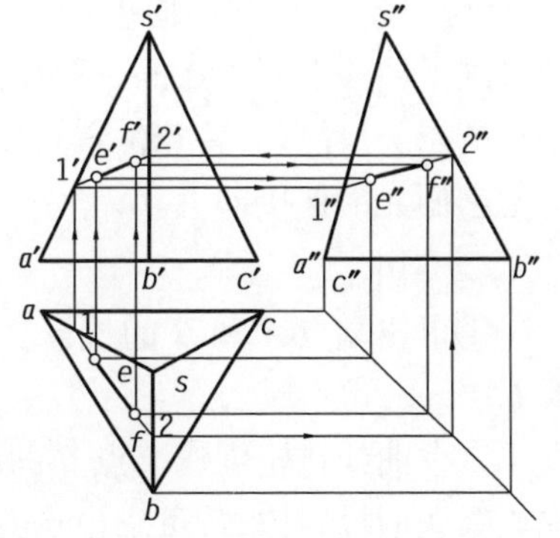

图1.36　三棱锥的投影

投影 ef,求出线段的其他投影。

解 (1)分析

从已知投影可知,线段 EF 的水平投影 ef 为可见,因此 EF 必在左棱面△SAB 上,△SAB 为一般位置平面,故可以过线段 EF 作一辅助直线Ⅰ,Ⅱ,根据从属关系求出点 E 和点 F 的投影。

(2)作图

①过 ef 作一辅助直线 12。

②求出 $1'2'$,$1''2''$。从水平投影向上作铅垂线,向右作水平线至 45°线,从 45°线转向上,再向左得出 $1'2'$,两投影均为可见。

③求 $e'f'$ 和 $e''f''$。从水平投影 ef 向上作铅垂线得出 $e'f'$,再向右作水平线得出 $e''f''$,两投影均为可见。

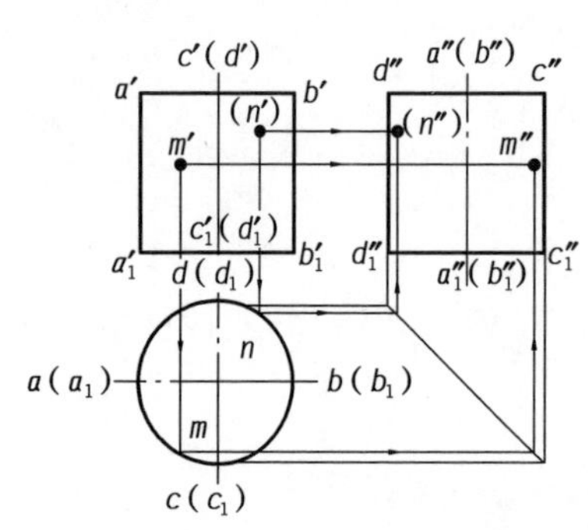

图 1.37 圆柱面上取点

范例 4(求解圆柱面上点的投影) 如图 1.37 所示,已知圆柱面上点 M 和点 N 的正面投影,求另两面投影。

解 (1)分析

点 M 的正面投影可见,又在点画线的左面,由此判断点 M 在左、前半圆柱面上,侧面投影可见。

点 N 的正面投影不可见,又在点画线的右面,由此判断点 N 在右、后半圆柱面上,侧面投影不可见。

(2)作图

①求点 m 和点 m''。过 m' 作素线的正立投影(可只作出一部分),即过 m' 向下引铅垂线交于圆周前半部 m,此点就是所求的点 m;再根据投影规则作出 m'',点 m'' 为可见点。

②求点 n 和点 n''。做法与点 M 相同,其侧面投影不可见。

范例 5(求解圆柱面上线的投影) 如图 1.38 所示,已知圆柱面上 AB 线段的正面投影 $a'b'$,求其另两面投影。

解 (1)分析

①圆柱的轴线垂直于侧面,其侧面投影积聚为圆,正面投影、水平投影积聚为矩形。

②线段 AB 是圆柱面上的一段曲线。求曲线投影的方法是画出曲线上若干点的三面投影,并用平滑的曲线相连,诸如端点、分界点等特殊位置点及适当数量的一般位置点,并把它们光滑连接即可。

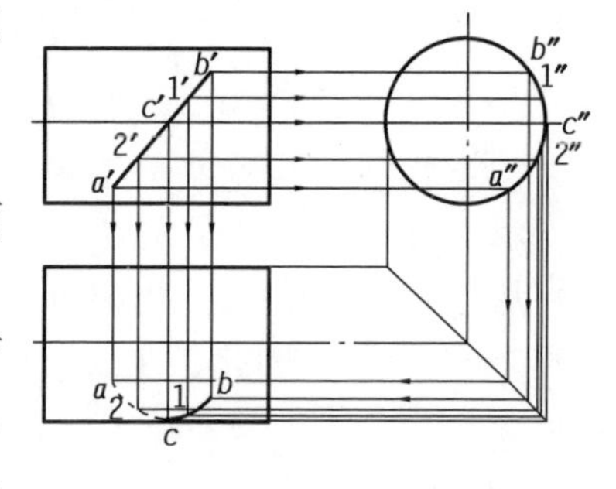

图 1.38 圆柱面上取线

(2)作图

①求出端点 A 和 B 的投影。利用积聚性,求得侧面投影 a'' 和 b'',再根据投影关系求出 a 和 b。

②求曲线在轮廓线上点 C 的投影。点 C 在水平投影转向轮廓线(轮廓素线)上,根据转向轮廓线的投影位置,可求出点 C 的侧面投影 c'' 和水平投影 c。

③求适当数量的中间点。在 $a'b'$ 上取点 $1'$ 和 $2'$,然后求其侧面投影 $1''$ 和 $2''$,再根据投影

关系求出水平投影 1 和 2。

④判别可见性并连线。点 c 为水平投影可见与不可见的分界点，曲线的水平投影 $a2c$ 为不可见，画成虚线；$c1b$ 为可见，画成实线。

范例 6（素线法求解圆锥面上点的投影）　如图 1.39 所示，已知圆锥面上点 A 的正面投影 a'，求 a，a''。

解　(1)分析

①点 A 在圆锥面上，一定在圆锥的一条素线上，故过点 A 与锥顶 S 相连并延长交底面圆周于点 1，$S1$ 即为圆锥面上的一条素线，求出此素线的各投影。

②根据点线的从属关系，求出点的各投影。

(2)作图

①过 a' 作素线 $S1$ 的正立投影 $s'1'$；

②求 $s1$。连接 $s'a'$ 并延长交底于 $1'$，在水平投影上求出点 1，连接 $s1$ 即为素线 $S1$ 的水平投影 $s1$。

③由 a' 求出 a，由 a' 及 a 求出 a''。

或先求出 $S1$ 的侧面投影，根据从属关系求出 A 点的侧面投影 a''。

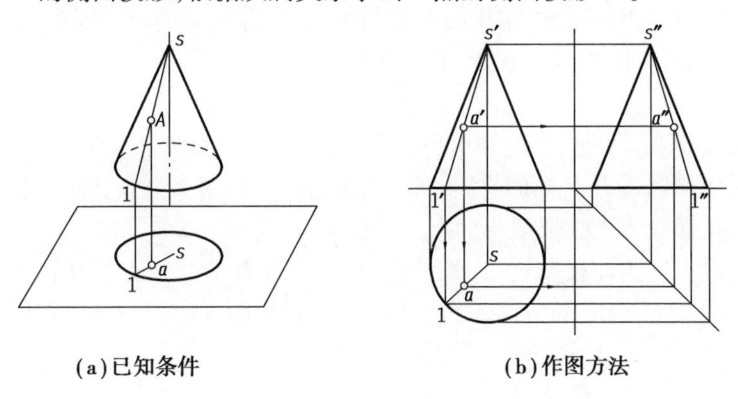

图 1.39　素线法求解圆锥面上点的投影

范例 7（纬圆法求解圆锥面上点的投影）　如图 1.40 所示，已知圆锥表面上点 A 的投影 a'，求 a，a''。

解　(1)分析

过点 A 作一纬圆，该圆的水平投影为圆，正面投影、侧面投影均为直线，点 A 的投影一定在该圆的投影上。

(2)作图

①过 a' 作纬圆的正面投影，此投影为一直线。

②画出纬圆的水平投影。

③由 a' 求出 a，由 a 及 a' 求出 a''。

④判别可见性，两投影均可见。

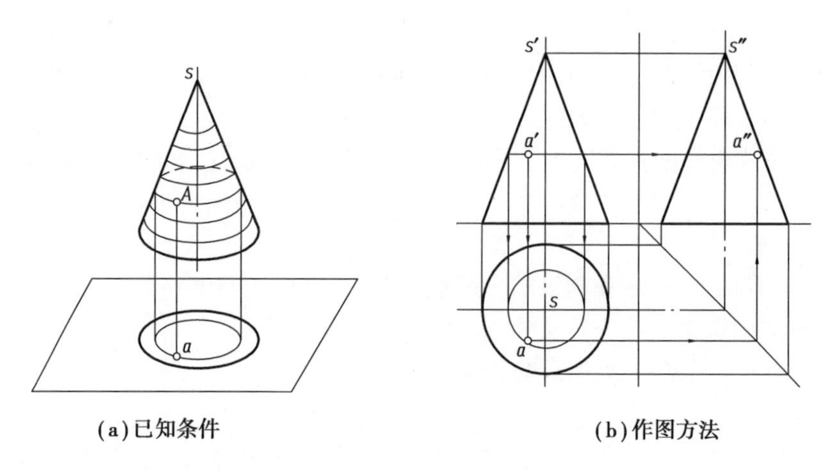

图1.40　纬圆法求解圆锥面上点的投影

范例8(求解圆锥面上线的投影)　如图1.41所示,已知圆锥表面上AB的正面投影,求其另两面投影。

解　(1)分析

作圆锥面上线段的投影方法:求出线段上的端点、轮廓线上的点、分界点等特殊位置的点及适当数量的一般点,并依次连接各点的同面投影。

(2)作图

①求线段端点A和B的投影。利用平行于H面的辅助纬圆,求得$a(a'')$和$b(b'')$。

②求侧面转向轮廓线上点C的投影c和c'',也可利用从属关系直接求出c。

③在线段的正面投影上选取适当的点求其投影,如图中点D的各投影。

④判别可见性。由正面投影可知,曲线BC位于圆锥右半部分的锥面上,其侧面投影不可见,画成虚线;曲线AC位于圆锥左半部分的锥面上,其侧面投影可见,画成实线,水平投影均可见。

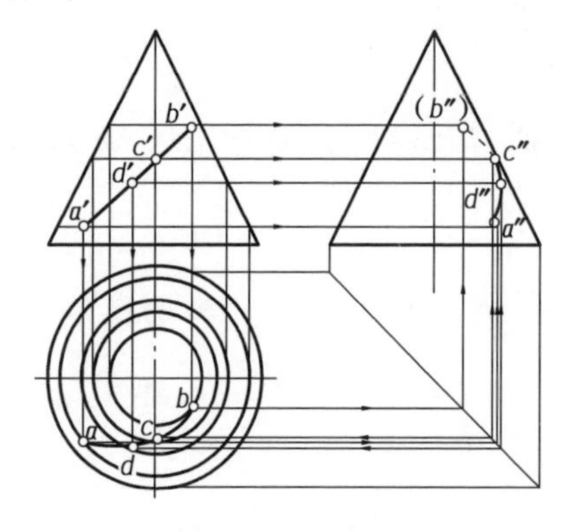

图1.41　圆锥面上取线

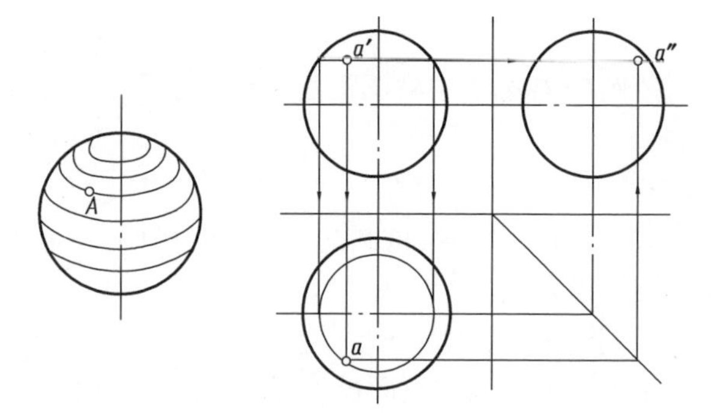

图1.42　圆球面上取点

范例9(求解圆球面上点的投影)　如图1.42所示,已知球面上点A的投影a',求a及a''。

解　(1)分析

由a'可知,点A在左上半球上,可利用水平纬圆解题。

(2)作图

①过 a'作纬圆的正立投影(为直线);

②求出纬圆的水平投影;

③由 a'求出 a,由 a'及 a 求出 a'';

④判别可见性,两投影均可见。

范例10(求解圆球体上点和线的投影)　如图1.43(a)所示,已知属于球体上的点 A,B,C 及线段 EF 的一个投影,求其另两个投影。

解　(1)分析

①由已知条件可判断点 A 位于球体左前上方的球面上;点 B 位于球体前下方的球面上,是最大侧平圆上的特殊点;点 C 位于球体左下方的球面上,是最大正平圆上的特殊点。

②$e'f'$为一虚直线段,说明 EF 位于球体左后方的球面上且平行于侧面的一段圆弧,E 和 F 为一般位置点。

(2)作图

作图如图1.43(b)所示。

①求 a,a''。过 a'作水平纬圆,利用从属关系求出 a,再求出 a''。

②求 b,b''。点 B 位于侧面转向轮廓线上,可直接求出 b'',再求出 b。

③求 c',c''。点 C 位于正面转向轮廓线上,可直接求出 c',再求出 c''。

④求 ef,$e''f''$。过 $e'f'$作一侧平圆,求出 $e''f''$。水平投影 ef 为一直线段,e 和 f 两点重合,点 f 为不可见。

⑤判别可见性,如图1.43所示。

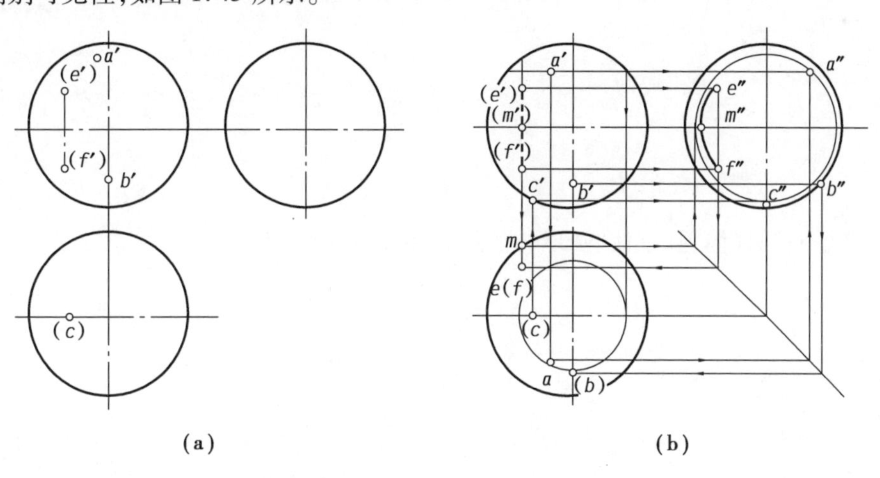

图1.43　圆球体表面上的取线

典型性工作环节3　工作实施

(1)学习资讯材料

掌握立体投影的形成方法,基本平面立体、曲面立体的类型、各类型立体三视图的画法,填写工作任务单。

(2)回答引导问题

引导问题1:基本立体有哪几种类型?

引导问题2:正六棱柱有几个点?几条棱?几个面?

引导问题3:棱柱体、棱锥体的形体特征是什么?

引导问题4:平面立体表面点和线的投影特征是什么?

引导问题5:圆柱体、圆锥体、圆球体的投影特征是什么?

引导问题6:圆柱体、圆锥体、圆球体上点和线的求解方法有哪些?分别是如何求解的?

基本立体投影绘制记录单

班级:________组别:________

典型性工作环节4　评价反馈

(1)学生自评

学生自评表

班级		姓名		学号	
任务4		绘制基本立体的投影			
评价项目		评价标准		分值/分	得分/分
引导问题1		1. 正确　2. 完整　3. 书写清晰		5	
引导问题2		1. 正确　2. 完整　3. 书写清晰		5	
引导问题3		1. 正确　2. 完整　3. 书写清晰		5	
引导问题4		1. 正确　2. 完整　3. 书写清晰		5	
引导问题5		1. 正确　2. 完整　3. 书写清晰		5	
引导问题6		1. 正确　2. 完整　3. 书写清晰		5	
基本立体投影绘制记录单		1. 完整　2. 正确　3. 规范　4. 清晰		35	
工作态度		态度端正,无缺勤、迟到、早退现象		10	
工作质量		能按计划完成工作任务		10	
协调能力		能与小组成员、同学合作交流,协调工作		5	
职业素质		能做到细心、严谨,体现精益求精的工匠精神		5	
创新意识		能提炼材料内容,找到解决任务的途径,理论联系实践		5	
合计				100	

(2)学生互评

学生互评表

任务名称	绘制基本立体的投影														
评价项目	分值/分	等级								评价对象(组别)					
										1	2	3	4	5	6
计划合理	10	优	10	良	9	中	7	差	6						
团队合作	10	优	10	良	9	中	7	差	6						
组织有序	10	优	10	良	9	中	7	差	6						
工作质量	20	优	20	良	18	中	14	差	12						

续表

评价项目	分值/分	等级								评价对象(组别)					
										1	2	3	4	5	6
工作效率	10	优	10	良	9	中	7	差	6						
工作完整	10	优	10	良	9	中	7	差	6						
工作规范	10	优	10	良	9	中	7	差	6						
成果展示	20	优	20	良	18	中	14	差	12						
合计	100														

(3)教师评价

教师评价表

班级		姓名		学号	
任务4		绘制基本立体的投影			
评价项目		评价标准		分值/分	得分/分
考勤(10%)		无迟到、早退、旷课现象		10	
工作过程(60%)	引导问题1	1. 正确　2. 完整　3. 书写清晰		5	
	引导问题2	1. 正确　2. 完整　3. 书写清晰		5	
	引导问题3	1. 正确　2. 完整　3. 书写清晰		5	
	引导问题4	1. 正确　2. 完整　3. 书写清晰		5	
	引导问题5	1. 正确　2. 完整　3. 书写清晰		5	
	引导问题6	1. 正确　2. 完整　3. 书写清晰		5	
	基本立体投影绘制记录单	1. 完整　2. 正确　3. 规范　4. 清晰		15	
	工作态度	态度端正,工作认真、主动		5	
	协调能力	能按计划完成工作任务		5	
	职业素质	能与小组成员、同学合作交流,协调工作		5	
项目成果(30%)	工作完整	能按时完成任务		5	
	工作规范	能按规范要求完成引导问题及绘制基本立体的投影,规范填写记录单		5	
	任务记录单	正确、规范、专业、完整		15	
	成果展示	能准确表达、汇报工作成果		5	
合计				100	

综合评价	学生自评(20%)	小组互评(30%)	教师评价(50%)	综合得分

典型工作环节 5　拓展思考题

完成斜四棱柱的两面投影(上、下底为水平面,且为平行四边形),并作出表面上各点的投影。

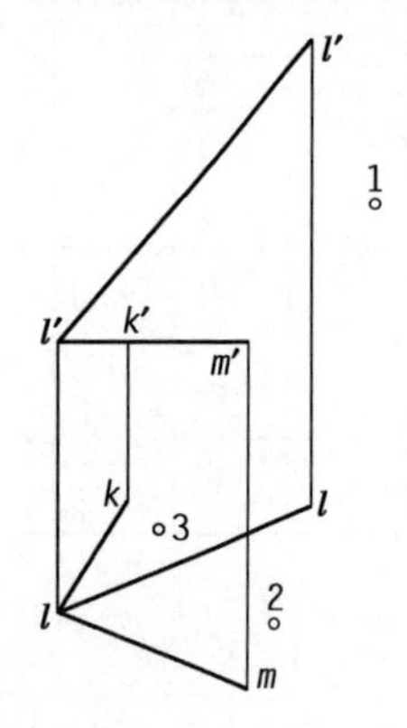

项目二　绘制建筑形体轴测图

学习性工作任务 1　绘制正等轴测图

典型工作任务描述

根据建筑体的三视(二视)投影图,能想象出对应空间形体的外貌特征,分析结构组合特点,采用绘图工具建立正确的正等轴测轴,绘制其正等轴测图。

【学习目标】

1. 了解正等轴测图的形成。
2. 熟悉正等轴测图的特点。
3. 掌握绘制正等轴测图的方法和步骤。

【任务书】

根据典型工作环节 2 的资讯材料,完成引导问题,在此基础上完成以下任务,填写“正等轴测图绘制记录单”。

1. 根据二视图画出形体的正等轴测图。

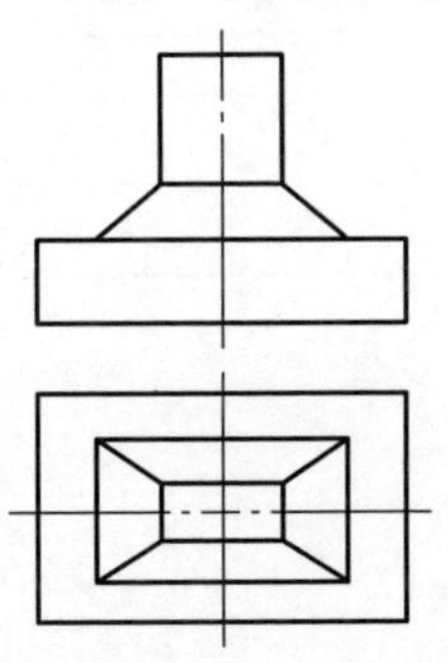

2. 根据三视图画出形体的正等轴测图。

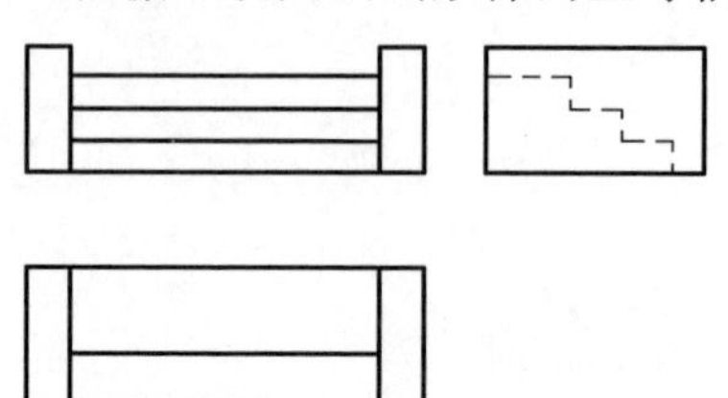

3. 根据二视图画出形体的正等轴测图。

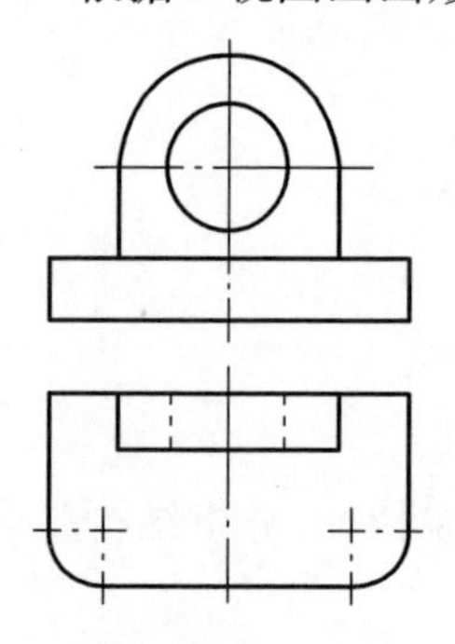

典型工作环节 1　工作准备

1. 阅读任务书，基本了解任务量、任务难度和任务内容。
2. 小组成员对本次任务进行分解，制订合理的实施计划，并进行人员任务分工。
3. 学习资讯材料、准备任务书、记录单，填写学生任务分配表。

学生任务分配表

<table>
<tr><td>班级</td><td></td><td>组号</td><td></td><td>指导教师</td><td></td></tr>
<tr><td>组长</td><td></td><td>学号</td><td colspan="3"></td></tr>
<tr><td>组员</td><td colspan="5"><table><tr><td>姓名</td><td>学号</td></tr><tr><td></td><td></td></tr><tr><td></td><td></td></tr><tr><td></td><td></td></tr><tr><td></td><td></td></tr><tr><td></td><td></td></tr></table></td></tr>
<tr><td colspan="6">任务分工</td></tr>
</table>

典型工作环节2　资讯搜集

知识点1:轴测投影图的形成

轴测投影属于平行投影的一种,它是用一组平行投射线按某一特定方向(一般沿不平行于任一坐标面的方向),将空间形体的主要3个面(正、侧、顶)和反映物体在长、宽、高3个方向的坐标轴(X,Y,Z)一起投射在选定的一个投影面上而形成的投影,如图2.1所示。这个投影面(P)称为轴测投影面。用轴测投影法画成的图称为轴测投影图,简称轴测图。

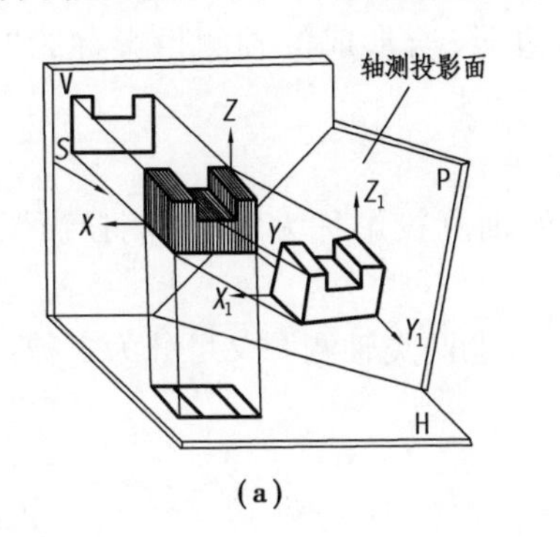

(a)

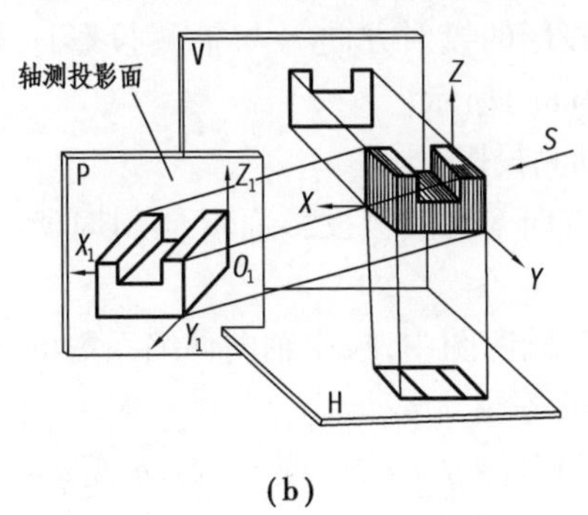

(b)

图2.1　轴测投影图的形成

要得到轴测图,可有以下两种方法:

①使物体的3个坐标面与轴测投影面处于倾斜位置,然后用正投影法向该投影面上投影,如图2.1(a)所示。

②用斜投影法将物体3个投影面上的形状在一个投影面上表示出来,如图2.1(b)所示。

知识点2:轴间角及轴向伸缩系数

(1)轴间角

如图2.1所示,表示空间物体长、宽、高3个方向的直角坐标轴OX,OY,OZ,在轴测投影面上的投影O_1X_1,O_1Y_1,O_1Z_1称为轴测轴,相邻两轴测轴之间的夹角$\angle X_1O_1Z_1$,$\angle Z_1O_1Y_1$,$\angle Y_1O_1X_1$称为轴间角,3个轴间角之和为360°。

(2)轴向伸缩系数

我们知道一条直线与投影面倾斜,该直线的投影必然缩短。在轴测投影中,空间物体的3个(或1个)坐标轴与投影面倾斜,其投影都比原来的长度短。我们把在轴测图中平行于轴测轴O_1X_1,O_1Y_1,O_1Z_1的线段,与对应的空间物体上平行于坐标轴OX,OY,OZ的线段的长度之比,即物体上线段的投影长度与其实长之比,称为轴向伸缩系数(或称为轴向变形系数)。轴向伸缩系数分别用p,q,r来表示,即

$$p=\frac{O_1X_1}{OX}\qquad q=\frac{O_1Y_1}{OY}\qquad r=\frac{O_1Z_1}{OZ}$$

知识点3:轴测投影的特点

轴测投影仍是平行投影,因此它具有平行投影的一切属性。

①空间平行的两条直线在轴测投影中仍然平行,因此凡与坐标轴平行的直线,其轴测投影必然平行于相应的轴测轴。

②空间中与坐标轴平行的直线，其轴测投影具有与该相应轴测轴相同的轴向伸缩系数。与坐标轴不平行的直线，其轴测投影具有不同的伸缩系数，求这种直线的轴测投影，应根据直线端点的坐标，分别求得其轴测投影，再连成直线。

知识点 4：轴测投影图的分类

轴测投影可按投影方向与轴测投影面之间的关系，分为正轴测投影和斜轴测投影两大类。

(1) 正轴测投影

当轴测投影的投射方向 S 与轴测投影面 P 垂直时，所形成的轴测投影称为“正轴测投影”，如图 2.1(a) 所示。

(2) 斜轴测投影

当投影方向 S 与轴测投影面 P 倾斜时所形成的轴测投影称为“斜轴测投影”，如图 2.1(b) 所示。

在每一种轴测图中，根据轴向伸缩系数的不同，以上两类轴测图又可分为 3 种：

①正(斜)等测：$p=q=r$。

②正(斜)二测：$p=q\neq r$ 或 $p=r\neq q$ 或 $q=r\neq p$。

③正(斜)三测：$p\neq q\neq r$。

《房屋建筑制图统一标准》(GB/T 50001—2017) 推荐房屋建筑的轴测图宜采用以下轴测投影绘制：

①正等测。

②正面斜二测。

知识点 5：正等轴测图的基本画法

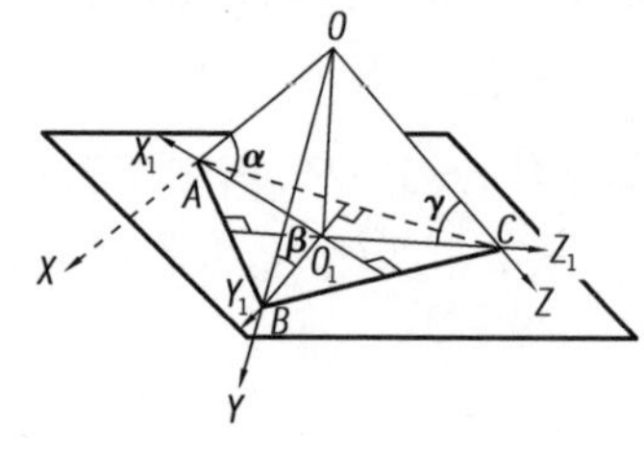

图 2.2　正等轴测图的轴间角及轴向伸缩系数

由正等轴测图的概念可知，其中 3 个轴的轴向伸缩系数都相等，即 $p=q=r$，所以在图 2.2 中的 3 个轴与轴测投影面的倾角也应相等，即 $\alpha=\beta=\gamma$。根据这些条件不难证明 $\triangle AO_1B\cong\triangle BO_1C\cong\triangle CO_1A$，再用解析法可以证明它们的轴向伸缩系数 $p=q=r\approx 0.82$。

正等轴测图的 3 个轴间角 $\angle X_1O_1Z_1=\angle Z_1O_1Y_1=\angle Y_1O_1X_1=120°$。在画图时，通常将 O_1Z_1 轴画成竖直位置，O_1X_1 轴和 O_1Y_1 轴与水平线的夹角都是 30°，因此可直接用丁字尺和三角板作图，如图 2.3(a) 所示。

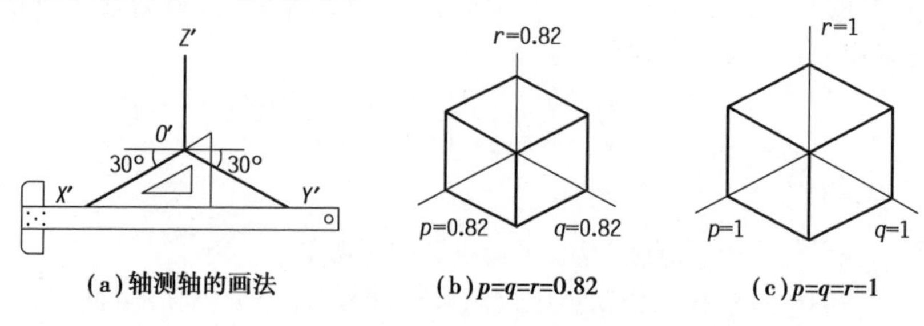

图 2.3　正等轴测投影

在画物体的轴测投影图时，常根据物体上各点的直角坐标，乘以相应的轴向伸缩系数，得到轴测坐标值后才能进行画图。因此，画图前需要进行烦琐的计算工作。当用 $p=q=r=0.82$ 的轴向伸缩系数绘制物体的轴测图时，需将每一个轴向尺寸都乘以 0.82，这样画出的轴测图为理论的正等测轴测图，如图 2.3(b)所示。

为了简化作图，常将 3 个轴的轴向伸缩系数取为 $p=q=r=1$，以此代替 0.82，把系数 1 称为简化轴向伸缩系数。运用简化轴向伸缩系数画出的轴测图与按准确轴向伸缩系数画出的轴测投影图，形状无异，只是图形在各个轴向上放大了 $1/0.82\approx1.22$ 倍，如图 2.3(c)所示。

知识点 6：正等轴测投影图的基本画法范例

画正等轴测图的基本方法是坐标法。但实际作图时，还应根据形体的形状特点不同而灵活采用其他作图方法，下面举例说明不同形状特点的平面立体轴测图的几种具体做法。

1. 坐标法

坐标法是根据形体表面上各顶点的空间坐标，画出它们的轴测投影，然后依次连接成形体表面的轮廓线，即得该形体的轴测图。

范例 1(坐标法绘制正等轴测图)　作出四坡顶房屋的正等轴测图，如图 2.4(a)所示。

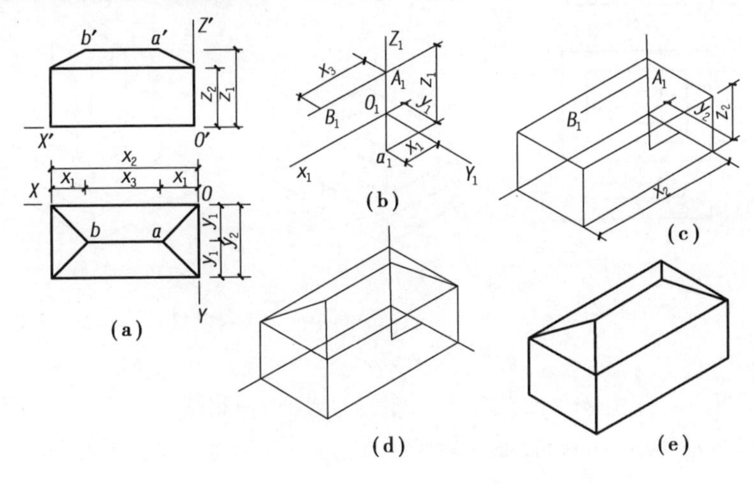

图 2.4　坐标法画四坡顶房屋的正等轴测图

解　(1)分析

首先要看懂三视图，想象出房屋的形状。由图 2.4(a)可以看出，该房屋是由四棱柱和四坡屋面与屋檐平面所围成的平面立体构成的。四棱柱的顶面与四坡屋面形成的平面立体的底面相重合。因此，可先画四棱柱，再画四坡屋顶。

(2)作图

①在正投影图上确定坐标系，选取房屋背面右下角作为坐标系的原点 O，如图 2.4(a)所示。

②画正等轴测轴，如图 2.4(b)所示。

③根据 x_2,y_2,z_2 作出下部四棱柱的轴测图，如图 2.4(c)所示。

④作四坡屋面的屋脊线。根据 x_1,y_1 先求出 a_1，过 a_1 作 O_1Z_1 轴的平行线并向上量取高度 Z_1，则得屋脊线上右顶点 A 的轴测投影 A_1；过 A_1 作 O_1X_1 的平行线，从 A_1 开始在此线上向

左量取 $A_1B_1=x_3$,则得屋脊线的左顶点 B_1,如图 2.4(b)所示。

⑤由 A_1B_1 和四棱柱顶面 4 个顶点,作出 4 条斜脊线,如图 2.4(d)所示。

⑥擦去多余的作图线,加深可见图线即可完成四坡顶房屋的正等轴测图,如图 2.4(e)所示。

2. *叠加法*

叠加法是将叠加式或其他方式组合的组合体,通过形体分析,分解成几个基本形体,再依次按照其相对位置逐个引出各个部分,最后完成组合体的轴测图。

范例 2(叠加法绘制正等轴测图) 如图 2.5(a)所示,作出独立基础的正等轴测图。

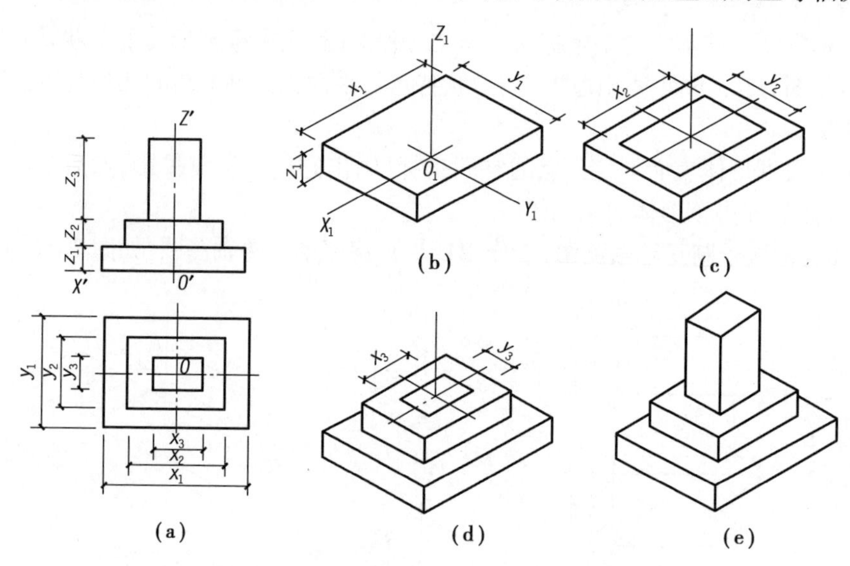

图 2.5 叠加法绘制独立基础的正等轴测图

解 (1)分析

该独立基础可以看作由 3 个四棱柱上下叠加而成,画轴测图时,可以由下而上(或者由上而下),也可以取两基本形体的结合面作为坐标面,逐个画出每一个四棱柱体。

(2)作图

①在正投影图上选择、确定坐标系,坐标原点选在基础底面的中心,如图 2.5(a)所示。

②画轴测轴。根据 x_1,y_1,z_1 作出底部四棱柱的轴测图,如图 2.5(b)所示。

③将坐标原点移至底部四棱柱上表面的中心位置,根据 x_2,y_2 作出中间四棱柱底面的 4 个顶点,并根据 z_2 向上作出中间四棱柱的轴测图,如图 2.5(c)所示。

④将坐标原点再移至中间四棱柱上表面的中心位置,根据 x_3,y_3 作出上部四棱柱底面的 4 个顶点,并根据 z_3 向上作出上部四棱柱的轴测图,如图 2.5(d)所示。

⑤擦去多余的作图线,加深可见图线即可完成该独立基础的正等轴测图,如图 2.5(e)所示。

3. *切割法*

切割法适合于绘制由基本形体经切割而得到的形体。它是以坐标法为基础,先画出基本形体的轴测投影,然后把应该去掉的部分切去,从而得到所需的轴测图。

范例 3(切割法绘制正等轴测图) 如图 2.6 所示,用切割法绘制形体的正等轴测图。

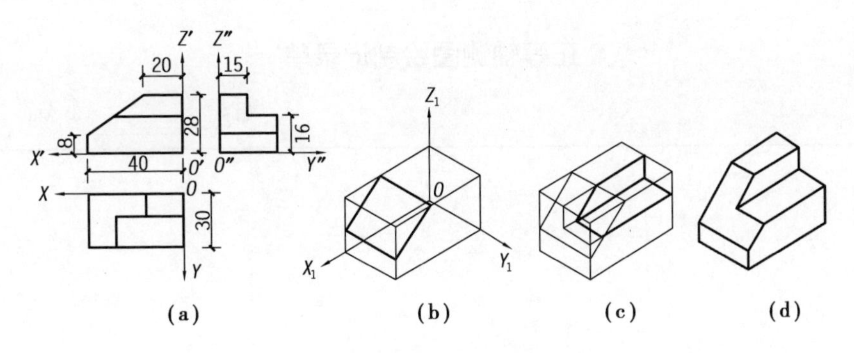

图2.6　切割法绘制正等轴测图

解　(1)分析

通过对图2.6(a)所示投影图进行分析,可把该形体看作是将一长方体斜切左上角,再在前上方切去一个六面体而成的。画图时,可先画出完整的长方体,然后再切去一斜角和一个六面体而成。

(2)作图

①确定坐标原点及坐标轴,如图2.6(a)所示。

②画轴测轴,根据给出的尺寸作出长方体的轴测图,然后再根据尺寸8和20作出斜面的投影,如图2.6(b)所示。

③沿 *Y* 轴量取15 mm作平行于 *XOZ* 面的平面,并由上往下切,沿 *Z* 轴量取16 mm作 *XOY* 面的平行面,并由前往后切,两平面相交切去一角,如图2.6(c)所示。

④擦去多余的图线,并加深图线,即得物体的正等轴测图,如图2.6(d)所示。

典型工作环节3　工作实施

(1)学习资讯材料

了解正等轴测图的形成过程,熟悉正等轴测图的图示特点,掌握正等轴测图的3种画图方法,填写工作任务单。

(2)回答引导问题

引导问题1:正等轴测图中 *X* 轴的轴向伸缩系数用(　　)表示。

A. *p*　　B. *q*　　C. *r*　　D. *s*

引导问题2:相邻两轴测轴之间的夹角称为(　　)。

A.夹角　　B.轴间角　　C.两面角　　D.倾斜角

引导问题3:空间3个坐标轴在轴测投影面上轴线变形系数一样的投影,称为(　　)。

A.正轴测投影　　B.斜轴测投影　　C.正等轴测投影　　D.斜二轴测投影

引导问题4:正等轴测图中,轴向变形系数为(　　)。

A.0.82　　B.1　　C.1.22　　D.1.5

引导问题5:正等轴测图中,简化变形系数为(　　)。

A.0.82　　B.1　　C.1.22　　D.1.5

引导问题6:正等轴测图的各轴间角均为(　　)。

A.60°　　B.120°　　C.131°　　D.41°

正等轴测图绘制记录单

班级：________ 组别：________

典型工作环节4 评价反馈

(1)学生自评

学生自评表

班级		姓名		学号	
任务1	绘制正等轴测图				
评价项目	评价标准			分值/分	得分/分
引导问题1	正确			5	
引导问题2	正确			5	
引导问题3	正确			5	
引导问题4	正确			5	
引导问题5	正确			5	
引导问题6	正确			5	
正等轴测图绘制记录单	1.完整 2.正确 3.规范 4.清晰			35	
工作态度	态度端正,无缺勤、迟到、早退现象			10	
工作质量	能按计划完成工作任务			10	
协调能力	能与小组成员、同学合作交流,协调工作			5	
职业素质	能做到细心、严谨,体现精益求精的工匠精神			5	
创新意识	能提炼材料内容,找到解决任务的途径,理论联系实践			5	
合计				100	

(2)学生互评

学生互评表

任务名称	绘制正等轴测图													
评价项目	分值/分	等级								评价对象(组别)					
										1	2	3	4	5	6
计划合理	10	优	10	良	9	中	7	差	6						
团队合作	10	优	10	良	9	中	7	差	6						
组织有序	10	优	10	良	9	中	7	差	6						
工作质量	20	优	20	良	18	中	14	差	12						
工作效率	10	优	10	良	9	中	7	差	6						

续表

评价项目	分值/分	等级								评价对象(组别)					
										1	2	3	4	5	6
工作完整	10	优	10	良	9	中	7	差	6						
工作规范	10	优	10	良	9	中	7	差	6						
成果展示	20	优	20	良	18	中	14	差	12						
合计	100														

(3)教师评价

教师评价表

班级		姓名		学号		
任务1		绘制正等轴测图				
评价项目		评价标准			分值/分	得分/分
考勤(10%)		无迟到、早退、旷课现象			10	
工作过程(60%)	引导问题1	正确			5	
	引导问题2	正确			5	
	引导问题3	正确			5	
	引导问题4	正确			5	
	引导问题5	正确			5	
	引导问题6	正确			5	
	正等轴测图绘制记录单	1. 完整　2. 正确　3. 规范　4. 清晰			15	
	工作态度	态度端正,工作认真、主动			5	
	协调能力	能按计划完成工作任务			5	
	职业素质	能与小组成员、同学合作交流,协调工作			5	
项目成果(30%)	工作完整	能按时完成任务			5	
	工作规范	能按规范要求完成引导问题及绘制正等轴测图,规范填写记录单			5	
	任务记录单	正确、规范、专业、完整			15	
	成果展示	能准确表达、汇报工作成果			5	
合计					100	
综合评价		学生自评(20%)	小组互评(30%)	教师评价(50%)	综合得分	

典型工作环节5　拓展思考题

根据二视图画出形体的正等轴测图。

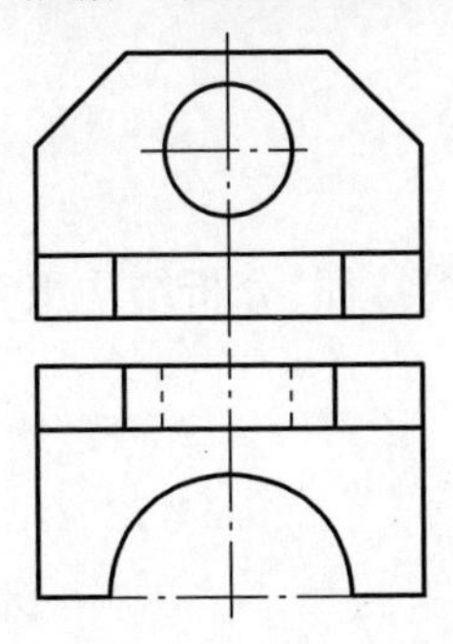

学习性工作任务 2　绘制斜轴测图

典型工作任务描述

根据建筑体的三视(二视)投影图,能想象出对应空间形体的外貌特征,分析结构组合特点,采用绘图工具建立正确的斜轴测轴,绘制其斜轴测图。

【学习目标】

1. 了解斜轴测图的形成。
2. 熟悉正面斜轴测图的投影特点。
3. 掌握正面斜二测图的绘图方法及步骤。
4. 熟悉水平斜轴测图的绘图方法。

【任务书】

根据典型工作环节 2 的资讯材料,完成引导问题,在此基础上完成以下任务,填写“正面斜二测图绘制记录单”。

1. 根据二视图画出形体的斜二测图。

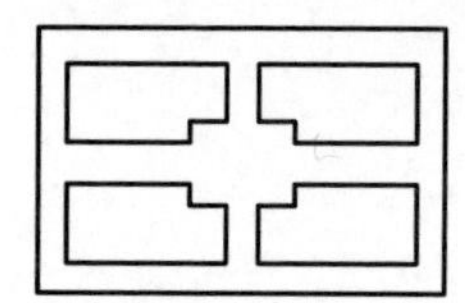

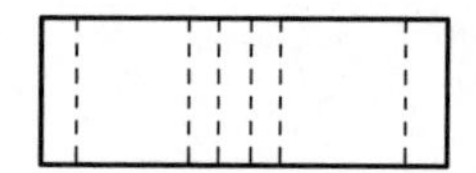

2. 根据三视图画出形体的斜二测图。

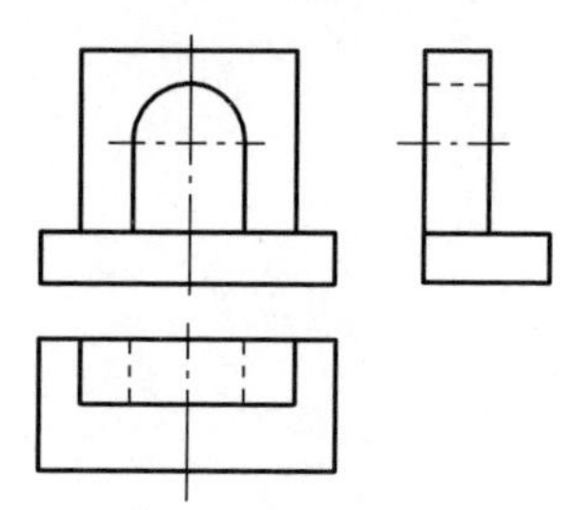

3. 根据二视图画出形体的水平斜轴测图。

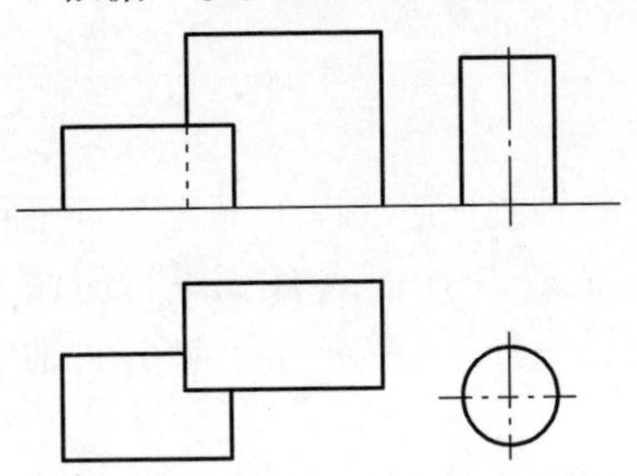

典型工作环节 1　工作准备

1. 阅读任务书,基本了解任务量、任务难度和任务内容。
2. 小组成员对本次任务进行分解,制订合理的实施计划,并进行人员任务分工。
3. 学习资讯材料、准备任务书,填写学生任务分配表。

学生任务分配表

班级		组号		指导教师	
组长		学号			
组员	姓名		学号		
任务分工					

典型工作环节 2　资讯搜集

知识点 1:斜轴测投影图的形成

当投射方向 S 倾斜于轴测投影面时所得的投影,称为斜轴测投影。以 V 面或 V 面平行面作为轴测投影面,所得的斜轴测投影称为正面斜轴测投影。若以 H 面或 H 面平行面作为轴测投影面,则得水平斜轴测投影。画斜轴测图与画正轴测图一样,也要先确定轴间角、轴向伸缩系数以及选择轴测类型和投射方向。

知识点 2:正面斜轴测图的投影特性

正面斜轴测投影是斜投影的一种,它具有斜投影的如下特性:

①无法投射方向如何倾斜,平行于轴测投影面的平面图形,其斜轴测投影都反映实形。也就是说,正面斜轴测图中 O_1Z_1 和 O_1X_1 之间的轴间角都是 90°,两者的轴向伸缩系数都等于 1,即 $p=r=1$。这个特性,使得斜轴测图的作图较为方便,对具有较复杂的侧面形状或为圆形的形体,这个优点尤为显著。

②相互平行的直线,其正面斜轴测图仍相互平行,平行于坐标轴的线段的正面斜轴测投影与线段实长之比等于相应的轴向伸缩系数。

③垂直于投影面的直线,它的轴测投影方向和长度,将随着投射方向 S 的不同而变化。然而,正面斜轴测的轴测轴 O_1Y_1 的位置和轴向伸缩系数 q 是各自独立的,没有固定关系,可以任意选之。轴测轴 O_1Y_1 与 O_1X_1 轴的夹角一般取 30°,45°或 60°,常用 45°。

当轴向伸缩系数 $p=q=r=1$ 时,称为正面斜等测;当轴向伸缩系数 $p=r=1$、$q=0.5$ 时,称为正面斜二测。

如图 2.7(a)所示,以 45°画图时,轴间角 $\angle X_1O_1Y_1=135°$,在图 2.7(b)中,$\angle X_1O_1Y_1=45°$,这样画出的轴测图较为美观,是一种常用的斜轴测投影。

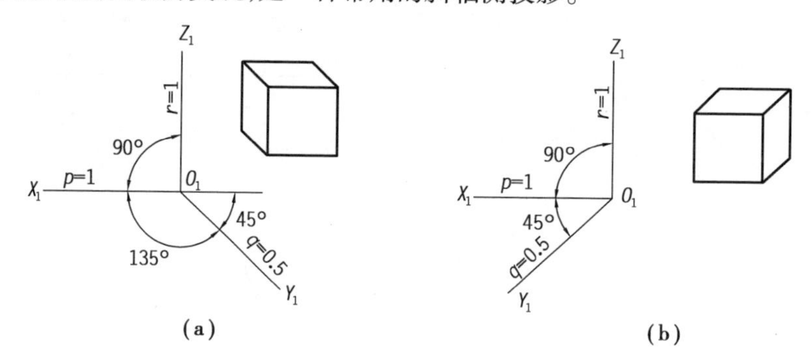

图 2.7　正面斜二测的轴间角和轴向伸缩系数

知识点 3:水平斜轴测图的形成及投影特性

如果形体仍保持正投影的位置,而用倾斜于 H 面的轴测投影方向 S,向平行于 H 面的轴测投影面 P 进行投影,如图 2.8(a)所示,则所得斜轴测图称为水平斜轴测图。

显然,在水平斜轴测投影中,空间形体的坐标轴 OX 和 OY 平行于水平的轴测投影面,所以变形系数 $p=q=1$,轴间角 $X_1O_1Y_1=90°$。至于 O_1Z_1 轴与 O_1X_1 轴之间的轴间角以及轴向伸

缩系数 r，同样可以单独任意选择，但习惯上取 $\angle X_1O_1Z_1 = 120°$，$r = 1$，坐标轴 OZ 与轴测投影面垂直，由于投射方向 S 是倾斜的，所以 O_1Z_1 则成一条斜线，如图 2.8(b)所示。画图时，习惯将 O_1Z_1 轴画成竖直位置，这样 O_1X_1 和 O_1Y_1 轴相应偏转角度，通常 O_1X_1 和 O_1Y_1 轴分别与水平线成 30°和 60°，如图 2.8(c)所示。

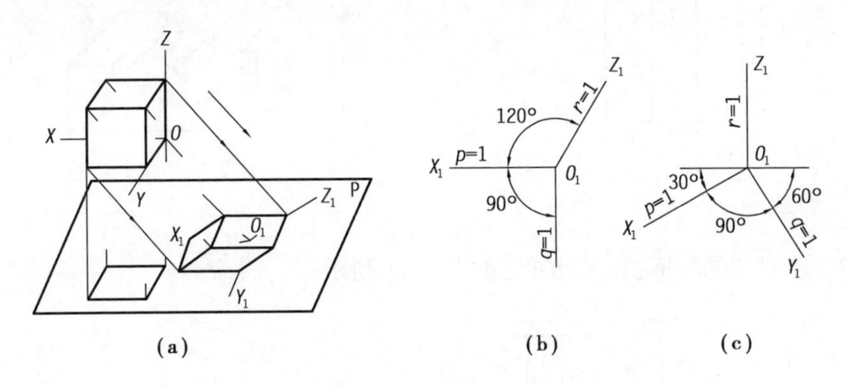

图 2.8　水平斜轴测图的形成和轴测轴的画法

这种水平斜轴测图，常用于绘制一个区域建筑群的总平面图，如图 2.9 所示。

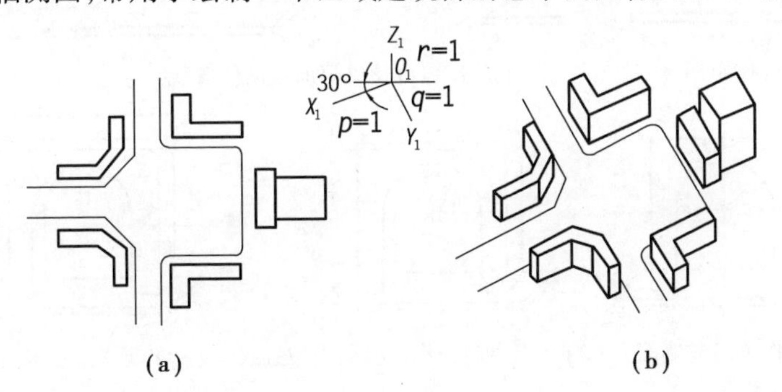

图 2.9　建筑群的水平斜等轴测图

知识点 4：正面斜二轴测图的绘制范例

范例 1　作出如图 2.10(a)所示台阶的斜二轴测图。

解　(1)分析

台阶的正面投影比较复杂且反映该形体的特性，因此，可利用正面投影作出它的斜二轴测图。如果选用轴间角 $\angle X_1O_1Y_1 = 45°$，这时踏面被踢面遮住就会表示不清，因此选用 $\angle X_1O_1Y_1 = 135°$。

(2)作图

①画轴测轴，并按台阶正投影图中的正面投影作出台阶前端面的轴测投影，如图 2.10(b)所示。

②过台阶前端面的各顶点，作 O_1Y_1 轴的平行线，如图 2.10(c)所示。

③从前端各顶点开始在 O_1Y_1 轴的平行线上量取 $0.5y$，由此确定台阶的后端面而成图，如图 2.10(d)所示。

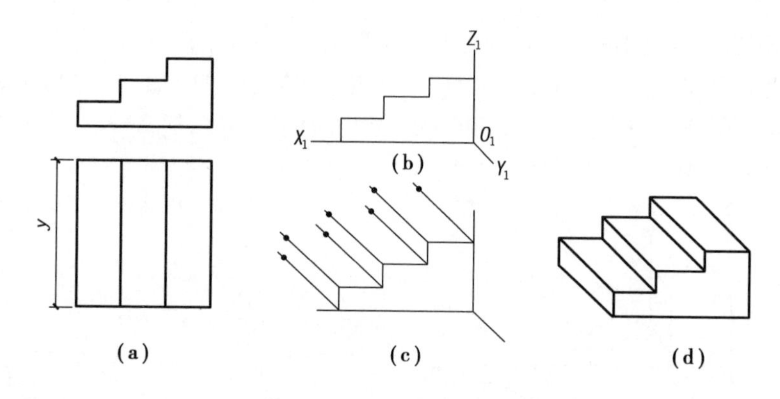

图 2.10　台阶的正面斜二轴测图

范例 2　作拱门的正面斜二轴测图，如图 2.11 所示。

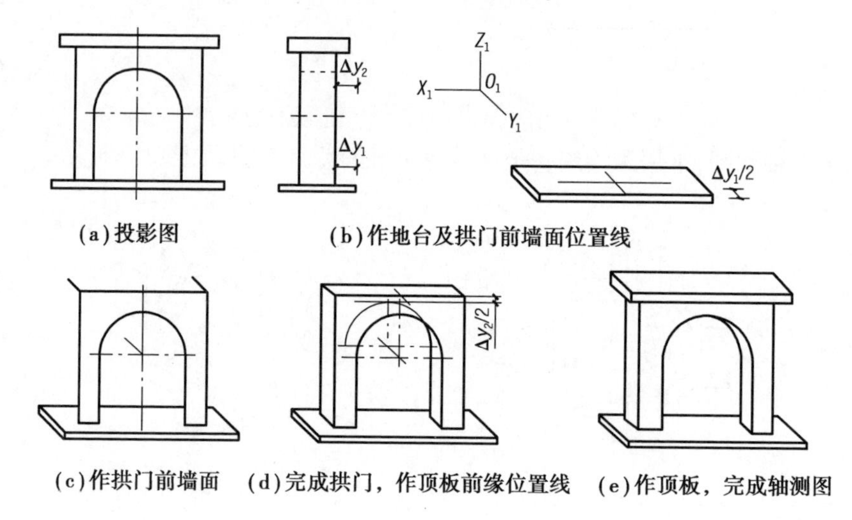

图 2.11　拱门的正面斜二轴测图

解　(1)分析

拱门由地台、门身及顶板 3 部分组成，作轴测图时必须注意各部分在 Y 方向的相对位置，如图 2.11(a)所示。

(2)作图

①画地台正面斜轴测图，并在地台面的左右对称线上向后量取$\frac{\Delta y_1}{2}$，定出拱门前墙面位置线，如图 2.11(b)所示。

②按实形画出前墙面及 y 方向线，如图 2.11(c)所示。

③完成拱门斜二轴测图。注意后墙面半圆拱的圆心位置及半圆拱的可见部分。再在前墙面顶线中点作 y 轴方向线，向前量取$\frac{\Delta y}{2}$，定出顶板底面前缘的位置线，如图 2.11(d)所示。

④画出顶板，完成轴测图，如图 2.11(e)所示。

典型工作环节 3　工作实施

(1)学习资讯材料

了解斜轴测图的形成过程,熟悉斜轴测图的图示特点,掌握正面斜二测图的画图方法,填写工作任务单。

(2)回答引导问题

引导问题 1:国家标准推荐的轴测投影为(　　)。

A.正轴测投影和斜轴测投影　　B.正等测和正二测

C.正二测和斜二测　　D.正等测和斜二测

引导问题 2:正面斜二测图中,3 个轴向伸缩系数 p,q,r 分别为(　　)。

A.1,1,1　　B.0.5,1,1　　C.1,0.5,1　　D.1,1,0.5

引导问题 3:斜二测图的画法规则是什么?

引导问题 4:斜轴测投影有哪些特性?

引导问题 5:正面斜等测和正面斜二测有哪些区别?

引导问题 6:采用正面斜二测画图有何优势?

斜轴测图绘制记录单

班级:________ 组别:________

典型工作环节 4　评价反馈

(1)学生自评

学生自评表

班级		姓名		学号	
任务 3		绘制斜轴测图			
评价项目		评价标准		分值/分	得分/分
引导问题 1		正确		5	
引导问题 2		正确		5	
引导问题 3		1. 完整　2. 正确　3. 书写清晰		5	
引导问题 4		1. 完整　2. 正确　3. 书写清晰		5	
引导问题 5		1. 完整　2. 正确　3. 书写清晰		5	
引导问题 6		1. 完整　2. 正确　3. 书写清晰		5	
斜轴测图绘制记录单单		1. 完整　2. 正确　3. 规范　4. 清晰		35	
工作态度		态度端正,无缺勤、迟到、早退现象		10	
工作质量		能按计划完成工作任务		10	
协调能力		能与小组成员、同学合作交流,协调工作		5	
职业素质		能做到细心、严谨,体现精益求精的工匠精神		5	
创新意识		能提炼材料内容,找到解决任务的途径,理论联系实践		5	
合计				100	

(2)学生互评

学生互评表

任务名称	绘制斜轴测图														
评价项目	分值/分	等级								评价对象(组别)					
										1	2	3	4	5	6
计划合理	10	优	10	良	9	中	7	差	6						
团队合作	10	优	10	良	9	中	7	差	6						
组织有序	10	优	10	良	9	中	7	差	6						
工作质量	20	优	20	良	18	中	14	差	12						
工作效率	10	优	10	良	9	中	7	差	6						

续表

评价项目	分值/分	等级								评价对象(组别)					
										1	2	3	4	5	6
工作完整	10	优	10	良	9	中	7	差	6						
工作规范	10	优	10	良	9	中	7	差	6						
成果展示	20	优	20	良	18	中	14	差	12						
合计	100														

(3)教师评价

教师评价表

班级		姓名		学号	
任务2		绘制斜轴测图			
评价项目		评价标准		分值/分	得分/分
考勤(10%)		无迟到、早退、旷课现象		10	
工作过程(60%)	引导问题1	正确		5	
	引导问题2	正确		5	
	引导问题3	1.完整 2.正确 3.书写清晰		5	
	引导问题4	1.完整 2.正确 3.书写清晰		5	
	引导问题5	1.完整 2.正确 3.书写清晰		5	
	引导问题6	1.完整 2.正确 3.书写清晰		5	
	斜轴测图绘制记录单	1.完整 2.正确 3.规范 4.清晰		15	
	工作态度	态度端正,工作认真、主动		5	
	协调能力	能按计划完成工作任务		5	
	职业素质	能与小组成员、同学合作交流,协调工作		5	
项目成果(30%)	工作完整	能按时完成任务		5	
	工作规范	能按规范要求完成引导问题及绘制斜轴测图,规范填写记录单		5	
	任务记录单	正确、规范、专业、完整		15	
	成果展示	能准确表达、汇报工作成果		5	
合计				100	
综合评价	学生自评(20%)	小组互评(30%)	教师评价(50%)	综合得分	

典型工作环节5　拓展思考题

根据二视图绘制带有同坡屋顶的房屋的轴测图,轴测图种类自定。

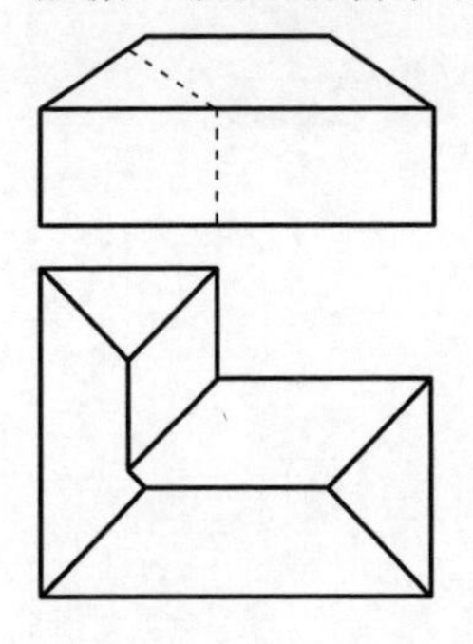

项目三　绘制建筑形体剖面图与断面图

学习性工作任务1　绘制建筑形体剖面图

典型工作任务描述

根据建筑形体的三视(二视)投影图,能想象出对应的空间形体外貌特征,分析结构特点,采用绘图工具绘制形体剖面图。

【学习目标】

1. 了解剖面图的形成和概念。
2. 掌握剖面图的标注规则。
3. 熟悉剖面图的种类。
4. 掌握各类型剖面图的画图方法和规则要求。

【任务书】

根据典型工作环节2的资讯材料,完成引导问题,在此基础上完成以下任务,填写“建筑形体剖面图绘制记录单”。

1. 将主视图和左视图改成1—1、2—2剖面图。(材料:混凝土)

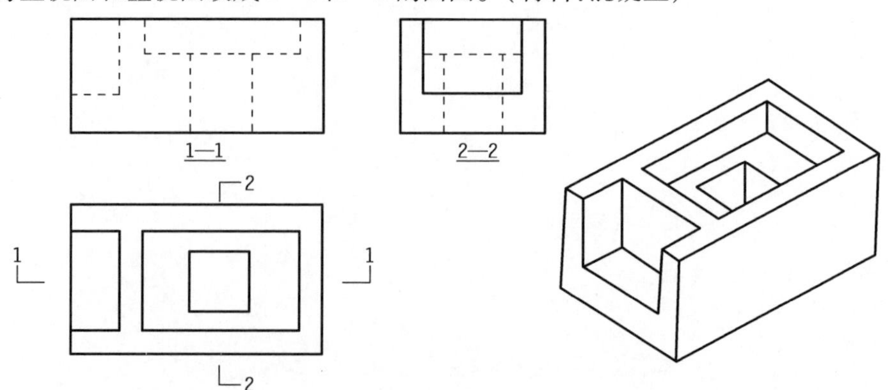

2. 根据下列视图画出形体的半剖面图。

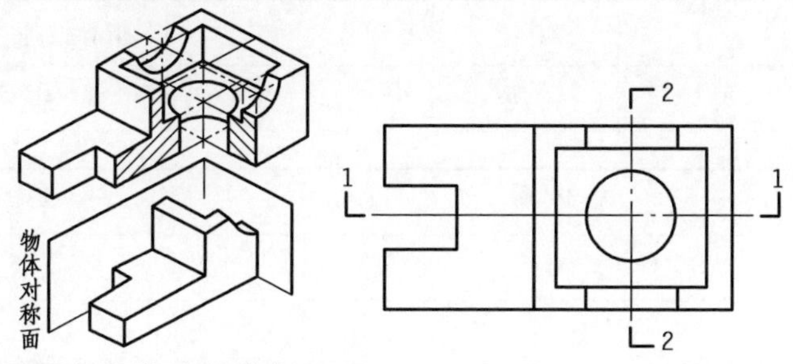

3. 根据下列视图画出形体的阶梯剖面图。

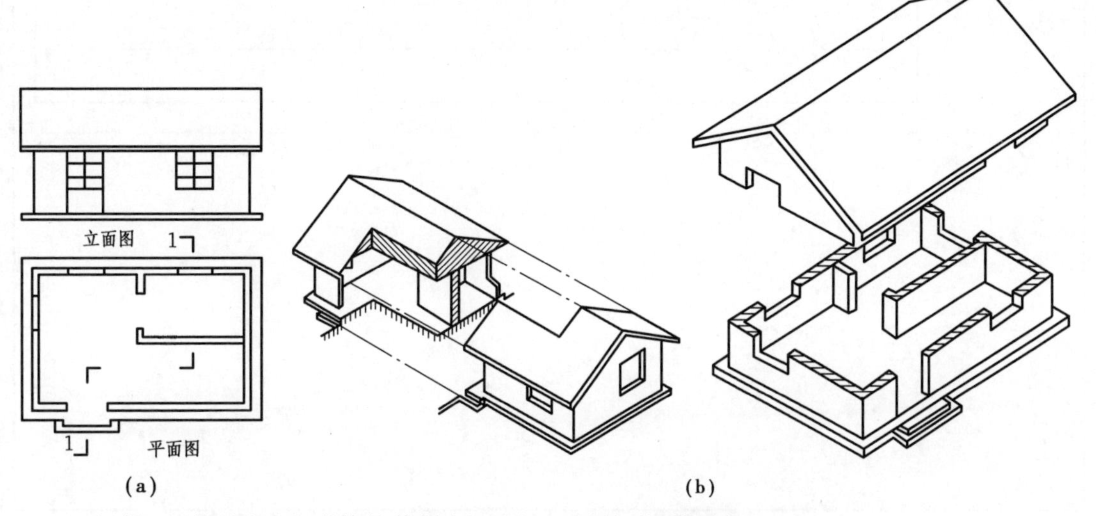

(a)　(b)

4. 根据下列视图画出形体的旋转剖面图。(材料:钢筋混凝土)

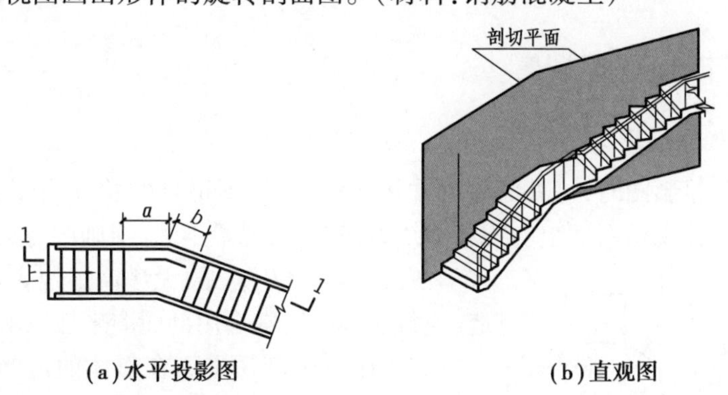

(a)水平投影图　(b)直观图

典型工作环节1　工作准备

1. 阅读任务书,基本了解任务量、任务难度和任务内容。
2. 小组成员对本次任务进行分解,制订合理的实施计划,并进行人员任务分工。
3. 学习资讯材料、准备任务书、记录单,填写学生任务分配表。

学生任务分配表

<table>
<tr><td>班级</td><td></td><td>组号</td><td></td><td>指导教师</td><td></td></tr>
<tr><td>组长</td><td></td><td>学号</td><td colspan="3"></td></tr>
<tr><td rowspan="6">组员</td><td colspan="2">姓名</td><td colspan="3">学号</td></tr>
<tr><td colspan="2"></td><td colspan="3"></td></tr>
<tr><td colspan="2"></td><td colspan="3"></td></tr>
<tr><td colspan="2"></td><td colspan="3"></td></tr>
<tr><td colspan="2"></td><td colspan="3"></td></tr>
<tr><td colspan="2"></td><td colspan="3"></td></tr>
<tr><td colspan="6">任务分工</td></tr>
</table>

典型工作环节 2　资讯搜集

知识点 1:剖面图的形成

在绘制形体的投影图时,可见的轮廓线用实线表示,不可见的轮廓线用虚线表示。但虚线过多必然造成形体视图图面上实线和虚线纵横交错,混淆不清,给画图、读图和标注尺寸带来不便,也容易产生差错,无法清楚地表达房屋的内部构造。对这一问题,常选用剖面图来加以解决。

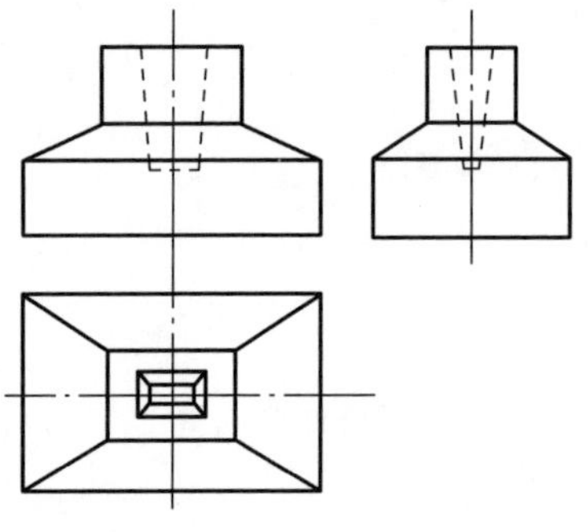

图 3.1　杯形基础投影图

假想用一个剖切平面在形体的适当部位剖切开,移走观察者与剖切平面之间的部分,将剩余部分投影到与剖切平面平行的投影面上,所得的投影图称为剖面图。

如图 3.1 所示为一钢筋混凝土杯形基础的投影图,由于这个基础有安装柱子用的杯口,因而它的正立面图和侧立面图中都有虚线,使图面不清晰。假想用一个通过基础前后对称面的正平面 P,将基础切开,移走剖切平面 P 和观察者之间的部分,如图 3.2(a)所示。将留下的后半个基础向 V 面作投影，所得投影即为基础剖面图，如图 3.2(b)所示。显然，原来不可见的虚线，在剖面图上已变成实线，即可见轮廓线。

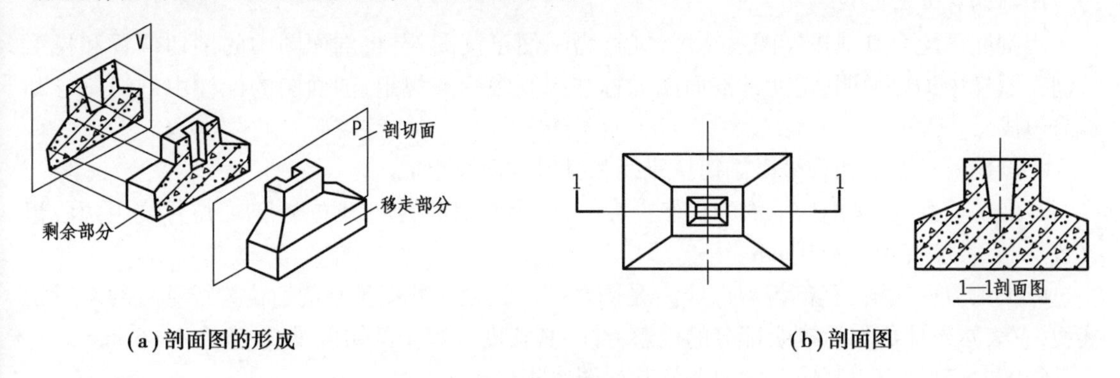

图 3.2　杯形基础剖面图的形成

剖切平面与形体的交线所围成的平面图形称为断面。从图 3.2(b)中可以看出，剖面图是由两个部分组成的：一部分是断面图形[图 3.2(b)中的阴影部分]；另一部分是沿投影方向未被切到但能看到部分的投影[图 3.2(b)中的杯口部分]。

形体被剖切后，剖切平面切到的实体部分，其材料被“暴露出来”。为了更好地区分实体与空心部分，制图标准规定，应在剖面图上的断面部分画出相应的建筑材料图例。常用建筑材料图例见表 3.1。

表 3.1　常用建筑材料图例

名称	图例	备注	名称	图例	备注
自然土壤			混凝土		断面较小，不易画出图例线时，可涂黑
夯实土壤			钢筋混凝土		
砂、灰土		靠近轮廓线绘较密的点	木材		上为横断面 下为纵断面
砂砾石、碎砖三合土			泡沫塑料材料		
石材			金属		图形小时可涂黑
毛石			玻璃		
普通砖		断面较小时可涂红	防水材料		比例大时采用上面的图例
饰面砖			粉刷		本图例采用较稀的点

知识点2:剖面图的标注

1. 剖切符号的组成

用剖面图配合其他投影图表达形体时,为了便于读图,要将剖面图中的剖切位置和投射方向在图样中加以说明,这就是剖面图的标注。制图标准规定,剖面图的标注由剖切符号和编号组成。

①剖切符号。剖切符号由剖切位置线和投射方向线组成。

a. 剖切位置线:是剖切平面的积聚投影,它表示剖切面的剖切位置,剖切位置线用两段粗实线绘制,长度宜为6~10 mm。

b. 投射方向线(又称剖视方向线):是画在剖切位置线外端且与剖切位置线垂直的两段粗实线,它表示形体剖切后剩余部分的投影方向,其长度应短于剖切位置线,宜为4~6 mm。

绘图时,剖切符号不应与图面上的其他图线相接触。

②剖切符号的编号。对一些复杂的形体,可能要同时剖切几次才能看清其内部结构,为了区分清楚,对每一次剖切要进行编号。制图标准规定剖切符号的编号宜采用阿拉伯数字,按顺序由左至右、由下至上连续编排,并应注写在剖视方向线的端部,如图3.3所示。然后在相应剖面图的下方写上剖切符号的编号,作为剖面图的图名,如1—1剖面图、2—2剖面图等,并在图名下方画上与之等长的粗实线。

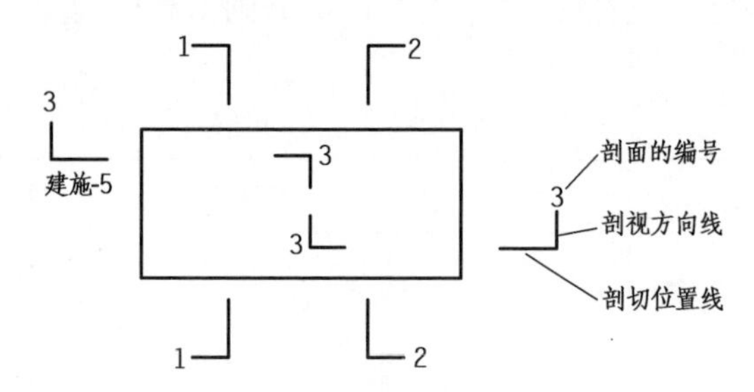

图3.3 剖面的剖切符号

③需要转折的剖切位置线,在转折处若与其他图线发生混淆时,应在转角的外侧加注与该符号相同的编号,如图3.3中的剖面图所示。

④剖面图如与被剖切图样不在同一张图纸内,可在剖切位置线的另一侧注明其所在图纸的编号,如图3.3中的"建施-5"的表达,也可在图纸上集中说明。

⑤对下列剖面图可以不标注剖切符号:剖切平面通过形体对称面所绘制的剖面图;通过门、窗洞口位置,水平剖切房屋所绘制的建筑平面图。

2. 剖面图的画法

以图3.4为例来说明剖面图的画法,其步骤如下:

①确定剖切平面的位置。为了更好地反映形体的内部形状和结构,所取的剖切平面应是投影面平行面,以便使断面的投影反映实形;剖切平面应尽量通过形体的孔、槽等结构的轴线或对称面,使得它们由不可见变为可见,并表达得完整、清楚。如图3.4(a)所示,取过水池底板上圆孔轴线的正平面为剖切平面。

②画剖面剖切符号并进行标注。剖切平面的位置确定后,应在投影图上的相应位置画上

剖切符号并进行编号,如图3.4(c)所示。这样做既便于读者读图,同时也为下一步的作图打下基础。

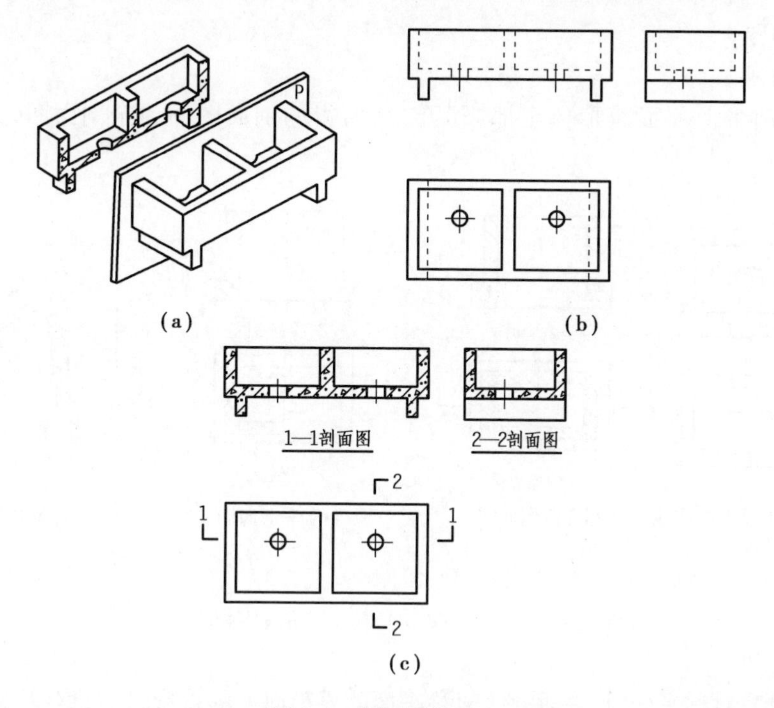

图3.4　剖面图的画法

③画断面、剖开后剩余部分的轮廓线。按剖切平面的剖切位置,假想移去形体在剖切平面和观察者之间的部分[如图3.4(a)所示,移去剖切平面P前面的部分形体],根据剩余的部分形体作出投影。

对照图3.4(c)中的1—1剖面图和图3.4(b)中的V面投影图,可以看出水池在同一投影面上的投影图和剖面图既有共同点,又有不同点。共同点是:外形轮廓线相同。不同点是:投影图内部的实线在剖面图中消失,而虚线在剖面图中则变成实线。这主要是依据投影图,作相应剖面图的方法。

必须注意的是,按此法作图时,先要想象出形体的完整形象和剖切后的剩余部分的形象,并且在作图过程中要不断地将所绘制的剖面图与形体进行对照,才能画出正确的剖面图。

④填绘建筑材料图例。在断面轮廓线内填绘建筑材料图例,当建筑物的材料不明时,可用同向、等距的45°细实线表示。

⑤标注剖面图名称。

3. 应注意的问题

①剖切是假想的,形体并没有真的被切开和移去一部分。因此,除了剖面图外,其他视图仍应按原先未剖切时完整地画出。

②在绘制剖面图时,被剖切面切到部分(即断面)的轮廓线用粗实线绘制,没有被剖切面切到但沿投射方向可以看到的部分(即剩余部分)用中实线绘制。

③剖面图中不画虚线。没有表达清楚的部分,必要时也可画出虚线。

知识点3:剖面图的种类及绘制规则

根据不同的剖切方式,剖面图有全剖面图、半剖面图、局部剖面图、阶梯剖面图、旋转剖面图和展开剖面图。

1. 全剖面图

假想用一个剖切平面将形体全部“切开”后所得的剖面图称为全剖面图,如图3.5(b)所示。

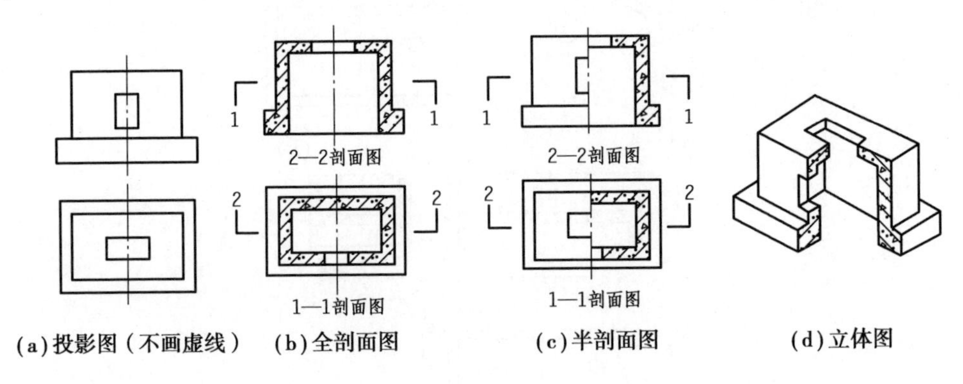

图3.5　全剖面图和半剖面图

全剖面图一般用于不对称或者虽然对称但外形简单、内部比较复杂的形体。

2. 半剖面图

当形体具有对称平面时,在垂直于对称平面的投影面上的投影,以对称线为分界,一半画剖面,另一半画视图,这种组合的图形称为半剖面图。

如图3.5所示的形体,若用投影图表示,其内部结构不清楚,如图3.5(a)所示;若用全剖面图表示,则上部和前方的长方形孔没有表达清楚,如图3.5(b)所示;将投影图和全剖面图各取一半合成半剖面图,则形体的内部结构和外部形状都能完整、清晰地表达出来,如图3.5(c)所示。

半剖面图适用于表达内外结构形状对称的形体。在绘制半剖面图时应注意以下几点:

①半剖面图中视图与剖面应以对称线(细点画线)为分界线,也可用对称符号作为分界线,但不能画成实线。

②由于剖切前视图是对称的,剖切后在半个剖面图中已清楚地表达了内部结构形状,所以在另外半个视图中虚线一般不再出现。

③习惯上,当对称线是竖直时,将半个剖面图画在对称线的右面;当对称线是水平时,将半个剖面图画在对称线的下面。

④半剖面的标注与全剖面的标注相同。

3. 阶梯剖面图

当用一个剖切平面不能将形体上需要表达的内部结构都剖切到时,可用两个或两个以上相互平行的剖切平面剖开物体,所得的剖面图称为阶梯剖面图。

如图3.6所示,该形体上有两个前后位置不同、形状各异的孔洞,两孔的轴线不在同一正平面内,因而难以用一个剖切平面(即全剖面图)同时通过两个孔洞轴线。为此应采用两个互相平行的平面 P_1 和 P_2 作为剖切平面,P_1 和 P_2 分别过圆柱形孔和方形孔的轴线,并将物体完全剖开,其剩余部分的正面投影就是阶梯剖面图。

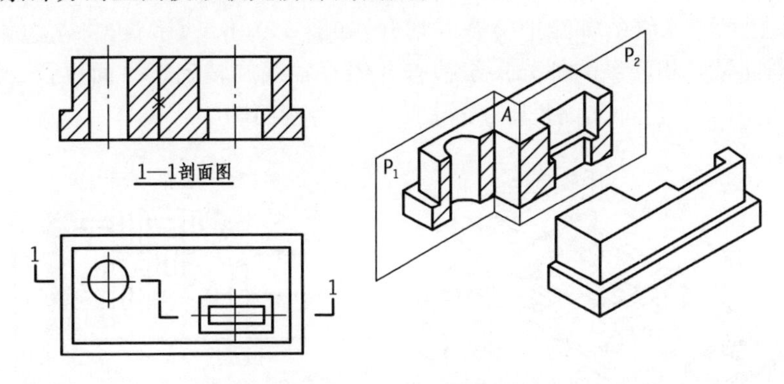

图3.6　形体的阶梯剖面图

阶梯剖面图的标注与前两种剖面图略有不同。阶梯剖面图的标注要求在剖切平面的起止和转折处均应进行标注,画出剖切符号,并标注相同数字(或字母),如图3.3所示。当剖切位置明显又不致引起误解时,转折处允许省略标注数字(或字母),如图3.6所示。

在绘制和阅读阶梯剖面图时应注意:

①为反映形体上各内部结构的实形,阶梯剖面图中的几个平行剖切平面必须平行于某一基本投影面。

②由于剖切平面是假想的,所以在阶梯剖面图上,剖切平面的转折处不能画出分界线,如图3.6中的1—1剖面图,其带"×"的图线的画法是错误的。

4.局部剖面图

用一个剖切平面将形体的局部剖开后所得的剖面图称为局部剖面图。如图3.7所示为钢筋混凝土杯形基础,为了表示其内部钢筋的配置情况,平面图采用了局部剖面,局部剖切的部分画出了杯形基础的内部结构和断面材料图例,其余部分仍画外形视图。

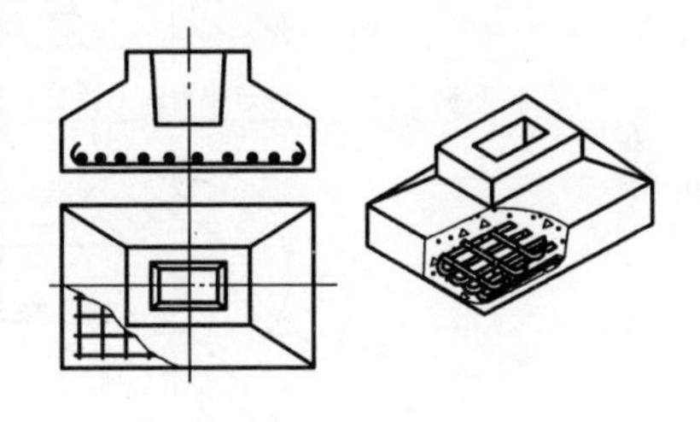

图3.7　局部剖面图

局部剖面图只是形体整个投影图中的一部分,其剖切范围用波浪线表示,是外形视图和剖面的分界线。波浪线不能与轮廓线重合,也不应超出视图的轮廓线,波浪线在视图孔洞处应断开。

局部剖面图一般不再进行标注,它适合用来表达形体的局部内部结构。

在建筑工程和装饰工程中,为了表示楼面、屋面、墙面及地面等的构造和所用材料,常用分层剖切的方法画出各构造层次的剖面图,称为分层局部剖面图。如图3.8所示,用分层局部剖面图表示出地面的构造与各层所用的材料及做法。

5.旋转剖面图

用两个相交的剖切平面(交线垂直于基本投影面)剖开物体,把两个平面剖切得到的图形,旋转到与投影面平行的位置,然后再进行投影,这样得到的剖面图称为旋转剖面图。

在绘制旋转剖面图时,常选其中一个剖切平面平行于投影面,另一个剖切平面必定与这个投影面倾斜,将倾斜于投影面的剖切平面整体绕剖切平面的交线(投影面垂直线)旋转到平行于投影面的位置,然后再向该投影面作投影。如图3.9所示的检查井,其两个水管的轴线是斜交的，为了表示检查井和两个水管的内部结构，采用相交于检查井轴线的正平面和铅垂面作为剖切面，沿两个水管的轴线把检查井切开，如图 3.9(b)所示；再将左边铅垂剖切平面剖到的图形(断面及其相联系的部分)，绕检查井铅垂轴线旋转到正平面位置，并与右侧用正平面剖切得到的图形一起向 V 面投影，便得 1—1 旋转剖面图。

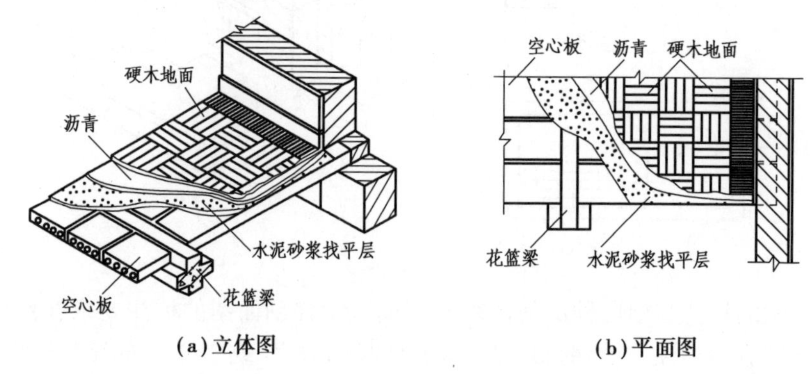

图 3.8　楼层地面分层局部剖面图

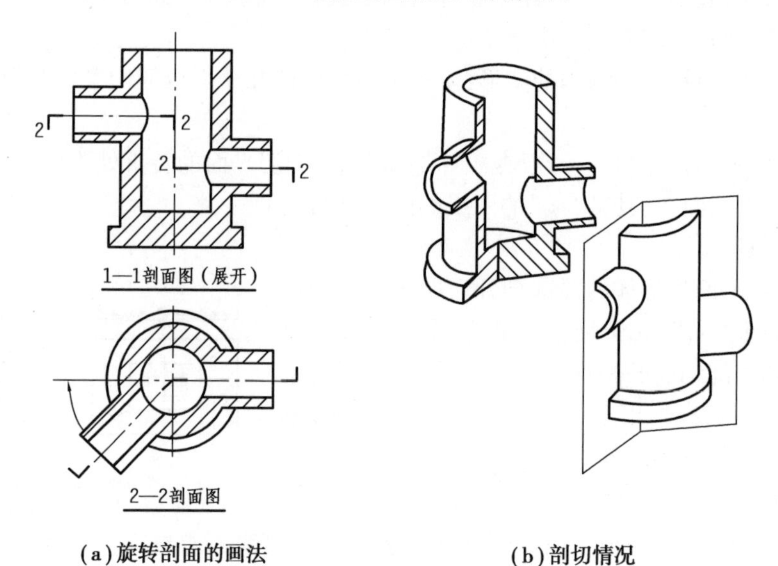

图 3.9　检查井的旋转剖面图

知识点 4:剖面图的绘制与识读范例

范例　如图 3.10 所示，根据台阶的三视图绘制其剖面图。

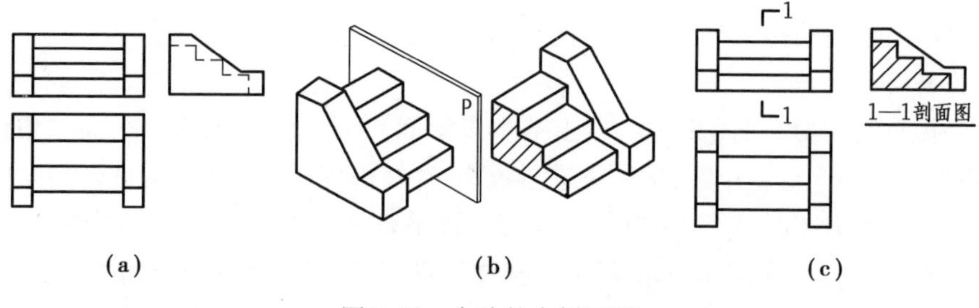

图 3.10　台阶的全剖面图

解　(1)分析

分析图 3.10(a)可知,台阶外形简单,但其图样在左视图中不对称,故可将左视图改画成全剖面图。即假想取一侧平面 P 为剖切平面,将台阶切开,移走左半部分,剩余部分向 W 面作投影。由于台阶上无孔、洞、槽等,所以剖切平面 P 的位置容易确定,只需在两边墙体之间即可,如图 3.10(b)所示。

(2)作图步骤

①根据分析确定剖切平面 P 的位置,并在台阶正立面图上进行标注,如图 3.10(c)所示。

②根据投影规律,作出右半部台阶的侧面投影。

③填绘断面材料图例。

④注写图名,如图 3.10(c)所示。

对照图 3.10(a)中的侧立面图和图 3.10(c)中的1—1 剖面图,不难看出两者有许多相同之处。

典型工作环节 3　工作实施

(1)学习资讯材料

了解各类型剖面图的形成过程和常见类型,熟悉剖面图的图示特点,掌握剖面图的绘制规则和步骤,填写工作任务单。

(2)回答引导问题

引导问题 1:简述剖面图的基本概念。

引导问题 2:剖切符号由哪些部分组成?

引导问题 3:简述剖面图的画法规定。

引导问题 4:常见的剖面图有哪几种,可根据什么来选择合适的类型?

引导问题 5:下面图示的剖切符号是否正确? 如不正确,应如何修改?

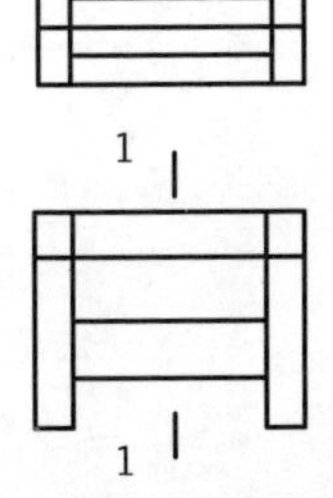

引导问题 6:建筑材料图例　　　表示的是(　　)材料。

A. 普通砖　　B. 金属材料　　C. 混凝土　　D. 钢筋混凝土

建筑形体剖面图绘制记录单

班级:________组别:________

典型工作环节4　评价反馈

(1)学生自评

学生自评表

班级		姓名		学号	
任务1	绘制建筑形体剖面图				
评价项目	评价标准			分值/分	得分/分
引导问题1	1. 正确　2. 规范　3. 书写清晰			5	
引导问题2	1. 正确　2. 完整　3. 书写清晰			5	
引导问题3	1. 正确　2. 完整　3. 书写清晰			5	
引导问题4	1. 正确　2. 完整　3. 书写清晰			5	
引导问题5	1. 正确　2. 规范			5	
引导问题6	正确			5	
建筑形体剖面图绘制记录单	1. 完整　2. 正确　3. 规范　4. 清晰			35	
工作态度	态度端正,无缺勤、迟到、早退现象			10	
工作质量	能按计划完成工作任务			10	
协调能力	能与小组成员、同学合作交流,协调工作			5	
职业素质	能做到细心、严谨,体现精益求精的工匠精神			5	
创新意识	能提炼材料内容,找到解决任务的途径,理论联系实践			5	
合计				100	

(2)学生互评

学生互评表

任务名称	绘制建筑形体剖面图														
评价项目	分值/分	等级								评价对象(组别)					
										1	2	3	4	5	6
计划合理	10	优	10	良	9	中	7	差	6						
团队合作	10	优	10	良	9	中	7	差	6						
组织有序	10	优	10	良	9	中	7	差	6						
工作质量	20	优	20	良	18	中	14	差	12						
工作效率	10	优	10	良	9	中	7	差	6						
工作完整	10	优	10	良	9	中	7	差	6						
工作规范	10	优	10	良	9	中	7	差	6						
成果展示	20	优	20	良	18	中	14	差	12						
合计	100														

(3)教师评价

教师评价表

班级		姓名		学号	
任务1		绘制建筑形体剖面图			
评价项目		评价标准		分值/分	得分/分
考勤(10%)		无迟到、早退、旷课现象		10	
工作过程(60%)	引导问题1	1. 正确　2. 规范　3. 书写清晰		5	
	引导问题2	1. 正确　2. 完整　3. 书写清晰		5	
	引导问题3	1. 正确　2. 完整　3. 书写清晰		5	
	引导问题4	1. 正确　2. 完整　3. 书写清晰		5	
	引导问题5	1. 正确　2. 规范		5	
	引导问题6	正确		5	
	建筑形体剖面图绘制记录单	1. 完整　2. 正确　3. 规范　4. 清晰		15	
	工作态度	态度端正,工作认真、主动		5	
	协调能力	能按计划完成工作任务		5	
	职业素质	能与小组成员、同学合作交流,协调工作		5	
项目成果(30%)	工作完整	能按时完成任务		5	
	工作规范	能按规范要求完成引导问题及绘制点的投影,规范填写记录单		5	
	任务记录单	正确、规范、专业、完整		15	
	成果展示	能准确表达、汇报工作成果		5	
合计				100	
综合评价	学生自评(20%)	小组互评(30%)	教师评价(50%)	综合得分	

典型工作环节5　拓展思考题

根据“附件1 人才公寓楼项目”的图纸,尝试绘制建筑1—1剖面图。

学习性工作任务 2　绘制建筑形体断面图

典型工作任务描述

根据建筑形体的三视(二视)投影图,能想象出对应空间形体的外貌特征,分析结构特点,采用绘图工具绘制形体断面图。

【学习目标】

1. 了解断面图的形成和概念。
2. 掌握断面图的标注规则。
3. 熟悉断面图的种类。
4. 掌握各类型断面图的画图方法和规则要求。
5. 掌握剖面图和断面图的区别。

【任务书】

根据典型工作环节 2 的资讯材料,完成引导问题,在此基础上完成以下任务,填写"建筑形体断面图绘制记录单"。

1. 绘制指定位置的移出断面图。

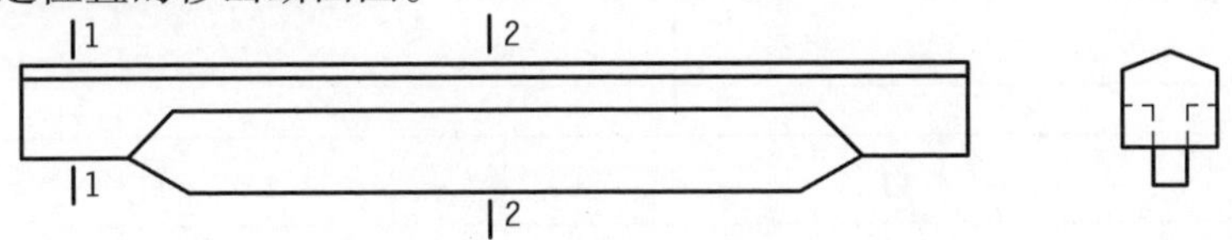

2. 根据图(a)所示内容,分别在图(b)中画出中断断面,在图(c)中画出重合断面。

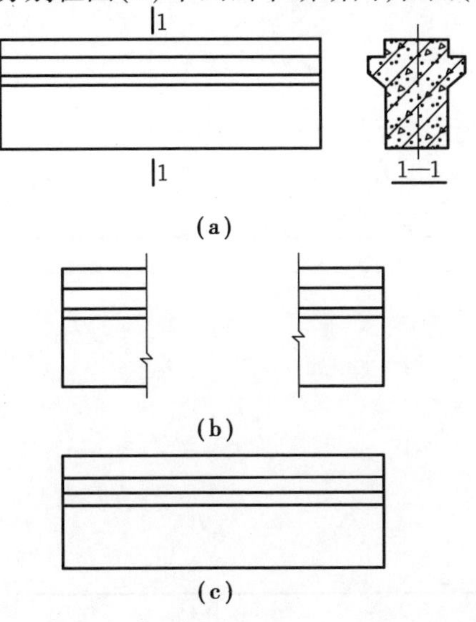

(a)

(b)

(c)

3. 已知钢管的投影,绘制其中断断面图。

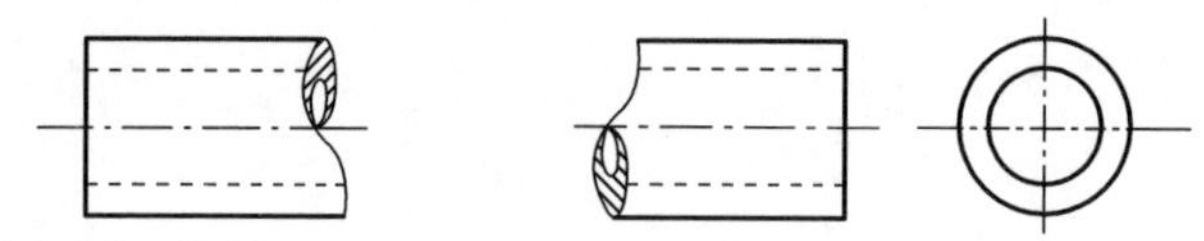

4. 根据所给建筑图样,绘制 1—1 断面图。

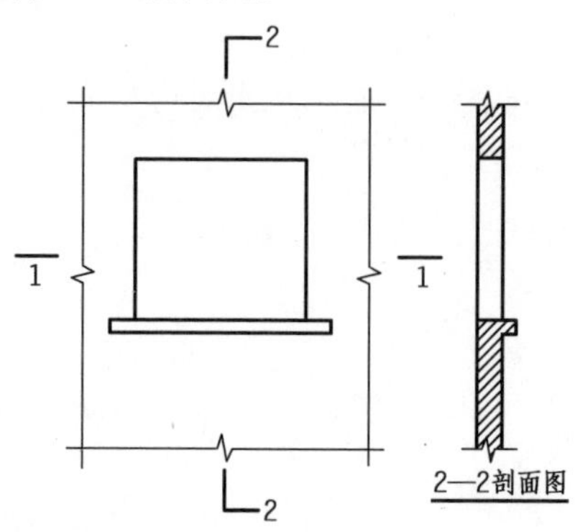

典型工作环节 1　工作准备

1. 阅读任务书,基本了解任务量、任务难度和任务内容。
2. 小组成员对本次任务进行分解,制订合理的实施计划,并进行人员任务分工。
3. 学习资讯材料、准备任务书、记录单,填写学生任务分配表。

学生任务分配表

<table>
<tr><td>班级</td><td></td><td>组号</td><td></td><td>指导教师</td><td></td></tr>
<tr><td>组长</td><td></td><td>学号</td><td colspan="3"></td></tr>
<tr><td rowspan="6">组员</td><td colspan="3">姓名</td><td colspan="2">学号</td></tr>
<tr><td colspan="3"></td><td colspan="2"></td></tr>
<tr><td colspan="3"></td><td colspan="2"></td></tr>
<tr><td colspan="3"></td><td colspan="2"></td></tr>
<tr><td colspan="3"></td><td colspan="2"></td></tr>
<tr><td colspan="3"></td><td colspan="2"></td></tr>
<tr><td colspan="6">任务分工</td></tr>
</table>

典型工作环节2　资讯搜集

知识点1:断面图的形成

假想用剖切平面将形体切开,仅画出剖切平面与形体接触部分即截断面的形状,所得的图形称为断面图,简称断面,如图3.11(d)所示。

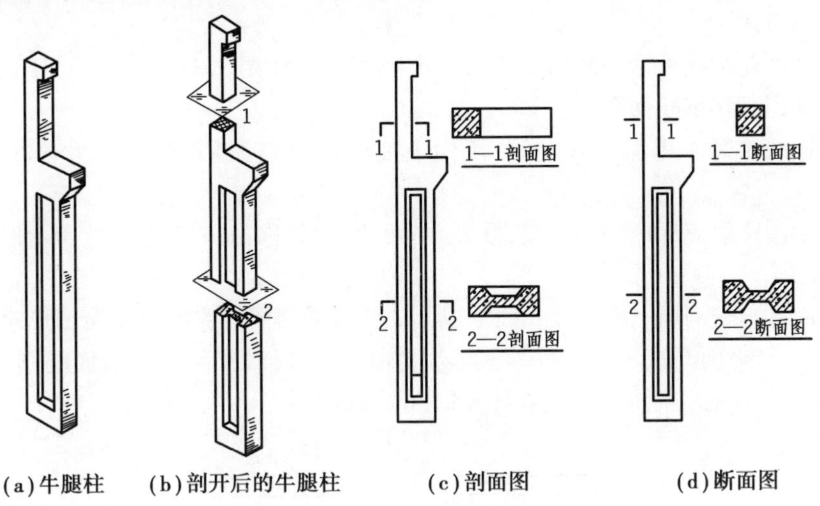

图3.11　断面图与剖面图的区别

断面图是用来表达形体上某处断面形状的,它与剖面图的区别在于:

断面图的画法及与剖面图的区别

(1)概念不同

断面图只画出剖切平面切到部分的图形,如图3.11(d)所示;而剖面图除了画出断面图形外,还应画出剩余部分的投影,如图3.11(c)所示。即剖面图是"体"的投影,断面图只是"面"的投影。

(2)剖切方式不同

剖面图可采用多个平行剖切平面,绘制成阶梯剖面图;而断面图则不能,它只反映单一剖切平面的断面特征。

(3)剖切符号不同

断面图的剖切符号是一条长度为6~10 mm的粗实线,没有剖视方向线,剖切符号旁所在的一侧是剖视方向。

(4)作用不同

剖面图用来表达形体的内部形状和结构;而断面图则常用来表达形体中某断面的形状和结构。

对同一形体相同位置处的剖面图和断面图存在包含和被包含的关系。

知识点2:断面图的标注

(1)剖切符号

断面图的剖切符号仅用剖切位置线表示。剖切位置线绘制成两段粗实线,长度宜为6~10 mm。

(2)剖切符号的编号

断面的剖切符号要进行编号,用阿拉伯数字或拉丁字母按顺序编排,注写在剖切位置线的同一侧,数字所在的一侧就是投影方向,如图 3.11(d)中的 1—1、2—2 所示。

知识点 3:断面图的种类及绘制规则

根据断面图在视图上的位置不同,将断面图分为移出断面图、重合断面图和中断断面图。

1. 移出断面图

绘制在视图轮廓线外面的断面图称为移出断面图。如图 3.11(d)所示为钢筋混凝土牛腿柱的正立面图和移出断面图。

移出断面的轮廓线用粗实线绘制,断面上要绘出材料图例,材料不明时可用 45°斜线绘出。

移出断面图一般应标注剖切位置、投影方向和断面名称,如图 3.11(d)所示的 1—1 断面图、2—2 断面图。

移出断面可画在剖切平面的延长线上或其他任何适当的位置。当断面图形对称,则只需用细点画线表示剖切位置,不需进行其他标注,如图 3.12(a)所示。如断面图画在剖切平面的延长线上时,可不标注断面名称,如图 3.12(b)所示。

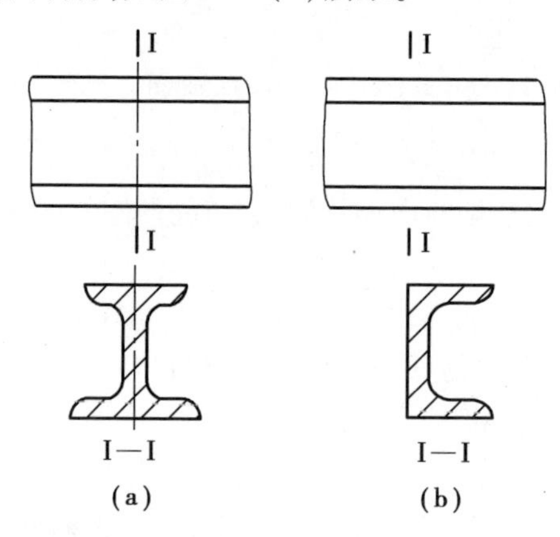

图 3.12 工字钢、槽钢的移出断面图

2. 重合断面图

绘制在视图轮廓线内的断面图称为重合断面图。如图 3.13 所示为角钢的重合断面。它是假想用一个垂直于角钢轴线的剖切平面切开角钢,然后把断面向右旋转 90°,使其与正立面图重合后画出来的。

由于剖切平面剖切到哪里,重合断面就画到哪里,因而重合断面不需标注剖切符号和编号。为了避免重合断面与视图轮廓线相混淆,如果断面图的轮廓线是封闭的线框,那么重合断面的轮廓线则用细实线绘制,并画出相应的材料图例。当重合断面的轮廓线与视图的轮廓线重合时,视图的轮廓线仍完整画出,不应断开,如图 3.13 所示。

如果断面图的轮廓线不是封闭的线框,重合断面的轮廓线比视图的轮廓线还要粗,并在断面图的范围内,沿轮廓线边缘加画 45°细实线,如图 3.14 所示。

3. 中断断面图

绘制在视图轮廓线中断处的断面图称为中断断面图。这种断面图适合于表达等截面的长向构件,如图 3.15 所示为槽钢的断面图。

中断断面的轮廓线及图例等与移出断面的画法相同,因此,中断断面图可视为移出断面图,只是位置不同。另外,中断断面图不需要标注剖切符号和编号。

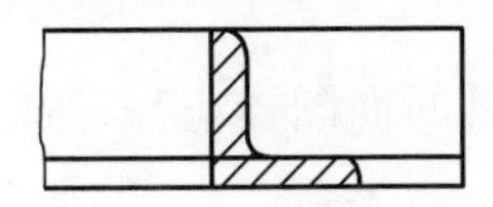

图 3.13　重合断面图

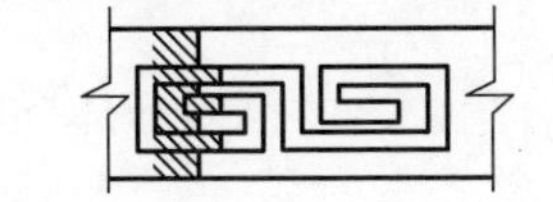

图 3.14　墙壁上装饰的重合断面图

图 3.15　中断断面图

知识点 4:断面图的绘制与识读范例

范例　如图 3.16 所示,根据钢筋混凝土空腹鱼腹式吊车梁三视图绘制其 1—1、2—2、3—3、4—4、5—5 断面图。

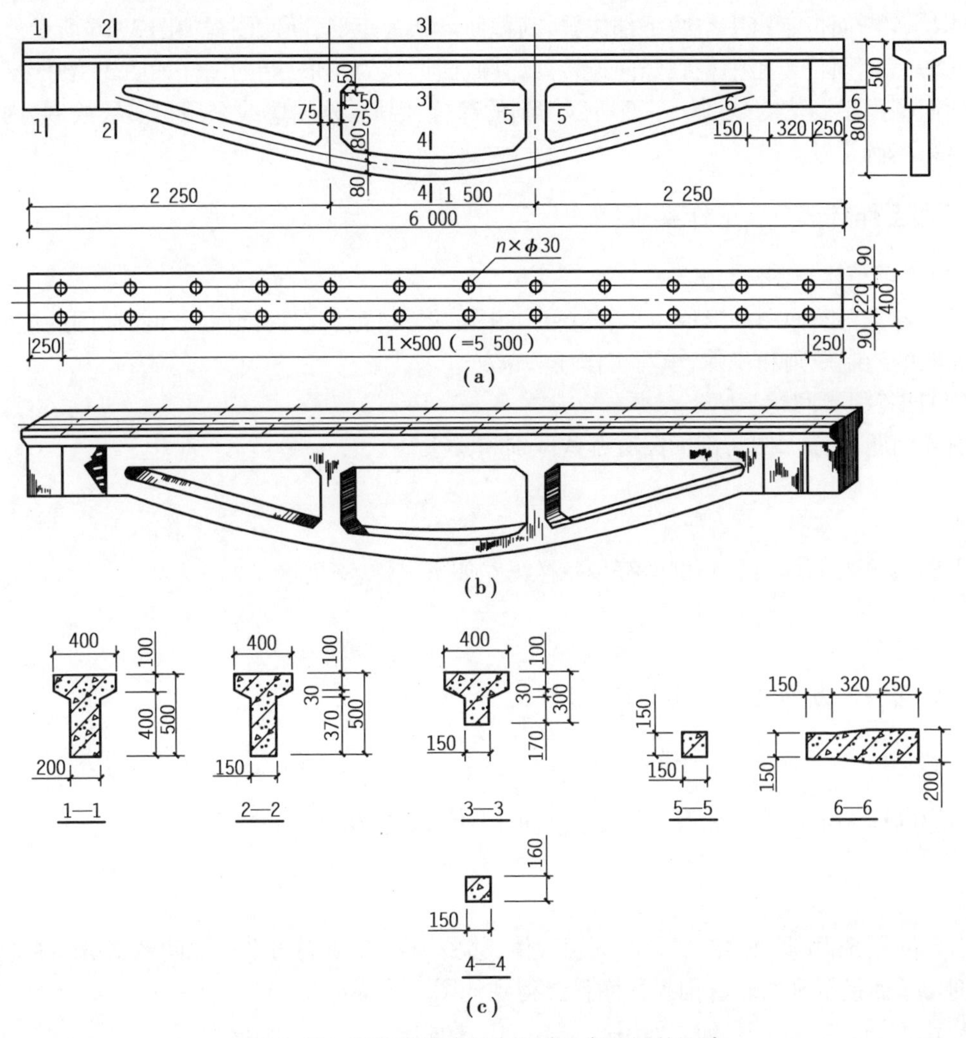

图 3.16　空腹鱼腹式吊车梁移出断面图的识读

解　(1)分析

该梁通过完整的正立面图和 6 个移出断面图清楚地表达了梁的构造形状。图中没有给出梁的配筋图。利用形体分析法,从正立面图出发,结合相对应的断面图,想象出每一部分的形状，最后将各部分联系起来，想象出吊车梁的空间形状，如图3.16(b)所示。

在吊车梁的平面图上，表示出梁顶面上的螺孔位置和直径。这种图示方法在钢结构等构件图中应用较多。

(2)作图步骤

①1—1断面位于梁左端位置，结合想象出的空间形体和左视图，其断面图样应与左视图部分重合，断面图样如图3.16所示。

②2—2断面位置与1—1断面位置均居于梁左端部，断面位置截面特征完全一样，其断面图样与1—1断面相同，如图3.16所示。

③3—3断面位于梁跨中空腹上部位置，其截面形式与1—1和2—2截面相同，均为T形，但高度不同，具体尺寸如图3.16所示。

④4—4断面位于跨中空腹下部位置，其截面形状为矩形，断面图样如图3.16所示。

⑤5—5断面位于跨中空腹竖向连接处，其截面形状为矩形，断面图样如图3.16所示。

断面图由于表达的是剖切平面所剖切到的部分，因此，外轮廓线采用粗实线绘制，内部需填充材料图例符号。

典型工作环节3　工作实施

(1)学习资讯材料

了解各类型断面图的形成过程，熟悉断面图的图示特点，掌握剖面图和断面图的区别，掌握断面图的绘制规则和步骤，填写工作任务单。

(2)回答引导问题

引导问题1：断面图与剖面图有哪些区别和联系？

引导问题2：断面符号和剖面符号一样吗？如不一样，有何区别？

引导问题3：断面图的画法规定是怎样的？

引导问题4：有哪几种常见的断面图？根据什么来选择合适的类型？

引导问题5：用假想的剖切平面剖切形体，移去观察者和剖切平面之间的部分，将剩余部分与剖切平面接触到的轮廓向投影面投影得到的图形称为(　　)。

A.剖面图　　B.剖立面图　　C.平面图　　D.断面图

引导问题6：判断下列图样属于哪种类型的断面图。(　　)

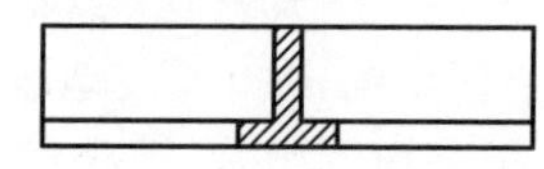

建筑形体断面图绘制记录单

班级：________ 组别：________

典型工作环节 4　评价反馈

(1)学生自评

学生自评表

班级		姓名		学号	
任务 1		绘制建筑形体断面图			
评价项目		评价标准		分值/分	得分/分
引导问题 1		1. 正确　2. 全面　3. 书写清晰		5	
引导问题 2		1. 正确　2. 全面　3. 书写清晰		5	
引导问题 3		1. 正确　2. 全面　3. 书写清晰		5	
引导问题 4		1. 正确　2. 全面　3. 书写清晰		5	
引导问题 5		正确		5	
引导问题 6		正确		5	
建筑形体断面图绘制记录单		1. 完整　2. 正确　3. 规范　4. 清晰		35	
工作态度		态度端正,无缺勤,迟到,早退现象		10	
工作质量		能按计划完成工作任务		10	
协调能力		能与小组成员、同学合作交流,协调工作		5	
职业素质		能做到细心、严谨,体现精益求精的工匠精神		5	
创新意识		能提炼材料内容,找到解决任务的途径,理论联系实践		5	
合计				100	

(2)学生互评

学生互评表

任务名称	绘制建筑形体断面图														
评价项目	分值/分	等级								评价对象(组别)					
										1	2	3	4	5	6
计划合理	10	优	10	良	9	中	7	差	6						
团队合作	10	优	10	良	9	中	7	差	6						
组织有序	10	优	10	良	9	中	7	差	6						
工作质量	20	优	20	良	18	中	14	差	12						
工作效率	10	优	10	良	9	中	7	差	6						

续表

评价项目	分值/分	等级								评价对象(组别)					
										1	2	3	4	5	6
工作完整	10	优	10	良	9	中	7	差	6						
工作规范	10	优	10	良	9	中	7	差	6						
成果展示	20	优	20	良	18	中	14	差	12						
合计	100														

(3)教师评价

教师评价表

班级		姓名		学号		
任务2		绘制建筑形体断面图				
评价项目		评价标准			分值/分	得分/分
考勤(10%)		无迟到、早退、旷课现象			10	
工作过程(60%)	引导问题1	1. 正确 2. 全面 3. 书写清晰			5	
	引导问题2	1. 正确 2. 全面 3. 书写清晰			5	
	引导问题3	1. 正确 2. 全面 3. 书写清晰			5	
	引导问题4	1. 正确 2. 全面 3. 书写清晰			5	
	引导问题5	正确			5	
	引导问题6	正确			5	
	建筑形体剖面图绘制记录单	1. 完整 2. 正确 3. 规范 4. 清晰			15	
	工作态度	态度端正,工作认真、主动			5	
	协调能力	能按计划完成工作任务			5	
	职业素质	能与小组成员、同学合作交流,协调工作			5	
项目成果(30%)	工作完整	能按时完成任务			5	
	工作规范	能按规范要求完成引导问题及绘制点的投影,规范填写记录单			5	
	任务记录单	正确、规范、专业、完整			15	
	成果展示	能准确表达、汇报工作成果			5	
合计					100	
综合评价		学生自评(20%)	小组互评(30%)	教师评价(50%)	综合得分	

典型工作环节 5　拓展思考题

根据已有图样，求作钢筋混凝土梁的 1—1、2—2 断面图。

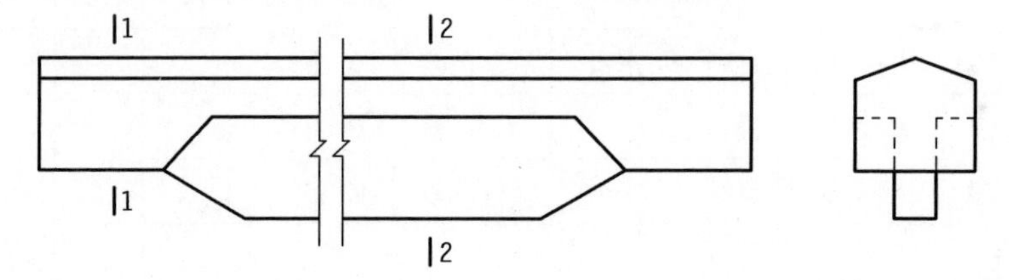

项目四　识读建筑施工图

学习性工作任务1　识读建筑施工图首页

典型工作任务描述

根据《房屋建筑制图统一标准》(GB/T 50001—2017)、《民用建筑设计术语标准》(GB/T 50504—2009)、《建筑设计防火规范》(GB 50016—2014,2018 年版)和附件 2 办公楼项目(建施-01—建施-04)图纸目录、建筑设计总说明、构造做法表、室内装修做法表中的图纸信息并进行规范表达。

【学习目标】

1. 了解施工图首页表达的内容和意义。

2. 熟悉建筑施工图首页表达的内容格式,理解建筑设计总说明中出现的常用术语含义,具备捕捉建筑施工图首页信息并将其用于后续图纸的基本能力。

【任务书】

根据《房屋建筑制图统一标准》(GB/T 50001—2017)、《民用建筑设计术语标准》(GB/T 5054—2009)、《建筑设计防火规范》(GB/T 50016—2014,2018 年版)和典型工作环节 2 的资讯材料,完成引导问题和附件 2 办公楼项目图纸中"建施-01—建施-04"的图纸目录、建筑总说明的识读,填写"图纸识读记录单"。

典型工作环节1　工作准备

1. 阅读任务书,基本了解施工图首页包含的图纸及其表达内容和表现方法。

2. 小组成员对本次任务进行分解,制订合理的实施计划,并进行人员任务分工。

3. 学习资讯材料,填写学生任务分配表、图纸记录单,查阅《房屋建筑制图统一标准》(GB/T 50001—2017)、《民用建筑设计术语标准》(GB/T 50504—2009)、《建筑设计防火规范》(GB/T 50016—2014,2018 年版)。

学生任务分配表

<table>
<tr><td>班级</td><td></td><td>组号</td><td></td><td>指导教师</td><td></td></tr>
<tr><td>组长</td><td></td><td>学号</td><td colspan="3"></td></tr>
<tr><td>组员</td><td colspan="5"><table><tr><td>姓名</td><td>学号</td></tr><tr><td></td><td></td></tr><tr><td></td><td></td></tr><tr><td></td><td></td></tr><tr><td></td><td></td></tr><tr><td></td><td></td></tr></table></td></tr>
<tr><td colspan="6">任务分工</td></tr>
</table>

典型工作环节2　资讯搜集

民用建筑基本术语

民用建筑分类

建筑等级划分

建筑分类和耐火等级

知识点1:房屋的组成及作用

各种建筑尽管其使用功能、形式规模等各有不同,但是组成房屋的主要部分是相似的,一般都由基础、墙与柱、楼(地)面、屋顶、楼梯、门、窗等部分组成。

1.基础

建筑物底部与地基接触并把上部荷载传递给地基的部件。地基不是房屋的组成部分,它是承受建筑物上部荷载的土层。

2.墙与柱

墙与柱是建筑物的竖向承重构件,是建筑物的重要组成部分。墙体是房屋的承重和围护及分隔构件,同时又兼有保温、隔声、隔热等作用。作为承重构件,它承受由屋顶、各楼层传来的荷载,并将这些荷载传给基础。

按位置不同,墙有内墙、外墙之分。外墙起承重、保护及围护作用,内墙起承重及分隔空间作用。当房屋的内部空间较大时,根据结构需要,常用柱子承受上部荷载,墙只起围护和分隔作用。

3. 楼、地面

楼面和地面是楼房中水平方向的承重构件,除承受荷载外,楼面在垂直方向上将房屋空间分隔成若干层。

4. 屋面

屋面是房屋顶部围护和承重的构件。它和外墙组成房屋的外壳,起围护作用,抵御自然界中风、雨、雪、太阳辐射等的侵蚀,同时又承受各种作用。

根据屋面坡度不同,有平屋面和坡屋面之分。

5. 楼梯

楼梯是由连续行走的梯级、休息平台和维护安全的栏杆(或栏板)、扶手以及相应的支托结构组成的作为楼层之间垂直交通用的建筑部件。

除楼梯外,电梯、自动扶梯、坡道等也是垂直交通工具。

6. 门、窗

门主要用于室内外交通和疏散,也有分隔房间、通风等作用。窗主要用于采光、通风。门窗均安装在墙上,因此,也和墙一样起分隔和围护作用。

门窗是非承重构件。

知识点 2:施工图的组成

建筑工程图的定义和分类

一套完整的房屋施工图根据其专业内容或作用不同,一般包括施工图首页(图纸目录、设计总说明)、建筑施工图(建施)、结构施工图(结施)、设备施工图(设施)。

①图纸目录排在整套施工图的最前面,列出所有的图纸名称、编号等。

②设计总说明包括设计依据、工程概况、图样中未能详细表示的材料与工艺。

③建筑施工图简称建施,反映建筑设计的内容,一般包括建筑设计总说明、总平面图、建筑平面图、建筑立面图、建筑剖面图和建筑详图。

④结构施工图简称结施,反映建筑结构设计的内容,一般包括基础图、结构平面布置图和结构详图。

⑤设备施工图简称设施,反映设备设计的内容,一般包括给排水、暖通和空调、电气等设备的平面布置图、系统图和详图。

知识点 3:施工图首页图示内容

建筑施工图首页图是建筑施工图的第一张图纸,主要内容包括图纸目录、设计说明、工程做法和门窗表。

1. 图纸目录

图纸目录说明工程由哪几类专业图纸组成,各专业图纸的名称、张数和图纸顺序,以便查阅图纸。

2. 设计说明

设计说明是对图样中无法表达清楚的内容用文字加以详细地说明,其主要内容有建设工程概况、建筑设计依据、所选用的标准图集的代号、建筑装修、构造要求,以及设计人员对施工单位的要求。小型工程的总说明可以与相应的施工图说明放在一起。

目前,我国人民生活水平有了较大提高,建设部门提出建筑节能设计要求,因此,设计说明中有时有节能设计说明。

3. 工程做法表

工程做法表主要是对建筑各部位构造做法用表格的形式加以详细说明。在表中对各施工部位的名称、做法等详细表达清楚,如采用标准图集中的做法,应注明所采用标准图集的代号,做法编号如有改变,在备注中说明。

4. 门窗表

门窗表是对建筑物中所有不同类型的门窗统计后列成的表格,以备施工、预算需要。应反映门窗的类型、大小、所选用的标准图集及其类型编号,如有特殊要求,应在备注中加以说明。

知识点 4:施工图首页的识读步骤

以某人才公寓楼项目建筑专业图纸目录和设计说明为例说明施工图首页识读方法。(图纸见附件 1 人才公寓楼项目建施总 0-04—建施总 0-09)

1. 图纸目录识读

图纸目录显示:本套施工图共有建筑总图 9 张,建筑施工图 22 张,结构施工图 53 张。看图前应先检查整套施工图的图纸与目录是否一致,防止缺页给识图和施工造成不必要的麻烦。

2. 设计说明

本设计说明中主要体现了建筑基本信息,包括项目总体概况、设计依据、设计范围、总图及竖向、防水防潮工程、墙体、门窗、屋面、设备设施、油漆涂料、装修工程、无障碍设计、噪声控制、安全防护、消防设计、人防设计、绿色建筑设计、节能设计等。具体内容详见图纸信息。

3. 工程做法表

本图中工程做法表显示了此建筑屋面、地下室防水、外墙、内墙、楼面、台阶、坡道、散水等部位的工程材料做法。

4. 门窗表

门窗表中显示门共有 8 种类型,窗共有 6 种类型,具体洞口尺寸详见建施 4-07 门窗表。

典型工作环节 3　工作实施

(1)学习资讯材料

掌握其中的专业术语、建筑分类、等级划分、建筑物组成的基本知识,填写工作任务单。

(2)回答引导问题

引导问题1:施工图首页通常包括哪些图纸类型?

引导问题2:建筑面积和使用面积的区别是什么?

引导问题3:一套房屋的施工图应包括哪些专业图纸类型?

引导问题4:民用建筑的构造组成包括哪几个组成部分?

引导问题5:下列图片中箭头部位指的是建筑中的哪一构造部位?

引导问题6:下列图片中箭头部位指的是建筑中的哪一构造部位?

图纸识读记录单

班级：________组别：________

识读附件2办公楼项目图纸目标、建筑设计总说明、构造做法、室内装修做法表(建施-01—建施-04),撰写识读记录。(此处教师提供电子版图纸供对照)

典型工作环节 4　评价反馈

(1)学生自评

学生自评表

班级		姓名		学号	
任务 1	识读建筑施工图首页				
评价项目	评价标准			分值/分	得分/分
引导问题 1	1. 完整　2. 正确　3. 规范			5	
引导问题 2	1. 完整　2. 正确　3. 清晰			5	
引导问题 3	1. 完整　2. 正确　3. 清晰			5	
引导问题 4	1. 完整　2. 正确　3. 清晰			5	
引导问题 5	1. 完整　2. 正确　3. 规范			5	
引导问题 6	1. 完整　2. 正确　3. 清晰			5	
图纸识读记录单	1. 全面　2. 专业　3. 正确　4. 清晰			35	
工作态度	态度端正,无缺勤、迟到、早退现象			10	
工作质量	能按计划完成工作任务			10	
协调能力	能与小组成员、同学合作交流,协调工作			5	
职业素质	能做到细心、严谨,体现精益求精的工匠精神			5	
创新意识	能提炼材料内容,找到解决任务的途径,理论联系实际,能正确理解建筑设计说明内容			5	
合计				100	

(2)学生互评

学生互评表

任务名称	识读建筑施工图首页													
评价项目	分值/分	等级								评价对象(组别)					
										1	2	3	4	5	6
计划合理	10	优	10	良	9	中	7	差	6						
团队合作	10	优	10	良	9	中	7	差	6						
组织有序	10	优	10	良	9	中	7	差	6						
工作质量	20	优	20	良	18	中	14	差	12						
工作效率	10	优	10	良	9	中	7	差	6						
工作完整	10	优	10	良	9	中	7	差	6						
工作规范	10	优	10	良	9	中	7	差	6						
成果展示	20	优	20	良	18	中	14	差	12						
合计	100														

(3)教师评价

教师评价表

班级		姓名		学号
任务1		识读建筑施工图首页		
评价项目		评价标准	分值/分	得分/分
考勤(10%)		无迟到、早退、旷课现象	10	
工作过程(60%)	引导问题1	1.完整　2.正确　3.规范	5	
	引导问题2	1.完整　2.正确　3.清晰	5	
	引导问题3	1.完整　2.正确　3.清晰	5	
	引导问题4	1.完整　2.正确　3.清晰	5	
	引导问题5	1.完整　2.正确　3.规范	5	
	引导问题6	1.完整　2.正确　3.清晰	5	
	图纸识读记录单	1.全面　2.专业　3.正确　4.清晰	15	
	工作态度	态度端正,工作认真、主动	5	
	协调能力	能按时完成工作任务	5	
	职业素质	能与小组成员、同学合作交流,协调工作	5	
项目成果(30%)	工作完整	能按时完成任务	5	
	工作规范	能按规范要求完成引导问题及编制识读记录单	5	
	识读记录单	编写规范、专业、全面	15	
	成果展示	能准确表达、汇报工作成果	5	
合计			100	
综合评价	学生自评(20%)	小组互评(30%)	教师评价(50%)	综合得分

典型工作环节5　拓展思考题

识读“附件1 人才公寓楼项目”的建筑施工图首页(建施总0-04—建施总0-09),解释建筑设计说明中的专业术语。

学习性工作任务2　识读建筑总平面图

典型工作任务描述

根据《房屋建筑制图统一标准》(GB/T 50001—2017)、《总图制图标准》(GB/T 50103—2010)和附件2 办公楼项目总平面图(建总-01),识读建筑总平面图描述的信息并进行规范表达。

【学习目标】

1. 了解总平面图的形成和用途。
2. 熟悉建筑总平图的识读方法,熟悉总平面图中图例符号的含义,具备识读一般建筑总平面图的基本能力。

【任务书】

根据《房屋建筑制图统一标准》(GB/T 50001—2017)、《总图制图标准》(GB/T 50103—2010)和典型工作环节2 的资讯材料,完成引导问题和附件2 办公楼项目图纸中"建总-01"的识读,填写"图纸识读记录单"。

典型工作环节1　工作准备

1. 阅读任务书,基本了解总平面图表达的内容和表现方法。
2. 小组成员对本次任务进行分解,制订合理的实施计划,并进行人员任务分工。
3. 学习资讯材料,填写学生任务分配表、图纸识读记录单,查阅《房屋建筑制图统一标准》(GB/T 50001—2017)和《总图制图标准》(GB/T 50103—2010)。

学生任务分配表

<table>
<tr><td>班级</td><td></td><td>组号</td><td></td><td>指导教师</td><td></td></tr>
<tr><td>组长</td><td></td><td>学号</td><td colspan="3"></td></tr>
<tr><td rowspan="6">组员</td><td colspan="3">姓名</td><td colspan="2">学号</td></tr>
<tr><td colspan="3"></td><td colspan="2"></td></tr>
<tr><td colspan="3"></td><td colspan="2"></td></tr>
<tr><td colspan="3"></td><td colspan="2"></td></tr>
<tr><td colspan="3"></td><td colspan="2"></td></tr>
<tr><td colspan="3"></td><td colspan="2"></td></tr>
<tr><td colspan="6">任务分工</td></tr>
</table>

典型工作环节2　资讯搜集

知识点1:总平面图的形成和作用

用水平投影法和相应的图例,在画有等高线或上坐标方格网的地形图上,画出新建、拟建、原有和要拆除的建筑物、构筑物的图样称为总平面图。总平面主要表示新建房屋的位置、朝向、与原有建筑物的关系,以及周围道路、绿化和给水、排水、供电条件等方面的情况。作为新建房屋施工定位、土方施工、设备管网平面布置,安排在施工时进入现场的材料和构件、配件堆放场地、构件预制的场地以及运输道路的依据。

知识点2:总平面图的图示方法

1.图例

总平面图是用正投影的原理绘制的,图形主要是以图例的形式表示。总平面图的图例采用《总图制图标准》(GB/T 50103—2010)规定的图例,表4-1给出了部分常用的总平面图图例符号,画图时应严格执行该图例符号,若图中采用的图例不是标准中的图例,则应在总平面图的下面加以说明。

表4.1　总平面图常用图例

序号	名称	图例	说明
1	新建建筑物	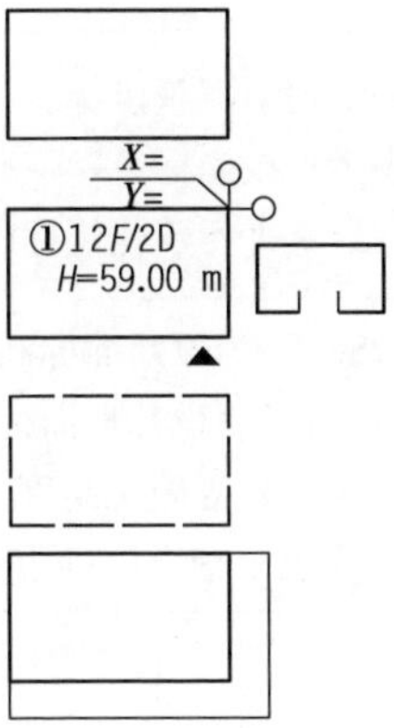 X= Y= ①12F/2D H=59.00 m	①新建建筑物以粗实线表示与室外地坪相接处±0.00外墙定位轮廓线 ②建筑物一般以±0.00高度处的外墙定位轴线交叉点坐标定位,轴线用细实线表示,并标明轴线号 ③根据不同设计阶段标注建筑编号,地上、地下层数,建筑高度,建筑出入口位置(两种表示方法均可,但同一图纸采用一种表示方法) ④地下建筑物以粗虚线表示其轮廓 ⑤建筑上部(±0.00以上)外挑建筑用细实线表示 ⑥建筑物上部连廊用细虚线表示并标注位置
2	原有建筑物	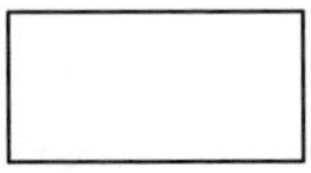	用细实线表示
3	计划扩建的预留地或建筑物		用中粗虚线表示
4	拆除的建筑物	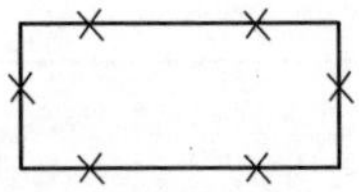	用细实线表示

续表

序号	名称	图例	说明
5	建筑物下面的通道		
6	散装材料露天堆场		需要时可注明材料名称
7	其他材料露天堆场或露天作业场		需要时可注明材料名称
8	铺砌场地		
9	水池、坑槽		也可以不涂黑
10	坐标	① x=105.00 y=425.00 ② A=105.00 B=425.00	①表示地形测量坐标 ②表示自设坐标系 坐标数字平行于建筑标注
11	方格网交叉点标高	-0.50 77.85 78.35	①"78.35"为原地面标高 ②"77.85"为设计地面标高 ③" -0.50"为施工高度 ④" - "表示挖方(" + "表示填方)
12	填方区 挖方区 未整平区 及零线	+ − + −	
13	室内地坪标高	151.00 (±0.00)	数字平行于建筑物书写
14	室外地坪标高	143.00	室外标高也可采用等高线

续表

序号	名称	图例	说明
15	新建的道路	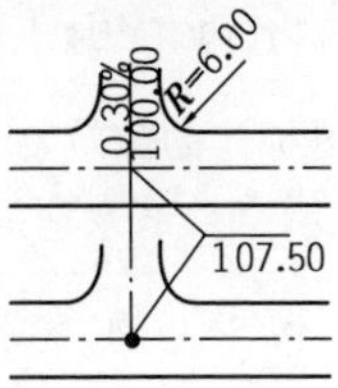 R=6.00 0.3% 100.00 107.50	“R=6.00”表示道路转弯半径;“107.50”为道路中心线交叉点标高,两种表示方法均可,同一图纸采用一种方法表示:“100.00”为变坡点之间的距离“0.3%”为道路坡度,箭头表示坡向
16	围墙及大门	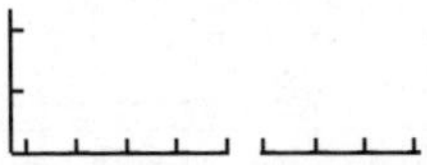	
17	落叶针叶乔木	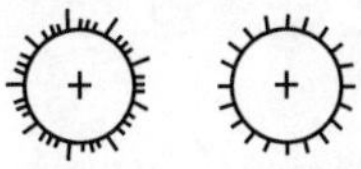	
18	常绿阔叶灌木		
19	草坪	① 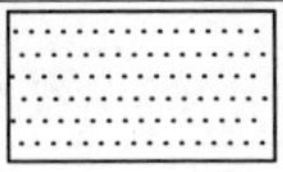 ② 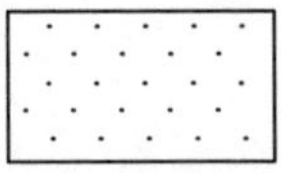 ③ 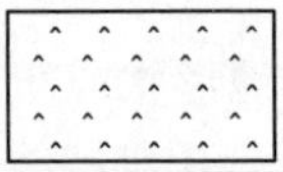	①草坪 ②自然草坪 ③人工草坪

2. 图线

建筑设计在总平面图中的每个图样的线型应根据其所表示的不同重点,采用不同宽度和构造形式的线型,见表4.2。

表4.2　图线

名称		线型	线宽	用途
实线	粗		b	①新建建筑物±0.00高度可见轮廓线 ②新建铁路、管线
	中		0.7b 0.5b	①新建构筑物、道路、桥涵、边坡、围墙、运输设施的可见轮廓线 ②原有标准轨距铁路线
	细		0.25b	①新建建筑物±0.00高度以上的可见建筑物、构筑物轮廓线 ②原有建筑物、构筑物、原有窄轨、铁路、道路、桥涵、围墙的可见轮廓线 ③新建人行道、排水沟、坐标线、尺寸线、等高线

续表

名称		线型	线宽	用途
虚线	粗		b	新建建筑物、构筑物地下轮廓线
	中		0.5b	计划预留扩建的建筑物、构筑物、铁路、道路、运输设施、管线、建筑红线及预留用地各线
	细		0.25b	原有建筑物、构筑物、管线的地下轮廓线
单点长画线	粗		b	露天矿开采界面
	中		0.5b	土方填挖区的零点线
	细		0.25b	分水线、中心线、对称线、定位轴线
双点长画线			b	用地红线
			0.7b	地下开采区塌落界限
			0.5b	建筑红线
折断线			0.5b	断线
不规则曲线			0.5b	新建人工水体轮廓线

注:根据各类图纸所表示的不同重点确定使用不同粗细线型。

3. 风玫瑰图或指北针

建筑总平面图应按上北下南的方向绘制,根据场地形状或布局,可向左或向右偏转,但不宜超过45°。总图中应绘制指北针或风玫瑰图。指北针用细实线绘制,直径24 mm,箭头所指方向为北方,如图4.1所示。

风玫瑰图是根据当地多年平均统计的各个方向吹风次数的百分数按一定比例绘制的。风的吹向是指从外吹向中心。实线表示全年风向频率,虚线表示按7—9月这3个月统计的风向频率。明确风向有助于建筑构造的选用及材料的堆场,如有粉尘污染的材料应堆放在下风位,如图4.2所示。

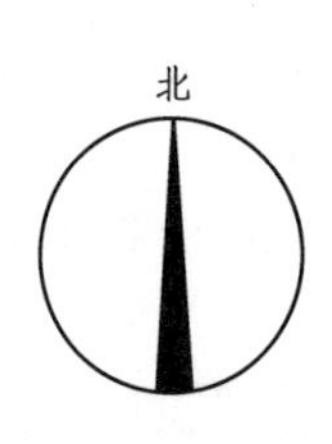

图4.1 指北针

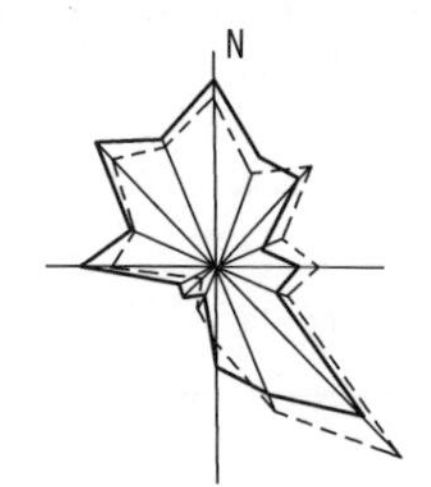

图4.2 风向频率玫瑰图

4. 比例

建筑总平面图包括的范围较大,绘制时比例一般较小,常采用如下比例:1∶500,1∶1 000,1∶2 000。总平面图上标注的尺寸,一律以米为单位,保留两位小数,不足时用"0"补齐。

知识点3:建筑总平面图识读步骤

以某人才公寓总平面图为例说明总平面图的识读方法。(图纸见附件1 人才公寓楼项目

建施总 0-01)

(1)了解图名、比例

该施工图为总平面图,比例 1∶1 000。

(2)了解工程性质、用地范围、地形地貌和周围环境情况。

从图中可知,35#人才公寓位于整个地块的东北角(粉色粗实线区域表示),建筑平面大致为矩形,地上 13 层,地下 3 层,建筑高度地上 45 m,地下 12.9 m。首层地面绝对标高为 46.550 m。建筑主要出入口外墙面与南偏东 45°平行,外墙处有多处 1.5 m 宽草坪,红线外毗邻横四路,建筑东侧外墙有规划公交首末站。建筑南侧设 10 m 宽消防救援场地,此处室外地坪标高 46.4 m,双向排水,坡度分别为 0.5% 和 0.3% 。沿建筑东北角设地面非机动车位 17 辆,东南拐角处设垃圾分类收集点一处,化粪池一处。

(3)了解建筑的朝向和风向

根据指北针可知,新建建筑的方向为南偏东 45°朝向。

(4)了解新建建筑的准确位置

图中新建建筑采用大地坐标定位方法,建筑各角均有标注具体数值。

典型工作环节 3　工作实施

(1)学习资讯材料

认读标高、索引、总图图例、线型及总平面图的概念,填写工作任务单。

(2)回答引导问题

引导问题 1:标高符号有哪几种类型? 总平面图中出现的标高符号是什么样式?

引导问题 2:相对标高和绝对标高的参考基准分别是哪里?

引导问题3:解释下列图例的含义。

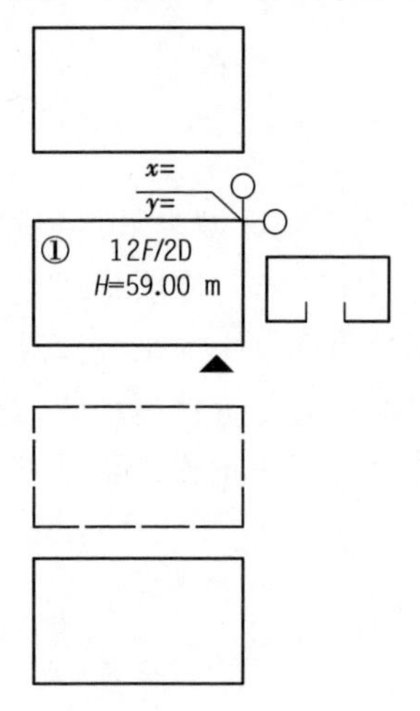

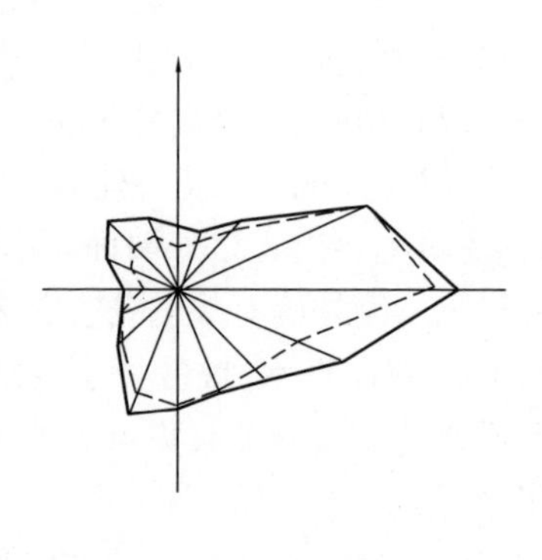

引导问题4:计划预留扩建的建筑物、构筑物用什么线型表达?

引导问题5:根据典型工作环节2的资讯材料,填入缺失信息。

总平面图是将新建工程一定范围内的________、________、________和________的建筑物和构筑物连同其周围的________、________用________和相应的________所画出的工程图样。主要表示新建房屋的________、________、____________以及________、________和给水、排水、供电条件等方面的情况。作为新建房屋____________、________、设备管网平面布置,安排在施工时进入现场的________、________、________以及________的依据。

图纸识读记录单

班级:________组别:________

识读附件 2 办公楼项目总平面图(建总-01),撰写识读记录。(此处教师提供电子版图纸供对照)

典型工作环节4　评价反馈

（1）学生自评

学生自评表

班级		姓名		学号	
任务2		识读建筑总平面图			
评价项目		评价标准		分值/分	得分/分
引导问题1		1. 完整　2. 正确　3. 规范		5	
引导问题2		1. 完整　2. 正确　3. 清晰		5	
引导问题3		1. 完整　2. 正确　3. 清晰		5	
引导问题4		1. 完整　2. 正确　3. 清晰		5	
引导问题5		1. 完整　2. 正确　3. 规范		5	
引导问题6		1. 完整　2. 正确　3. 清晰		5	
图纸识读记录单		1. 全面　2. 专业　3. 正确　4. 清晰		35	
工作态度		态度端正，无缺勤、迟到、早退现象		10	
工作质量		能按计划完成工作任务		10	
协调能力		能与小组成员、同学合作交流，协调工作		5	
职业素质		能做到细心、严谨，体现精益求精的工匠精神		5	
创新意识		能提炼材料内容，在阅读标准、规范后，能理论联系实践，完成不同类型建筑总平面图纸识读		5	
合计				100	

（2）学生互评

学生互评表

任务名称	识读建筑总平面图													
评价项目	分值/分	等级								评价对象（组别）					
										1	2	3	4	5	6
计划合理	10	优	10	良	9	中	7	差	6						
团队合作	10	优	10	良	9	中	7	差	6						
组织有序	10	优	10	良	9	中	7	差	6						
工作质量	20	优	20	良	18	中	14	差	12						
工作效率	10	优	10	良	9	中	7	差	6						
工作完整	10	优	10	良	9	中	7	差	6						
工作规范	10	优	10	良	9	中	7	差	6						
成果展示	20	优	20	良	18	中	14	差	12						
合计	100														

(3)教师评价

教师评价表

<table>
<tr><td>班级</td><td></td><td>姓名</td><td></td><td>学号</td><td colspan="2"></td></tr>
<tr><td colspan="2">任务2</td><td colspan="5">识读建筑总平面图</td></tr>
<tr><td colspan="2">评价项目</td><td colspan="3">评价标准</td><td>分值/分</td><td>得分/分</td></tr>
<tr><td colspan="2">考勤(10%)</td><td colspan="3">无迟到、早退、旷课现象</td><td>10</td><td></td></tr>
<tr><td rowspan="10">工作过程(60%)</td><td>引导问题1</td><td colspan="3">1.完整　2.正确　3.规范</td><td>5</td><td></td></tr>
<tr><td>引导问题2</td><td colspan="3">1.完整　2.正确　3.清晰</td><td>5</td><td></td></tr>
<tr><td>引导问题3</td><td colspan="3">1.完整　2.正确　3.清晰</td><td>5</td><td></td></tr>
<tr><td>引导问题4</td><td colspan="3">1.完整　2.正确　3.清晰</td><td>5</td><td></td></tr>
<tr><td>引导问题5</td><td colspan="3">1.完整　2.正确　3.规范</td><td>5</td><td></td></tr>
<tr><td>引导问题6</td><td colspan="3">1.完整　2.正确　3.清晰</td><td>5</td><td></td></tr>
<tr><td>图纸识读记录单</td><td colspan="3">1.全面　2.专业　3.正确　4.清晰</td><td>15</td><td></td></tr>
<tr><td>工作态度</td><td colspan="3">态度端正,工作认真、主动</td><td>5</td><td></td></tr>
<tr><td>协调能力</td><td colspan="3">能按计划完成工作任务</td><td>5</td><td></td></tr>
<tr><td>职业素质</td><td colspan="3">能与小组成员、同学合作交流,协调工作</td><td>5</td><td></td></tr>
<tr><td rowspan="4">项目成果(30%)</td><td>工作完整</td><td colspan="3">能按时完成任务</td><td>5</td><td></td></tr>
<tr><td>工作规范</td><td colspan="3">能按规范要求完成引导问题及编制识读记录单</td><td>5</td><td></td></tr>
<tr><td>识读记录单</td><td colspan="3">编写规范、专业、全面</td><td>15</td><td></td></tr>
<tr><td>成果展示</td><td colspan="3">能准确表达、汇报工作成果</td><td>5</td><td></td></tr>
<tr><td colspan="5">合计</td><td>100</td><td></td></tr>
<tr><td colspan="2" rowspan="2">综合评价</td><td>学生自评(20%)</td><td>小组互评(30%)</td><td>教师评价(50%)</td><td colspan="2">综合得分</td></tr>
<tr><td></td><td></td><td></td><td colspan="2"></td></tr>
</table>

典型工作环节5　拓展思考题

识读“附件1 人才公寓楼项目”的建筑总平面图(建施总0-01)中36#科创楼、37#配套服务中心在建筑总平面图的图纸信息,规范撰写识读说明。

学习性工作任务3　识读建筑平面图

典型工作任务描述

根据《房屋建筑制图统一标准》(GB/T 50001—2017)、《建筑制图标准》(GB/T 50104—2010)和办公楼建筑各层平面图(建施-05—建施-20),识读各层建筑平面图描述的信息并进行规范表达。

【学习目标】

1. 了解建筑平面图的形成和用途。
2. 熟悉建筑平面图的识读方法,具备识读建筑各层平面图的基本能力。

【任务书】

根据《房屋建筑制图统一标准》(GB/T 50001—2017)、《建筑制图标准》(GB/T 50104—2010)和典型工作环节2的资讯材料,完成引导问题和附件2办公楼项目图纸中"建施-05—建施-20"各层平面图的识读,填写"图纸识读记录单"。

典型工作环节1　工作准备

1. 阅读任务书,基本了解建筑平面图的表达内容和表现方法。
2. 小组成员对本次任务进行分解,制订合理的实施计划,并进行人员任务分工。
3. 学习资讯材料,填写学生任务分配表、图纸识读记录单,查阅办公楼建筑图纸。

学生任务分配表

<table>
<tr><td>班级</td><td></td><td>组号</td><td></td><td>指导教师</td><td></td></tr>
<tr><td>组长</td><td></td><td>学号</td><td colspan="3"></td></tr>
<tr><td>组员</td><td colspan="5"><table><tr><td>姓名</td><td>学号</td></tr><tr><td></td><td></td></tr><tr><td></td><td></td></tr><tr><td></td><td></td></tr><tr><td></td><td></td></tr><tr><td></td><td></td></tr></table></td></tr>
<tr><td colspan="6">任务分工</td></tr>
</table>

典型工作环节2 资讯搜集

知识点1:建筑平面图的形成和作用

建筑平面图是用一个假想的水平剖切平面沿略高于窗台的位置剖切房屋,移去上面部分,剩余部分向水平面做正投影所得的水平剖面图,称为建筑平面图,简称平面图。建筑平面图反映新建建筑的平面形状,房间的位置、大小、相互关系,墙体的位置、厚度、材料,柱的截面形状与尺寸大小,门窗的位置及类型,是施工时放线、砌墙、安装门窗、室内外装修及编制工程预算的重要依据,是建筑施工中的重要图纸。

知识点2:建筑平面图的图示方法

1.平面图的数量和命名

一般情况下,房屋有几层就应画几个平面图,并在图的下方注写相应的图名,如底层平面图、二层平面图等。但有些建筑二层至顶层之间的楼层,其构造、布置情况基本相同,画一个平面图即可,将这种平面图称为中间层(或标准层)平面图。若中间有个别层平面布置不同,可单独补画平面图。因此,多层建筑的平面图一般由底层平面图、标准层平面图、顶层平面图组成。另外,还有屋顶平面图,屋顶平面图是建筑物的俯视投影图,主要表明建筑物屋顶上的布置情况和屋顶排水方式,我们将在下一工作环节进行介绍。

建筑平面图的形成和识读

2.图示内容

(1)图名、比例

图名按楼层号命名,一般注写在平面图下方并在其下绘一条粗实线,如首层平面图、四层平面图、顶层平面图等。

比例常采用1∶50、1∶100或1∶200,其中,1∶100使用得较多。在建筑施工图中,比例小于1∶50的平面图、剖面图,可不画出抹灰层,但宜画出楼地面、屋面的面层线;比例大于1∶50的平面图、剖面图应画出抹灰层、楼地面、屋面的面层线,并宜画出材料图例;比例等于1∶50的平面图、剖面图宜画出楼地面、屋面的面层线,抹灰层的面层线应根据需要而定;比例为1∶100~1∶200的平面图、剖面图可画简化的材料图例(如钢筋混凝土涂黑等),但宜画出楼地面、屋面的面层线。

比例的选择是根据房屋大小和复杂程度而定的。当想要更清晰地表达房间布置时,可采用较大比例绘制局部平面图。

(2)朝向

在首层平面图中用指北针表示房屋朝向,绘制在图样的左下方或右下方。一般建筑平面图按照上北下南、左西右东的方向绘制。

(3)轴线及编号

定位轴线是用来确定建筑物主要结构及构件位置的尺寸基准线。凡承重构件如墙、柱、梁、屋架等位置都应绘制水平和竖向定位轴线并进行编号,施工时以此作为定位的基准。定位轴线用细点画线表示,端部画细实线圆,直径为8~10 mm。定位轴线圆的圆心应在定位轴线的延长线上或延长线的折线上,圆内注明编号。

横向轴线编号用阿拉伯数字从左至右的顺序编写;纵向轴线编号用大写拉丁字母(除 I,O,Z 外)从下至上的顺序编写,如图 4.3 所示。

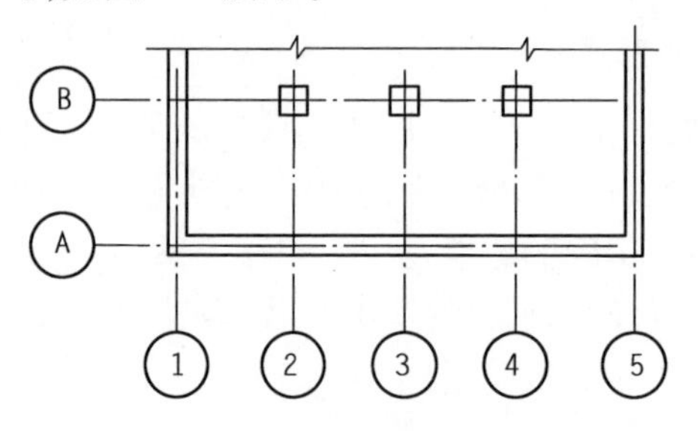

图 4.3　定位轴线的编号顺序

组合较复杂的平面图中,定位轴线也可采用分区编号,如图 4.4 所示。编号的注写形式应为"分区号—该分区编号",分区号采用阿拉伯数字或大写拉丁字母表示。

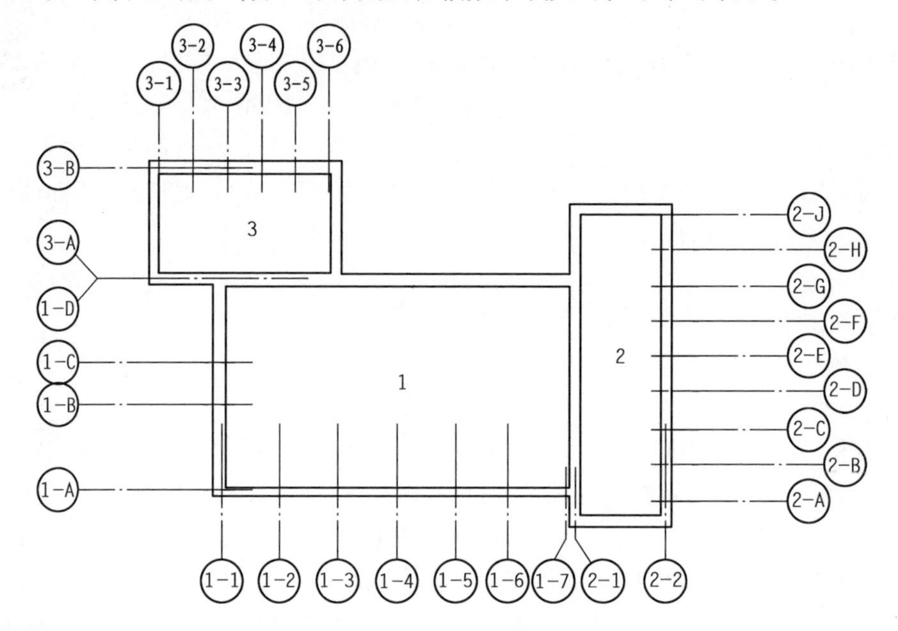

图 4.4　定位轴线的分区编号

在标注非承重的隔墙或次要承重构件时,可用在两个轴线之间的附加定位轴线表示。其编号可用分数表示,如图 4.5 所示。

一个详图适用几根轴线时,应同时注明各有关轴线的编号,如图 4.6 所示。通用详图中的定位轴线应只画圆,不注写轴线编号。

(4)尺寸

平面图中需反映建筑的内部尺寸和外部尺寸。外部尺寸标注在房屋图样外围,通常以三道尺寸线的方式显示;内部尺寸标注在图样内部,可表达房间的净距离、门窗洞的宽度和位置、墙厚,以及其他一些主要构配件与固定设施的定型和定位尺寸等,均以毫米为单位。

(5)标高

平面图中应标出楼地面、阳台、平台、台阶等处的完成面相对标高,首层平面图中还应在

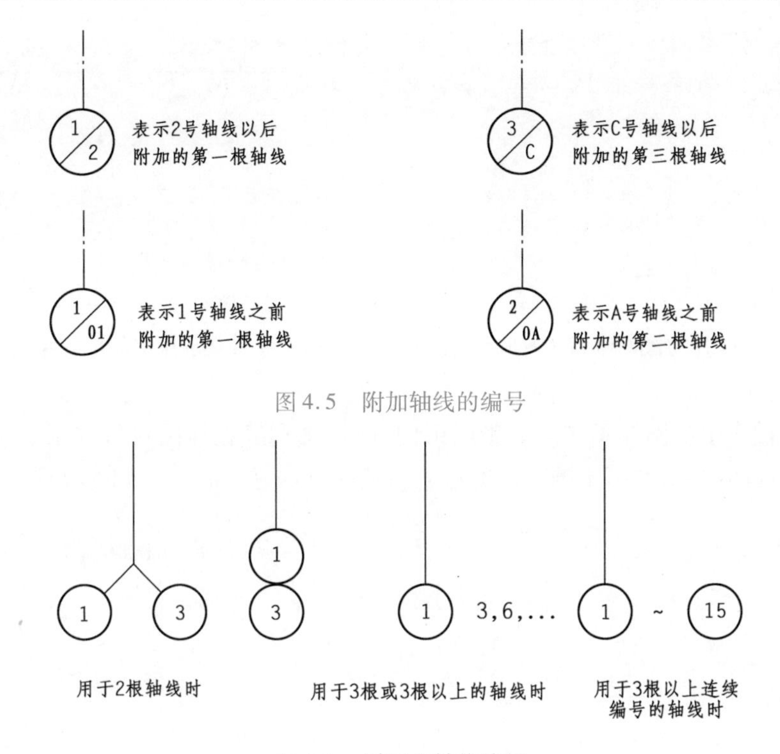

图4.5　附加轴线的编号

图4.6　详图的轴线编号

房屋图样外标出室外地坪标高。

(6)索引

平面图中,在需要另画详图的局部或构件处画出详图索引符号。

索引符号应用细实线绘制,它由直径为 10 mm 的圆和水平直径组成,如图 4.7(a)所示。索引符号应按下列规定编写:

①索引出的详图,如与被索引的图样同在一张图纸内,应在索引符号的下半圆中用阿拉伯数字注明该详图的编号,并在下半圆中间画一段水平细实线,如图 4.7(b)所示。

②索引出的详图,如与被索引的图样不在同一张图纸内,应在索引符号的上半圆中用阿拉伯数字注明该详图的编号,在索引符号的下半圆中用阿拉伯数字注明该详图所在图纸的编号,如图 4.7(c)所示。

③索引出的详图,如采用标准图,应在索引符号水平直径的延长线上加注该标准图册的编号,如图 4.7(d)表示第 5 号详图在标准图册 J103 的第 4 号图纸上。

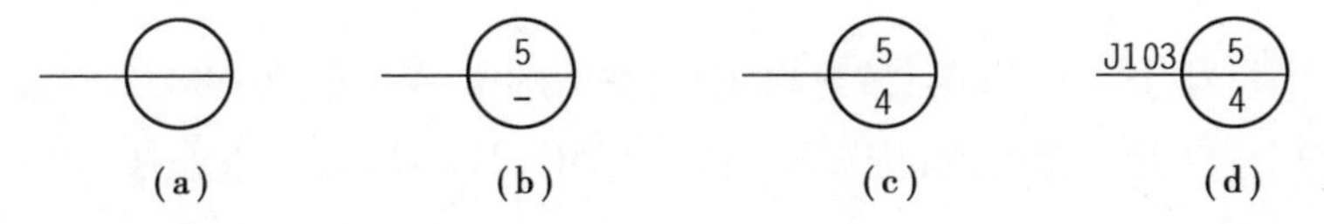

图4.7　索引符号

④索引符号若用于索引剖面详图,应在被剖切的部位绘制剖切位置线,并以引出线引出索引符号,引出线所在一侧为投射方向,如图 4.8 所示。

⑤详图的位置和编号,应以详图符号表示。详图符号为直径是 14 mm 的粗实线圆,详图

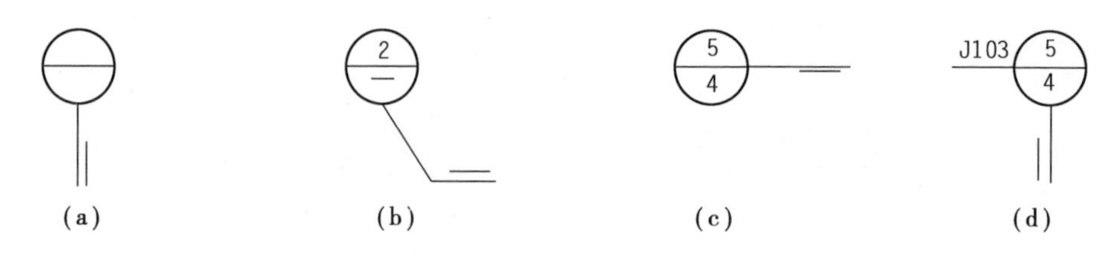

图4.8 用于索引剖面详图的索引符号

应按下列规定编号：

a. 详图与被索引的图样同在一张图纸内，应在详图符号内用阿拉伯数字注明详图的编号，如图4.9(a)所示。

b. 详图与被索引的图样不在同一张图纸内，应用细实线在详图符号内画一水平直径，在上半圆中注明详图编号，在下半圆中注明被索引的图纸编号，如图4.9(b)所示。

图4.9 详图符号

(7)剖切符号和编号

在首层平面图中，必须绘制建筑整体剖面图的剖切符号并加注编号。

(8)电梯、楼梯位置及尺寸

平面图中应表示电梯、楼梯的位置，楼梯上下行方向、级数及主要尺寸。楼梯上下级数指本层到上一层的级数。

(9)建筑构配件

由于建筑平面图实际上是剖面图，因此，应采用相应的图例符号绘出剖切到的建筑构配件的轮廓，如墙体、柱、门、窗等。除此之外，还应画出未被剖切但能投影观察到的构配件和固定设施的图例或轮廓，如楼梯、斜坡、烟道、通风道、管井、雨水管、排水沟、散水、阳台、雨篷、花坛、台阶、洗手池、工作台等的位置和轮廓。

对被剖切到的构配件常采用以下表达方式：

①柱：涂黑。

②填充墙：两条粗实线表示墙体厚度。

③外墙：绘出保温层细实线，由于比例较小不填充材料图例，在说明中应说明墙体材料厚度。

④窗：按顺序编号，如C1，C2等；按规格编号，如C1821，表示窗宽1 800 mm、高2 100 mm。

⑤门：绘出门扇及开启方向线，按顺序编号，如M1，M2等；按规格编号，如M0924，表示门宽900 mm、高2 400 mm。

(10)建筑平面图用图例符号

图例符号需符合《建筑制图标准》(GB/T 50104—2010)的规定，见表4-3。

表 4-3　建筑制图标准(GB/T 50104—2010)

序号	名称	图例	说明
1	墙体	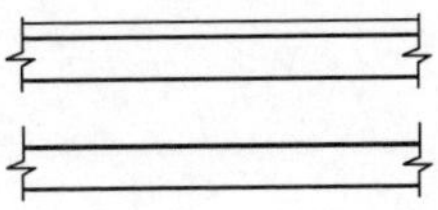	①上图为外墙,下图为内墙 ②外墙细线表示有保温层或有幕墙 ③应加注文字或涂色或图案填充表示各种材料的墙体 ④在各层平面图中防火墙宜着重以特殊图案填充表示
2	隔断	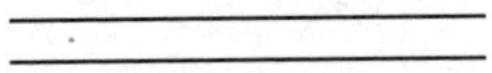	①加注文字或涂色或图案填充表示各种材料的轻质隔断 ②适用于到顶与不到顶的隔断
3	玻璃幕墙	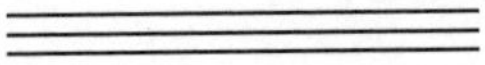	幕墙龙骨是否表示由项目设计决定
4	栏杆	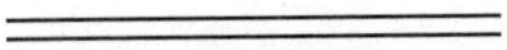	
5	楼梯	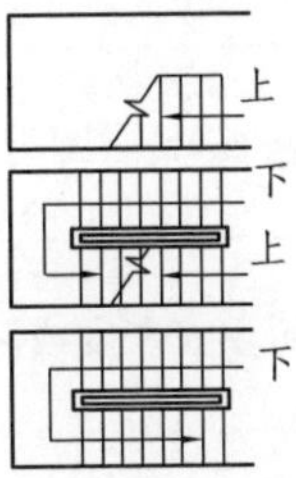 上 下 上 下	①上图为底层楼梯平面图,中图为中间层楼梯平面图,下图为顶层楼梯平面图 ②需设置靠墙扶手或中间扶手时,应在图中表示
6	电梯	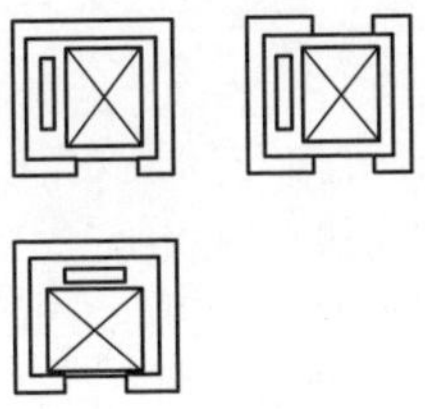	①电梯应注明类型,并按实际绘出门和平衡锤或导轨的位置 ②其他类型电梯应参照本图例按实际情况绘制
7	杂物梯、食梯	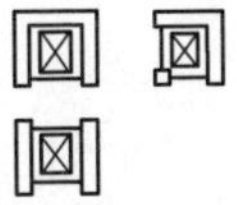	

续表

序号	名称	图例	说明
8	坡道	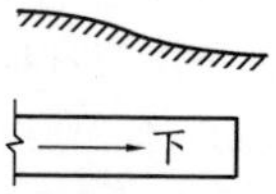 下	长坡道
		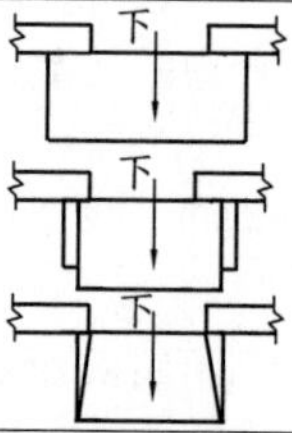 下 下 下	上图为两侧垂直的门口坡道,中图为有挡墙的门口坡道,下图为两侧找坡的门口坡道
9	台阶	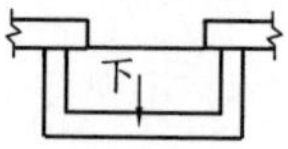 下	
10	平面高差	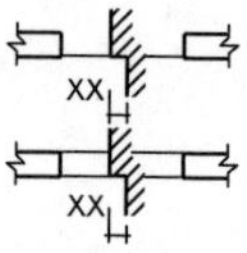 XX XX	用于高差小的地面或楼面交接处,并应与门的开启方向协调
11	检查口	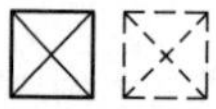	左图为可见检查口,右图为不可见检查口
12	孔洞		阴影部分亦可填充灰度或涂色代替
13	坑槽		
14	墙预留洞、槽	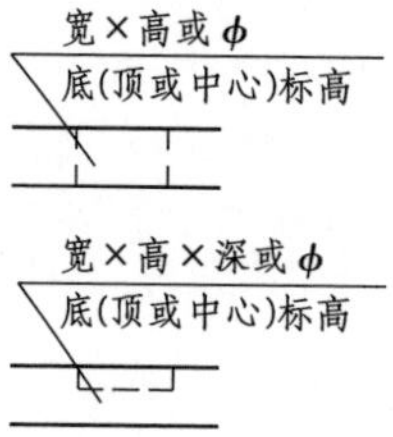 宽×高或 ϕ 底(顶或中心)标高 宽×高×深或 ϕ 底(顶或中心)标高	①上图为预留洞,下图为预留槽 ②平面以洞(槽)中心定位 ③标高以洞(槽)底或中心定位 ④宜以涂色区别墙体和预留洞(槽)
15	烟道	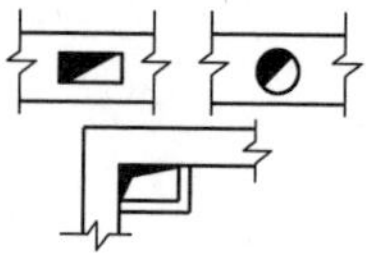	①阴影部分亦可填充灰度或涂色代替 ②烟道、风道与墙体为相同材料,其相接处墙身线应连通 ③烟道、风道根据需要增加不同材料的内衬
16	风道	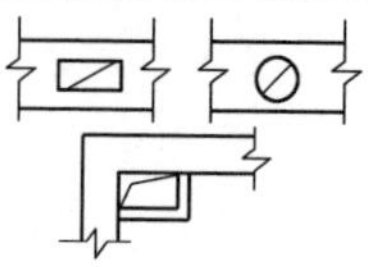	

续表

序号	名称	图例	说明
17	空门洞	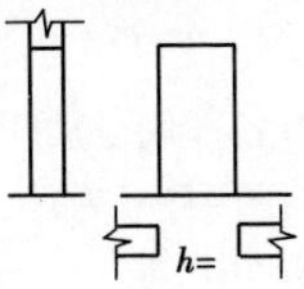	h 为门洞高度
18	单面开启单扇门（包括平开或单面弹簧）	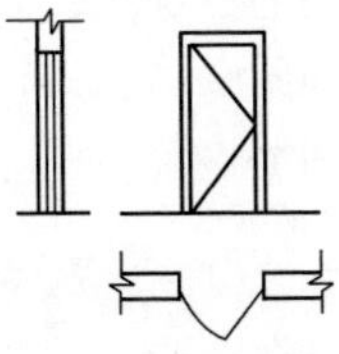	①门的名称代号用 M 表示 ②平面图中，下为外，上为内。门开启线为 90°，60°，45°，开启弧线宜绘出 ③立面图中，开启线实线为外开，虚线为内开，开启线交角的一侧为安装合页一侧。开启线在建筑立面图中可不表示，在立面大样图中可根据需要绘出 ④剖面图中，左为外，右为内 ⑤附加纱扇应以文字说明，在平、立、剖面图中均不表示 ⑥立面形式应按实际情况绘制
	双面开启单扇门（包括双面平开或双面弹簧）	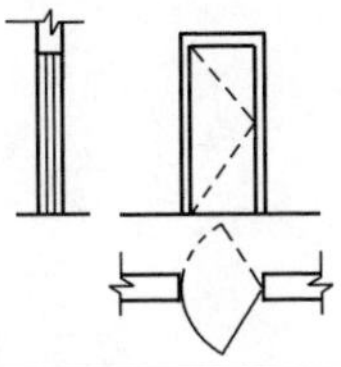	
	双层单扇平开门	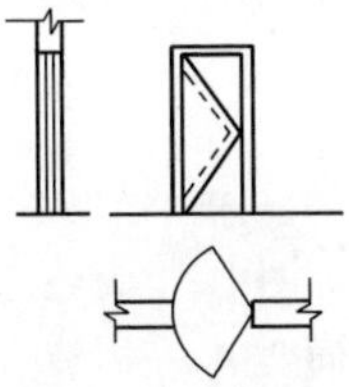	
19	单面开启双扇门（包括平开或单面弹簧）	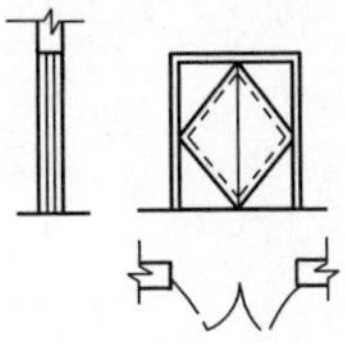	
	双面开启双扇门（包括双面平开或双面弹簧）	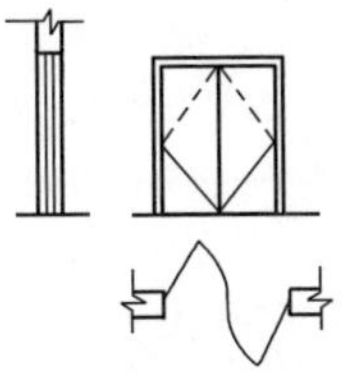	
	双层双扇平开门	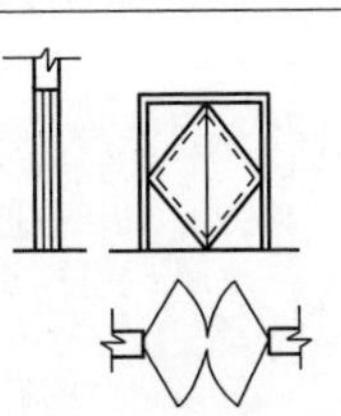	

续表

序号	名称	图例	说明
20	折叠门	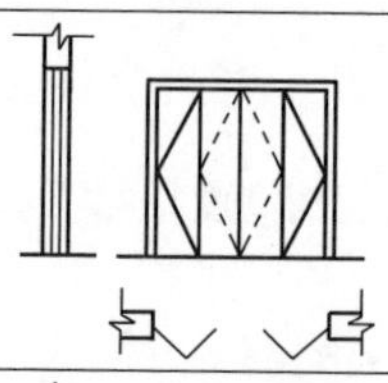	①门的名称代号用 M 表示 ②平面图中,下为外,上为内 ③立面图中,开启线实线为外开,虚线为内开,开启线交角的一侧为安装合页一侧 ④剖面图中,左为外,右为内 ⑤立面形式应按实际情况绘制
	推拉折叠门	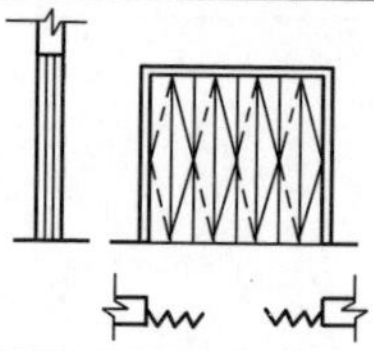	
21	墙洞外单扇推拉门	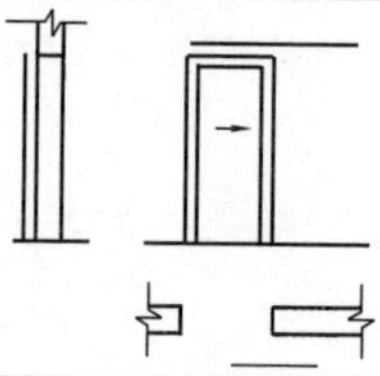	①门的名称代号用 M 表示 ②平面图中,下为外,上为内 ③剖面图中,左为外,右为内 ④立面形式应按实际情况绘制
	墙洞外双扇推拉门	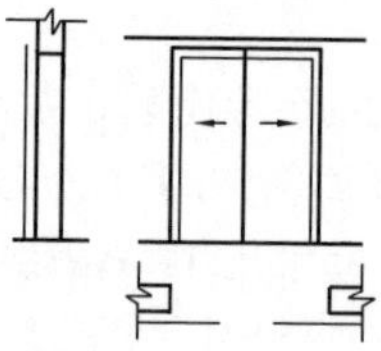	
	墙中单扇推拉门	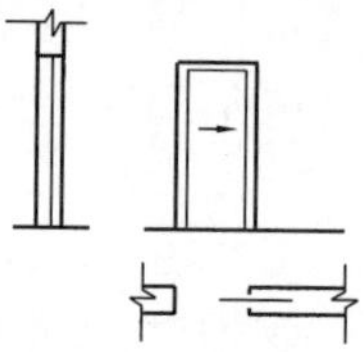	
	墙中双扇推拉门	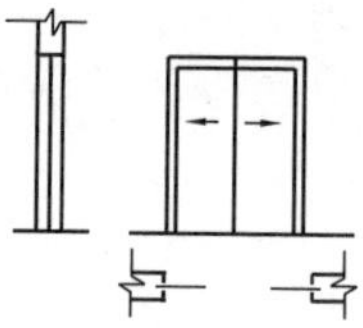	
22	门连窗	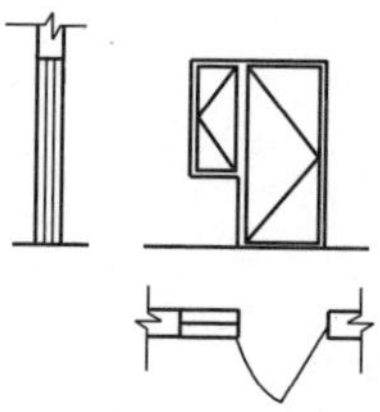	①门的名称代号用 M 表示 ②平面图中,下为外,上为内。门开启线为 90°,60°,45° ③立面图中,开启线实线为外开,虚线为内开,开启线交角的一侧为安装合页一侧。开启线在建筑立面图中可不表示,在室内设计门窗立面大样图中需绘出 ④剖面图中,左为外,右为内 ⑤立面形式应按实际情况绘制

续表

<table>
<tr><th>序号</th><th colspan="2">名称</th><th>图例</th><th>说明</th></tr>
<tr><td>23</td><td colspan="2">旋转门</td><td> 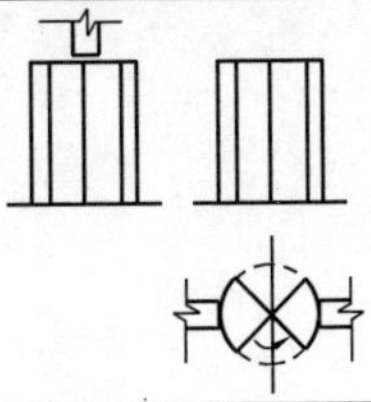</td><td rowspan="2">①门的名称代号用 M 表示
②立面形式应按实际情况绘制</td></tr>
<tr><td>24</td><td colspan="2">自动门</td><td></td></tr>
<tr><td>25</td><td colspan="2">折叠上翻门</td><td> 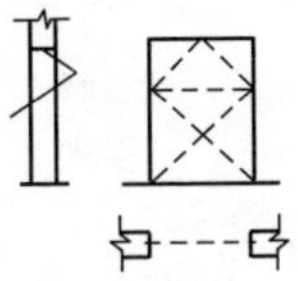</td><td>①门的名称代号用 M 表示
②平面图中,下为外,上为内
③剖面图中,左为外,右为内
④立面形式应按实际情况绘制</td></tr>
<tr><td>26</td><td colspan="2">提升门</td><td> 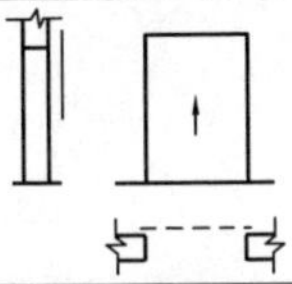</td><td rowspan="2">①门的名称代号用 M 表示
②立面形式应按实际情况绘制</td></tr>
<tr><td>27</td><td colspan="2">分节提升门</td><td></td></tr>
<tr><td rowspan="2">28</td><td colspan="2">人防单扇防护密闭门</td><td> 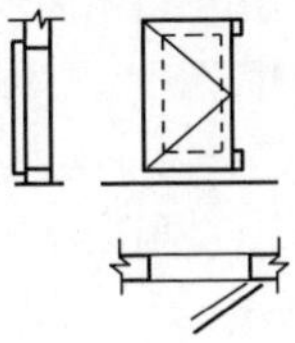</td><td rowspan="2">①门的名称代号按人防要求表示
②立面形式应按实际情况绘制</td></tr>
<tr><td colspan="2">人防单扇密闭门</td><td></td></tr>
<tr><td rowspan="2">29</td><td colspan="2">横向卷帘门</td><td></td><td rowspan="2"></td></tr>
<tr><td colspan="2">竖向卷帘门</td><td></td></tr>
</table>

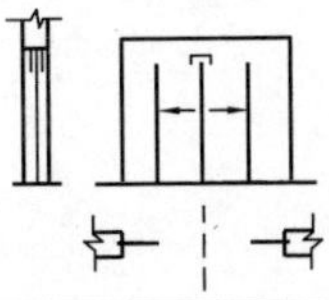

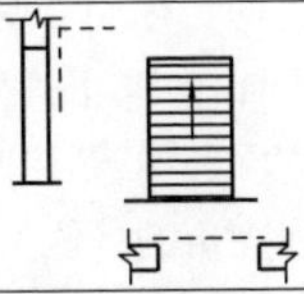

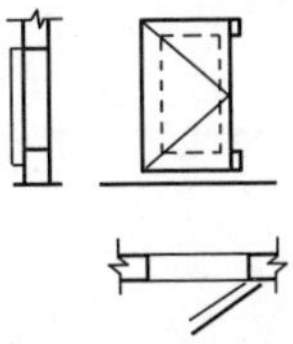

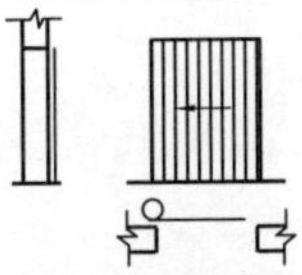

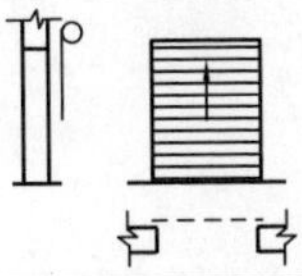

续表

序号	名称	图例	说明
30	固定窗	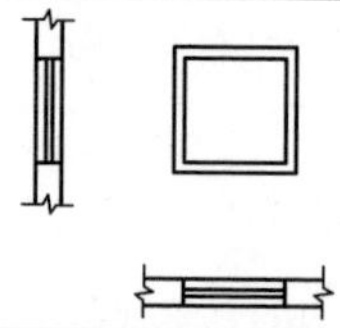	
31	上悬窗	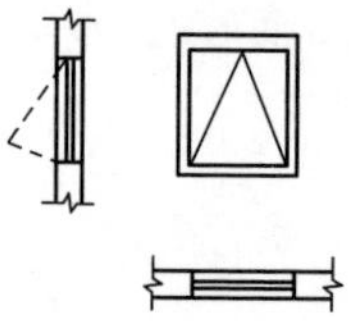	①窗的名称代号用 C 表示 ②平面图中,下为外,上为内 ③立面图中,开启线实线为外开,虚线为内开,开启线交角的一侧为安装合页一侧。开启线在建筑立面图中可不表示,在立面大样图中需绘出 ④剖面图中,左为外,右为内。虚线仅表示开启方向,项目设计不表示 ⑤附加纱扇应以文字说明,在平、立、剖面图中均不表示 ⑥立面形式应按实际情况绘制
	中悬窗	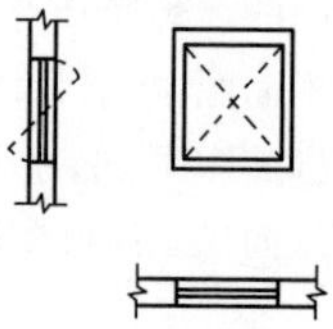	
	下悬窗	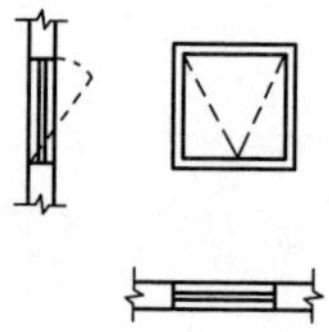	
32	立转窗	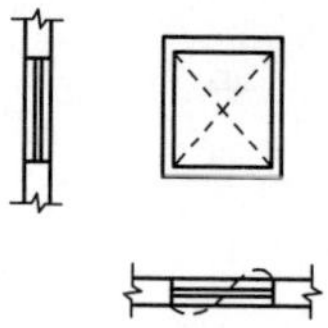	
33	内开平开内倾窗	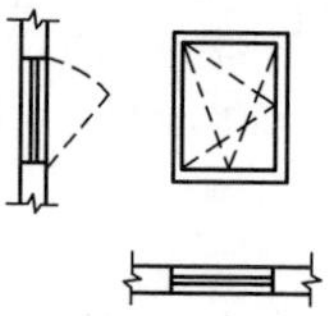	
34	单层外开平开窗	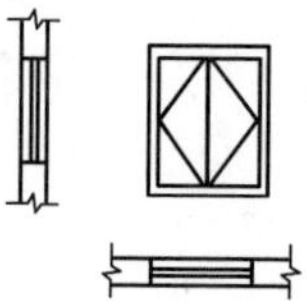	
	单层内开平开窗	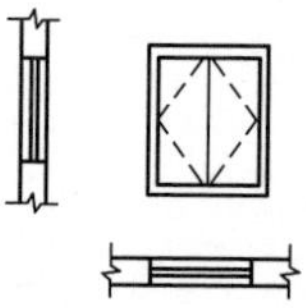	

续表

序号	名称	图例	说明
35	单层推拉窗		①窗的名称代号用C表示 ②立面形式应按实际情况绘制
	双层推拉窗		
36	上推窗		
37	百叶窗		
38	高窗	h=	①窗的名称代号用C表示 ②立面图中,开启线实线为外开,虚线为内开,开启线交角的一侧为安装合页一侧。开启线在建筑立面图中可不表示,在门窗立面大样图中需绘出 ③剖面图中,左为外,右为内 ④立面形式应按实际情况绘制 ⑤h 表示高窗底距本层地面高度 ⑥高窗开启方式参考其他窗型
39	平推窗		①窗的名称代号用C表示 ②立面形式应按实际情况绘制

知识点3:建筑平面图识读步骤

以某人才公寓首层平面图(建施1-02)、三—四层平面图(建施1-05)为例,说明建筑平面图的识读方法。(图纸见附件1 人才公寓楼项目)

1. 首层平面图识读步骤

①了解图名、比例。从建施1-02图中可知,该图为首层平面图,比例为1∶100。

②了解建筑的朝向与入门位置。从指北针得知该建筑入门处为南偏东45°方向。

③了解建筑的平面布置。该建筑物平面基本呈矩形，横向定位轴线 10 根，纵向定位轴线 4 根。共有两处电梯厅和两处楼梯间，楼梯与电梯厅临近布置。围绕每个电梯厅形成 A，B-1，B-2，B-3 4 种户型，另在⑤～⑥轴线间设 B-4 户型。每种户型均有玄关、客厅、卧室、卫生间、厨房兼餐厅几类用房。整个建筑宽度中心设走廊一道，可通向所有户型。电梯厅设两部电梯：一部为消防梯，兼无障碍电梯；另一部为客梯，对向设排风、排烟道和检修电井。

④了解建筑平面图上的尺寸。建筑平面图上标注的尺寸均为未经装饰的结构表面尺寸。了解平面图所注的各种尺寸，并通过这些尺寸了解房屋的占地面积、建筑面积、房间的使用面积，平面面积利用系数 K。建筑占地面积为首层外墙外边线所包围的面积。如该建筑占地面积为 68.6 m×22.4 m＝1 536.64 m^2，建筑面积为 1 516.20 m^2。

$$平面面积利用系数\ K=\frac{使用面积}{建筑面积\times 100\%}$$

建筑平面图上的尺寸分为内部尺寸和外部尺寸。

内部尺寸：说明房间的净空大小和室内的门窗洞、孔洞、墙厚和固定设备的大小位置。如卫生间处 800 mm 的尺寸标注表示洗衣间净宽。

外部尺寸：为便于施工读图，平面图图样四周应注写 3 道尺寸。这 3 道尺寸从里向外分别如下：

第一道尺寸：表示建筑物外墙门窗洞口等各细部位置的大小及定位尺寸。如Ⓐ轴线墙上玻璃幕墙宽为 1 600 mm，相邻两幕墙中间结构设柱，柱宽 800 mm。

第二道尺寸：表示定位轴线之间的尺寸。相邻横向定位轴线之间的尺寸称为开间，相邻纵向定位轴线之间的尺寸称为进深。如图中户型 A 开间为 7 200 mm，进深为 7 000 mm。

第三道尺寸：表示建筑物外墙轮廓的总尺寸，从一端外墙边到另一端外墙边的总长和总宽，图中建筑总长为 68 600 mm，总宽为 22 400 mm。反映建筑的占地面积。

⑤了解建筑中各组成部分的标高情况。在平面图中，对建筑物各组成部分，如地面、楼面、楼梯平台面、室外台阶面、阳台地面等处，应分别注明标高，这些标高均采用相对标高（小数点后保留 3 位小数），如有坡度时，应注明坡度方向和坡度值，该建筑物室内地面标高为 ±0.000 m，室外地面标高为 －0.150 m，表明了室内外地面的高度差值为 150 mm。

⑥了解门窗的位置及编号。为便于读图，在建筑平面图中门采用代号 M 表示、窗采用代号 C 表示，并加编号以便区分，如图中的 C0512，M1021 等。在读图时应注意每种类型门窗的位置、形式、大小和编号，并与门窗表对应，了解门窗采用标准图集的代号、门窗型号和是否有备注。

⑦了解建筑剖面图的剖切位置、索引标志。在首层平面图中的适当位置画有建筑剖面图的剖切位置和编号，以便明确剖面图的剖切位置、剖切方法和剖视方向。如②、③轴线间的 1—1 剖切符号，表示建筑剖面图的剖切位置，剖面图类型为全剖面图，剖视方向向左。有时图中还标注出索引符号，注明该部位所采用的标准图集的代号、页码和图号，以便施工人员查阅标准图集，方便施工。

⑧了解各专业设备的布置情况。建筑物内的设备如卫生间的便池、洗面池位置等，读图时应注意其位置、形式及相应尺寸。

2. 标准层平面图识读

标准层平面图和顶层平面图的形成与首层平面图的形成相同。为了简化作图，已在首层平面图上表示过的室外内容，在标准层平面图和顶层平面图上不再表示，如不再画散水、明沟、室外台阶等；顶层平面图上不再画二层平面图上表示过的雨篷等。识读标准层平面图和顶层平面图，重点应与首层平面图对照异同，如平面布置如何变化、墙体厚度有无变化；楼面标高的变化、楼梯图例的变化等。

如建施 1-04 中的三～四层平面图，从图中可见该建筑物平面布置基本未变，变化的 3 处分别为：一是在⑤～⑥轴线处户型由 B-4 调整为 C 户型；二是在原来的大堂处调整加楼板增设 C 反户型。楼层标高分别为 6.400 m 和 9.600 m，表示该楼的层高为 3.200 m。三是楼梯图例发生变化，具体详见图样。

典型工作环节 3　工作实施

(1)学习资讯材料

学习标准，识读定位轴线、平面尺寸、标高、索引、建筑构配件图例、剖切符号，填写工作任务单。

(2)回答引导问题

引导问题 1：建筑平面图是怎样形成的？

引导问题 2：建筑平面图包括哪几种平面图？

引导问题 3：说出下列索引符号的含义。（注写在符号旁）

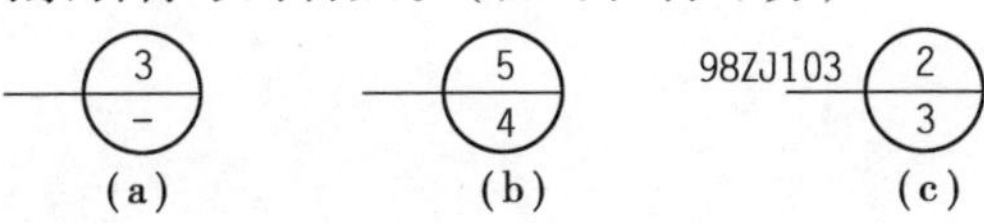

引导问题 4:选择正确答案。

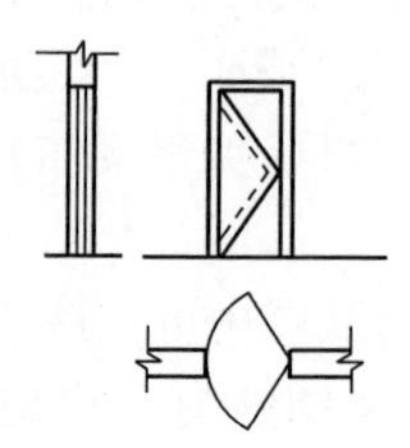

( )

A. 单层内外开平开门　B. 双向弹簧门　C. 双层双扇平开门　D. 双层单扇内外开平开门

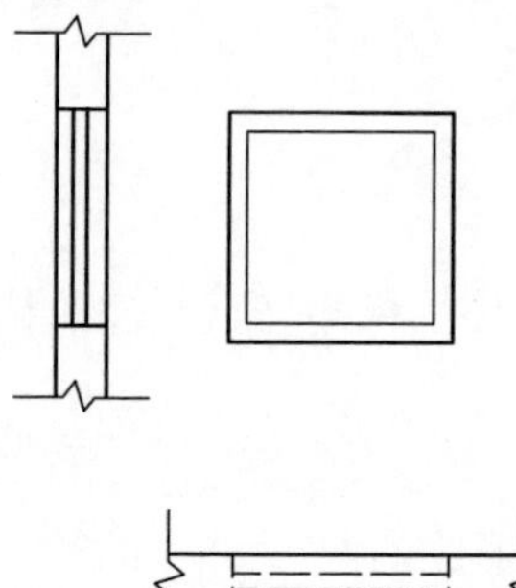

h=

( )

A. 固定窗　B. 上悬窗　C. 高窗　D. 低窗

引导问题 5:判断下列描述是否正确?

(1)建筑平面图是水平剖面图。 ( )

(2)建筑平面图剖切在每一层的窗台之上,平行双跑楼梯的第二跑楼梯段处。 ( )

(3)建筑平面图能表达建筑的内部房间分布。 ( )

引导问题 6:建筑平面图中标注的楼地面标高是建筑标高还是结构标高?是相对标高还是绝对标高?

图纸识读记录单

班级:________组别:________

识读附件 2 办公楼项目各平面图(建施-05—建施-20),撰写识读记录。(此处教师提供电子版图纸供对照)

典型工作环节4　评价反馈

(1)学生自评

学生自评表

班级		姓名		学号	
任务3		识读建筑平面图			
评价项目		评价标准		分值/分	得分/分
引导问题1		1. 完整　2. 正确　3. 规范		5	
引导问题2		1. 完整　2. 正确　3. 清晰		5	
引导问题3		1. 完整　2. 正确　3. 清晰		5	
引导问题4		1. 完整　2. 正确　3. 清晰		5	
引导问题5		1. 完整　2. 正确　3. 规范		5	
引导问题6		1. 完整　2. 正确　3. 清晰		5	
图纸识读记录单		1. 全面　2. 专业　3. 正确　4. 清晰		35	
工作态度		态度端正,无缺勤、迟到、早退现象		10	
工作质量		能按计划完成工作任务		10	
协调能力		能与小组成员、同学合作交流,协调工作		5	
职业素质		能做到细心、严谨,体现精益求精的工匠精神		5	
创新意识		能提炼材料内容,在阅读标准、规范后,能理论联系实践,完成不同类型的建筑平面图纸识读		5	
合计				100	

(2)学生互评

学生互评表

任务名称	识读建筑平面图													
评价项目	分值/分	等级								评价对象(组别)					
										1	2	3	4	5	6
计划合理	10	优	10	良	9	中	7	差	6						
团队合作	10	优	10	良	9	中	7	差	6						
组织有序	10	优	10	良	9	中	7	差	6						
工作质量	20	优	20	良	18	中	14	差	12						
工作效率	10	优	10	良	9	中	7	差	6						
工作完整	10	优	10	良	9	中	7	差	6						
工作规范	10	优	10	良	9	中	7	差	6						
成果展示	20	优	20	良	18	中	14	差	12						
合计	100														

(3)教师评价

教师评价表

<table>
<tr><td>班级</td><td></td><td>姓名</td><td></td><td>学号</td><td colspan="2"></td></tr>
<tr><td colspan="2">任务3</td><td colspan="5">识读建筑平面图</td></tr>
<tr><td colspan="2">评价项目</td><td colspan="3">评价标准</td><td>分值/分</td><td>得分/分</td></tr>
<tr><td colspan="2">考勤(10%)</td><td colspan="3">无迟到、早退、旷课现象</td><td>10</td><td></td></tr>
<tr><td rowspan="10">工作
过程
(60%)</td><td>引导问题1</td><td colspan="3">1.完整　2.正确　3.规范</td><td>5</td><td></td></tr>
<tr><td>引导问题2</td><td colspan="3">1.完整　2.正确　3.清晰</td><td>5</td><td></td></tr>
<tr><td>引导问题3</td><td colspan="3">1.完整　2.正确　3.清晰</td><td>5</td><td></td></tr>
<tr><td>引导问题4</td><td colspan="3">1.完整　2.正确　3.清晰</td><td>5</td><td></td></tr>
<tr><td>引导问题5</td><td colspan="3">1.完整　2.正确　3.规范</td><td>5</td><td></td></tr>
<tr><td>引导问题6</td><td colspan="3">1.完整　2.正确　3.清晰</td><td>5</td><td></td></tr>
<tr><td>图纸识读记录单</td><td colspan="3">1.全面　2.专业　3.正确　4.清晰</td><td>15</td><td></td></tr>
<tr><td>工作态度</td><td colspan="3">态度端正,工作认真、主动</td><td>5</td><td></td></tr>
<tr><td>协调能力</td><td colspan="3">能按计划完成工作任务</td><td>5</td><td></td></tr>
<tr><td>职业素质</td><td colspan="3">能与小组成员、同学合作交流,协调工作</td><td>5</td><td></td></tr>
<tr><td rowspan="4">项目
成果
(30%)</td><td>工作完整</td><td colspan="3">能按时完成任务</td><td>5</td><td></td></tr>
<tr><td>工作规范</td><td colspan="3">能按规范要求完成引导问题及编制识读记录单</td><td>5</td><td></td></tr>
<tr><td>识读记录单</td><td colspan="3">编写规范、专业、全面</td><td>15</td><td></td></tr>
<tr><td>成果展示</td><td colspan="3">能准确表达、汇报工作成果</td><td>5</td><td></td></tr>
<tr><td colspan="5">合计</td><td>100</td><td></td></tr>
<tr><td colspan="2" rowspan="2">综合评价</td><td>学生自评(20%)</td><td>小组互评(30%)</td><td>教师评价(50%)</td><td colspan="2">综合得分</td></tr>
<tr><td></td><td></td><td></td><td colspan="2"></td></tr>
</table>

典型工作环节5　拓展思考题

识读“附件1 人才公寓楼项目”的建筑各层平面图(建施1-01—建施1-06)的图纸信息,规范撰写识读说明。

学习性工作任务4　识读建筑屋顶平面图

典型工作任务描述

根据《房屋建筑制图统一标准》(GB/T 50001—2017)、《建筑制图标准》(GB/T 50104—2010)和办公楼建筑屋顶平面图(建施-20、建施-21),识读出屋顶平面图描述的信息并进行规范表达。

【学习目标】

1. 了解屋顶平面图的形成和用途。
2. 熟悉屋顶平面图的识读方法,具备识读屋顶平面图的基本能力。

【任务书】

根据《房屋建筑制图统一标准》(GB/T 50001—2017)、《建筑制图标准》(GB/T 50104—2010)和典型工作环节2的资讯材料,完成引导问题和附件2办公楼项目图纸中"建施-20、建施-21"各层平面图的识读,填写"图纸识读记录单"。

典型工作环节1　工作准备

1. 阅读任务书,了解建筑屋顶平面图表达的内容和表现方法。
2. 小组成员对本次任务进行分解,制订合理的实施计划,并进行人员任务分工。
3. 学习资讯材料,填写学生任务分配表、图纸识读记录单,准备查阅办公楼建筑图纸。

学生任务分配表

<table>
<tr><td>班级</td><td></td><td>组号</td><td></td><td>指导教师</td><td></td></tr>
<tr><td>组长</td><td></td><td>学号</td><td colspan="3"></td></tr>
<tr><td>组员</td><td colspan="5"><table><tr><td>姓名</td><td>学号</td></tr><tr><td></td><td></td></tr><tr><td></td><td></td></tr><tr><td></td><td></td></tr><tr><td></td><td></td></tr><tr><td></td><td></td></tr></table></td></tr>
<tr><td colspan="6">任务分工</td></tr>
</table>

典型工作环节 2　资讯搜集

知识点 1:屋顶平面图的形成和作用

屋顶平面图是从建筑物上方向下所做的平面投影,主要表明建筑物屋顶上的布置情况和屋顶排水方式。屋顶平面图通常采用和楼层平面图相同的比例,常见比例为 1∶100、1∶200。

知识点 2:屋顶平面图的图示方法

1. 屋顶形式

屋顶按其外形一般可分为平屋顶、坡屋顶和其他形式屋顶(如曲面屋顶)。

(1)平屋顶

平屋顶是坡度小于 5% 的屋面,常见类型如图 4.10 所示。

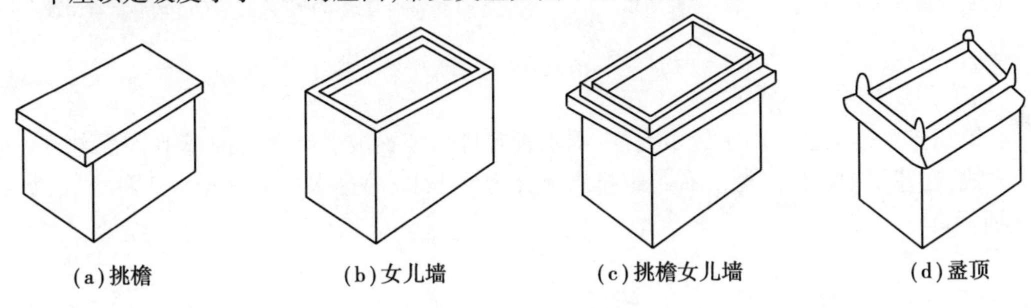

图 4.10　屋顶的类型

(2)坡屋顶

坡屋顶是指屋面坡度较陡的屋顶。其坡度一般大于 10% 。常见形式如图 4.11 所示。

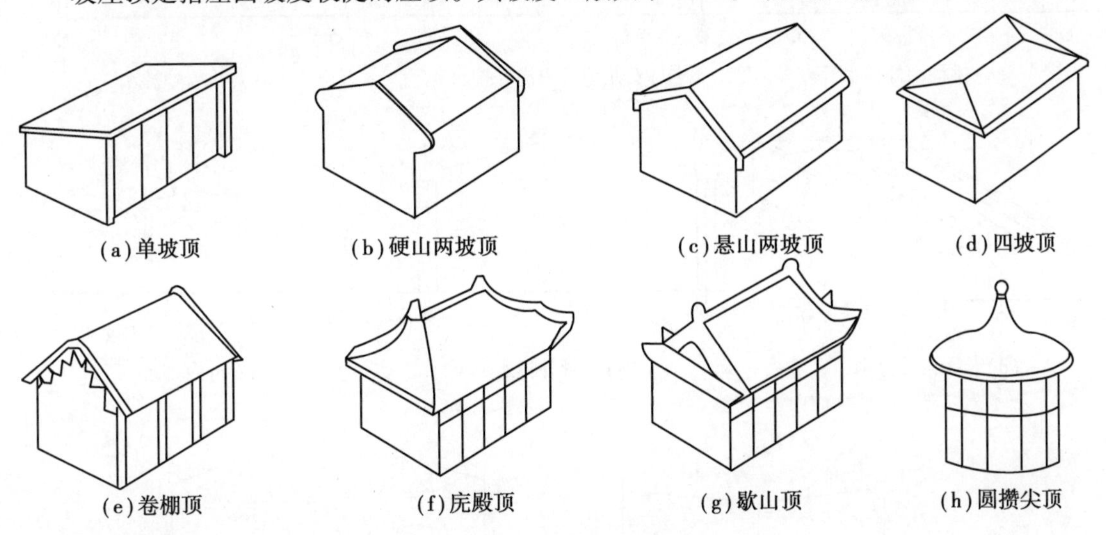

图 4.11　坡屋顶的形式

(3)其他形式屋顶

新型结构屋顶,如拱屋顶、曲面屋顶等。常见形式如图 4.12 所示。

2. 屋顶排水方式

屋顶排水方式可分为有组织排水和无组织排水两大类。

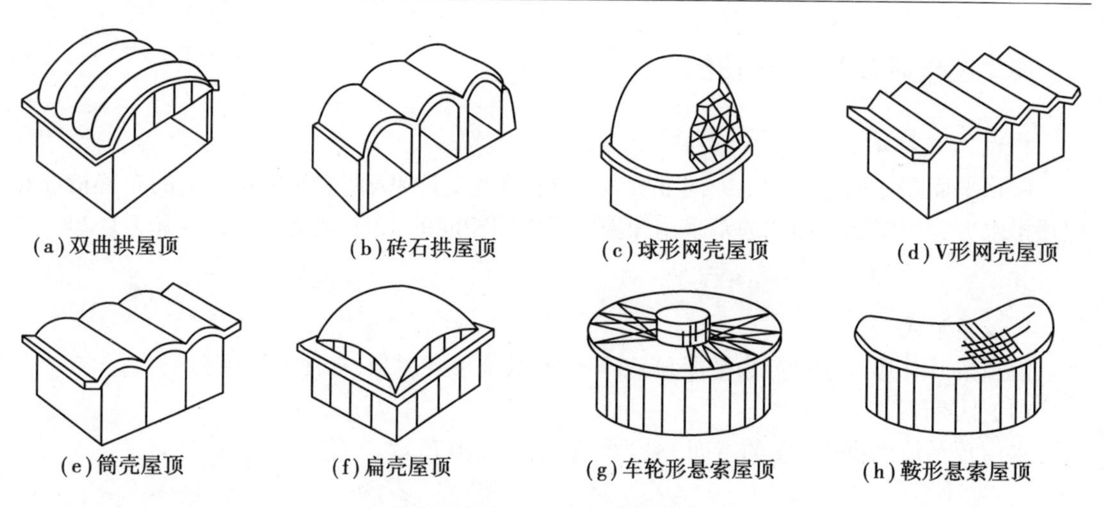

图 4.12　新型结构屋顶的形式

(1)有组织排水

有组织排水是指屋面雨水经由天沟、雨水管等排水装置被引导至地面或地下管沟的一种排水方式,在建筑中应用广泛。有组织排水又分为外排水、内排水和内外排水 3 种方式,如图 4.13 所示。

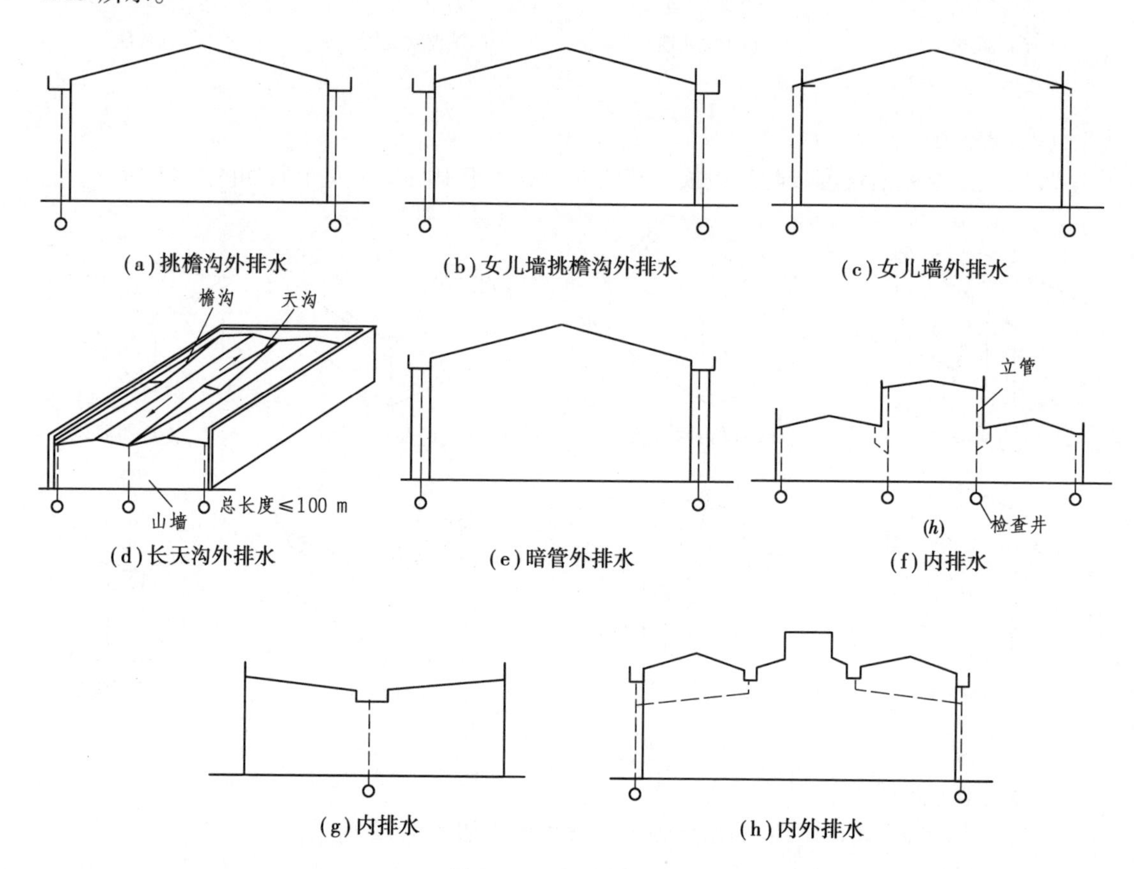

图 4.13　屋面排水方式

外排水是指雨水管装设在室外的一种排水方式。其优点是雨水管不妨碍室内空间的使用和美观,构造简单,因而被广泛采用。

内排水是雨水经雨水口流入室内落水管,再排到室外排水系统。高层建筑、多跨厂房、严寒地区常采用内排水方案。

(2)无组织排水

无组织排水是指屋面雨水直接从檐口滴落至地面的一种排水方式。因不用天沟、雨水管等导流雨水,故又称为自由落水。无组织排水适用于一般中、小型的低层建筑物或檐高不大于 10 m 的屋面。

3. 标高

因屋面构造层次较多,标注建筑标高不方便,一般标注屋面的结构标高,并进行说明。平屋面材料找坡时,标高标注在结构板顶。平屋面结构找坡时,屋面标高可标注在结构板面最低点的位置,并注明找坡坡度。有屋架的屋面,应标注屋架下弦搁置点或柱顶点的标高。

4. 女儿墙

女儿墙指建筑物屋顶外围的矮墙,除维护安全外,也会在底处施作防水压砖收头,避免防水层渗水或是屋顶雨水漫流,如图 4.14 所示。

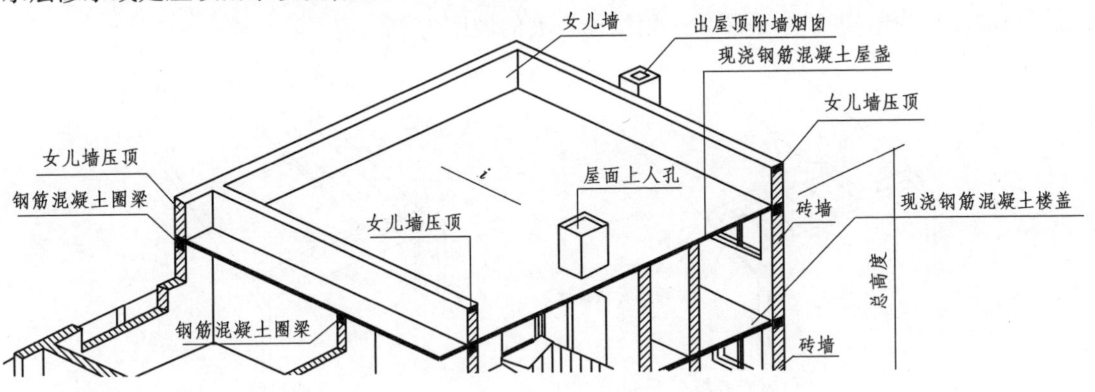

图 4.14　屋顶女儿墙构造

5. 屋顶坡度

屋顶坡度常采用角度法、斜率法和百分比法 3 种形式表示。

(1)角度法

角度法用屋面与水平面的夹角表示,如 $\alpha = 26°$,当坡度较大时采用。

(2)斜率法

斜率法用屋顶倾斜面的垂直投影长度 H 与跨度一半之比表示,如 $H:L = 1:2$。当坡度较大时采用。

(3)百分比法

百分比法用屋顶倾斜面的垂直投影长度 H 与坡面水平长度 L 的百分比表示,如 $i = 1\%$。当坡度较小时采用。3 种形式的具体表达方法和应用情况,见表 4-4。

表 4-4 坡度的表达方式

屋顶类型	平屋顶	坡屋顶	
常用排水坡度	<5% 即 2% ~3%	一般大于 10%	
屋顶坡度表示方式	H L 百分比法	H L 斜率法	2(屋面坡度符号) 1 θ 角度法
应用情况	普通	普通	较少采用,θ 多为 26°34′

屋面坡度的形成有材料找坡和结构找坡两种做法,如图 4.15 所示。材料找坡又称垫置坡度,是在水平屋顶结构表面采用垫坡材料形成屋面坡度,其找坡层的最薄处不小于 20 mm,适宜采用 2% 的坡度。结构找坡是屋顶结构自身带有的排水坡度,适用于坡度较大的屋顶。坡屋顶坡度均为结构找坡,平屋顶采用结构找坡的坡度为 3% 。

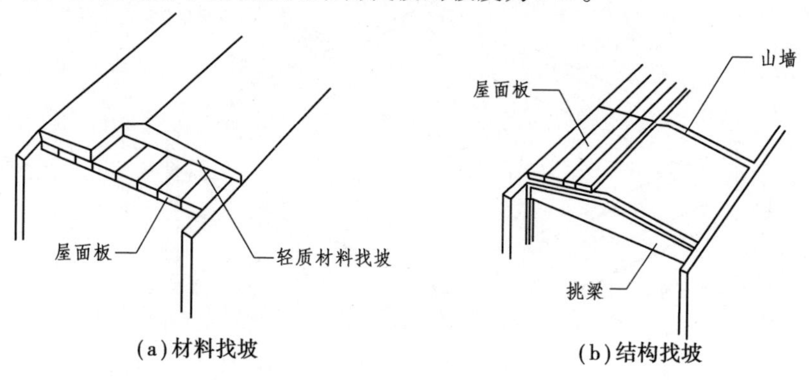

图 4.15 屋面找坡方式

6. 天沟、分水线、雨水斗、落水管

天沟是屋面上的排水沟,位于檐口部位时又称檐沟。平屋顶天沟一般用钢筋混凝土制作,当采用女儿墙外排水方案时,可利用倾斜的屋面与垂直的墙面构成三角形天沟,如图 4.16 所示。

分水线是屋面雨水的分水岭,雨水沿分水线向两侧排出,按所处部位可分为屋面分水线和天沟分水线。

雨水斗属于落水系统分支,设在屋面雨水由天沟进入雨水管道的入口处。落水管收集屋面雨水,集中引至地面。

当采用檐沟外排水方案时,通常用专用的槽形板做成矩形天沟,如图 4.17 所示。天沟纵坡不应小于 1% ,净宽不应小于 200 mm,天沟上口与分水线的距离不应小于 120 mm。

7. 变形缝

变形缝是防止建筑物在温度变化、地基不均匀沉降及地震作用下产生变形,导致开裂甚

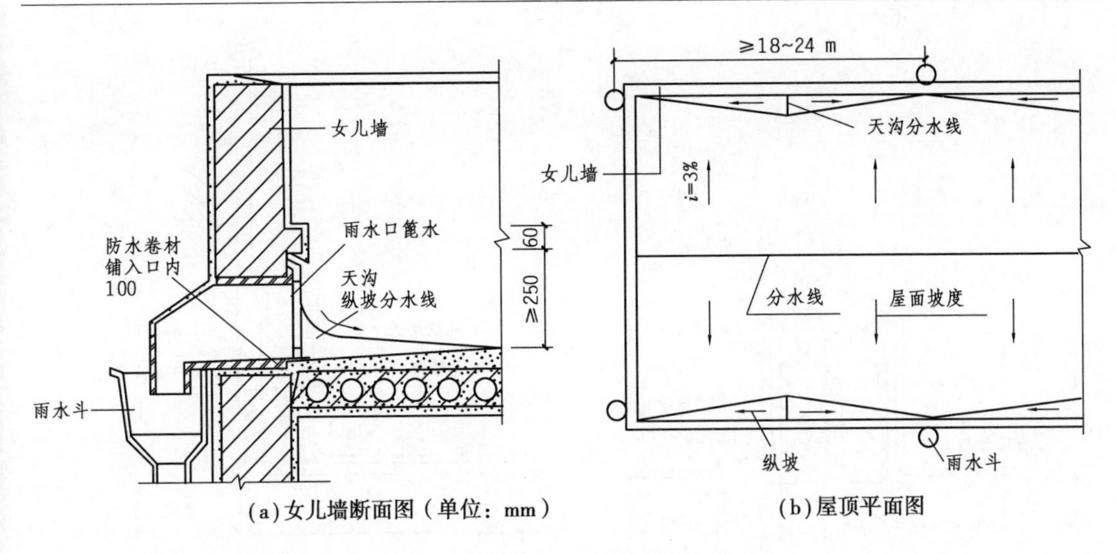

图 4.16　平屋顶女儿墙外排水三角形天沟

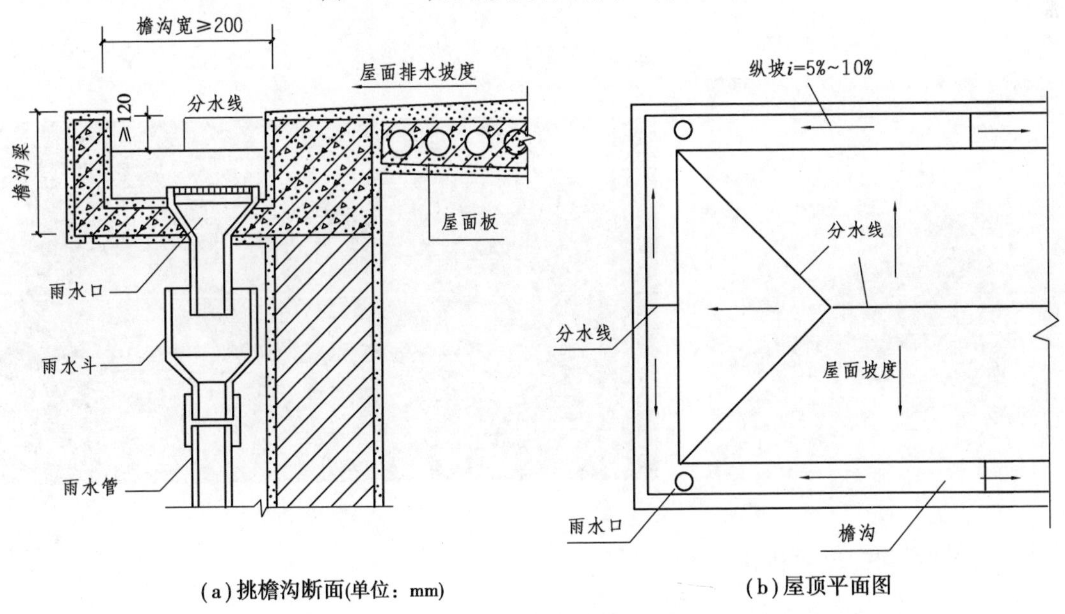

图 4.17　平屋顶檐沟外排水矩形天沟

至破坏而人为设置的适当宽度的缝隙,包括伸缩缝、沉降缝和抗震缝 3 种类型。屋面变形缝按材料构造分为柔性和刚性两种形式。如图 4.18 所示仅显示变形缝轮廓投影。

8. 屋面检修孔

屋面检修孔是进行屋面检修或在屋面上安装设备时通向屋面的孔洞,如图 4.19 所示。在屋顶图中需注明屋面检修孔的自身尺寸和定位尺寸,其构造做法常由索引出的详图具体表达,如图 4.20 所示。

9. 水箱、天窗

屋顶水箱是给水系统中分布在楼顶的一种调蓄构筑物。天窗是设在屋顶上用以通风和透光的窗子,现常用采光板代替。屋顶平面图中应标出诸如水箱、天窗等相应构配件的尺寸、

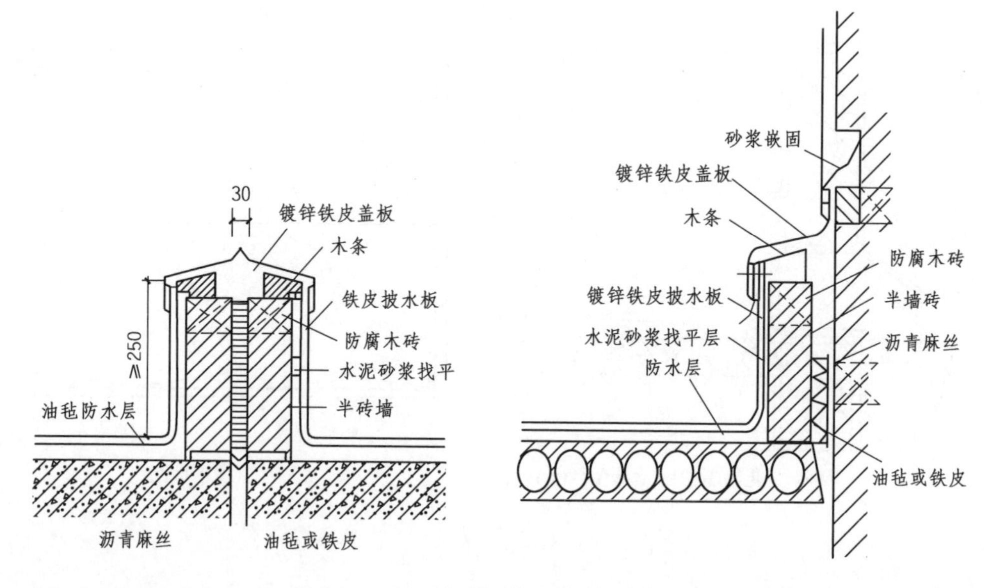

图 4.18　屋面变形缝构造做法(单位:mm)

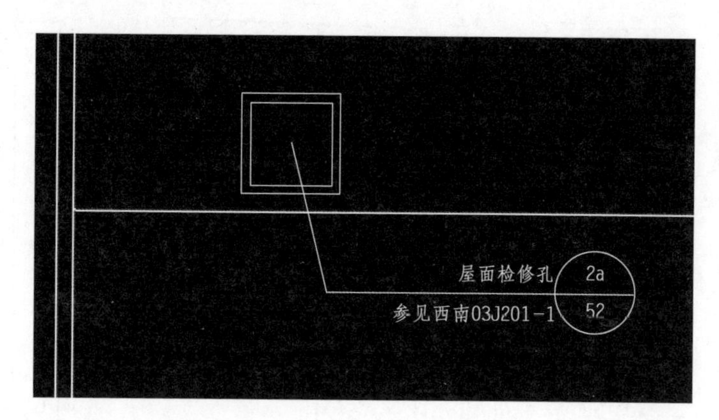

图 4.19　屋面检修孔图示

位置、定位轴线间的尺寸和总尺寸。

知识点 3:屋顶平面图识读步骤

以某人才公寓屋顶平面图为例说明屋顶平面图的识读方法。(图纸见附件 1 人才公寓楼项目建施 1-07)

①了解图名、比例。从图中可知该图为机房层平面图(对本建筑而言为屋顶平面图),比例为 1:100。

②了解屋顶排水设计。该屋顶为有组织内排水设计,在建筑宽度中心位置设直落式雨水口 6 处,屋面排水坡度为 2%,局部为 1%,均向雨水口处倾斜,形成 10 道分水线,水簸箕 2 处,具体构造做法见索引详图。

③了解出屋面各设备位置、尺寸。屋面有太阳能光伏组件 3 处,厨房、卫生间成品风帽 30 处,厨房成品风帽 12 处,数量和位置均与下层结构一致。其他洞口还包括风道、排烟机房洞,具体构造做法见索引详图。

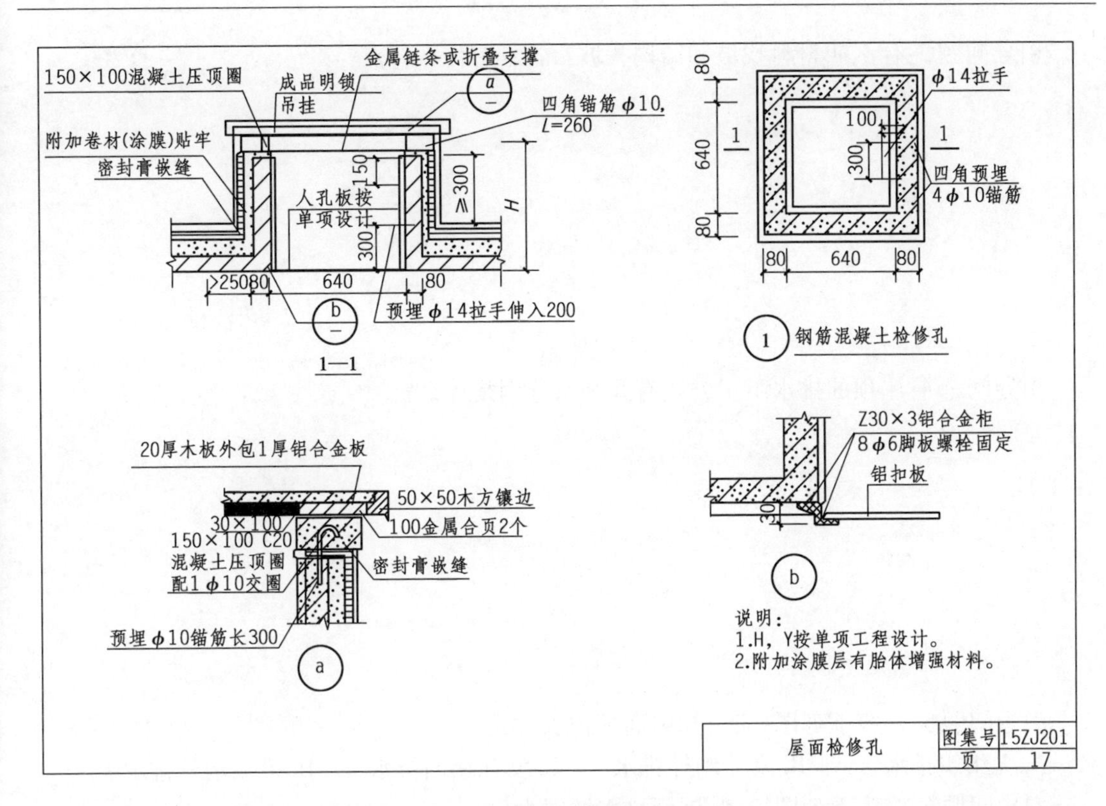

图4.20　屋面检修孔的构造做法(单位:mm)

典型工作环节3　工作实施

(1)学习资讯材料

认读屋面排水形式的图样表达符号,包括分水线、流水坡度、天沟、水落口;认读出屋面标高、索引、建筑构配件图例、尺寸标注、剖切符号等信息,填写工作任务单。

(2)回答引导问题

引导问题1:建筑屋顶常见分类有哪几种?

引导问题2:屋顶坡度的表达方式可采用哪几种形式?分别适用于哪几种情况?

引导问题3:什么叫材料找坡和结构找坡?各具有什么特点?

引导问题4:屋顶的排水组织方式有几种?分别是什么?

引导问题5:观察下列图样,可知屋面的排水方式是(　　)。

A. 无组织排水　　B. 女儿墙外排水　　C. 女儿墙内排水　　D. 挑檐沟外排水

引导问题6:观察下列图样,其屋面排水坡度为(　　)。

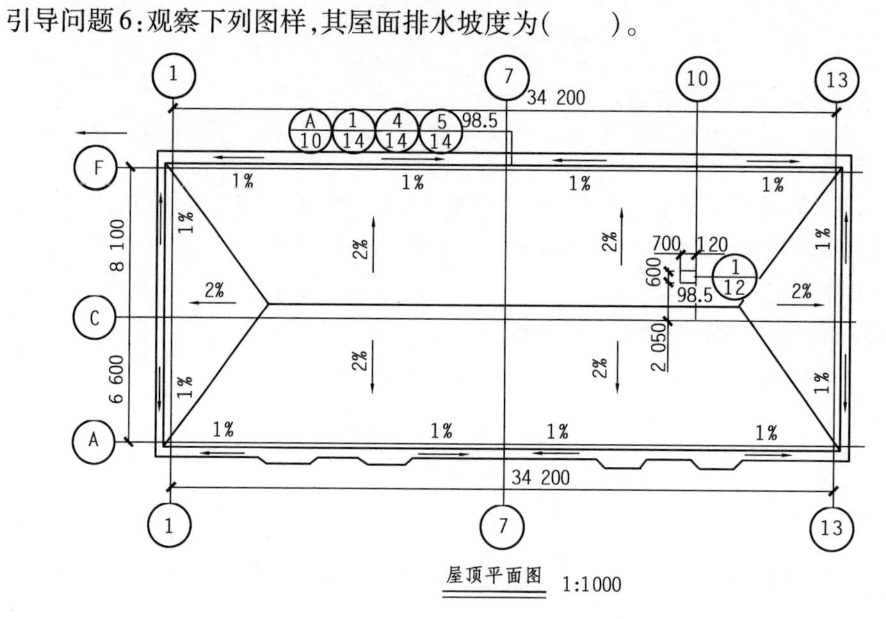

屋顶平面图 1:1000

A. 1%　　B. 2%　　C. 0.985　　D. 平屋面无坡度

图纸识读记录单

班级:________组别:________

识读附件 2 办公楼项目屋顶平面图(建施-20、建施-21),撰写识读记录。(此处教师提供电子版图纸供对照)

典型工作环节 4　评价反馈

(1)学生自评

学生自评表

班级		姓名		学号	
任务 4		识读建筑屋顶平面图			
评价项目		评价标准		分值/分	得分/分
引导问题 1		1. 完整　2. 正确　3. 规范		5	
引导问题 2		1. 完整　2. 正确　3. 清晰		5	
引导问题 3		1. 完整　2. 正确　3. 清晰		5	
引导问题 4		1. 完整　2. 正确　3. 清晰		5	
引导问题 5		1. 完整　2. 正确　3. 规范		5	
引导问题 6		1. 完整　2. 正确　3. 清晰		5	
图纸识读记录单		1. 全面　2. 专业　3. 正确　4. 清晰		35	
工作态度		态度端正,无缺勤、迟到、早退现象		10	
工作质量		能按计划完成工作任务		10	
协调能力		能与小组成员、同学合作交流,协调工作		5	
职业素质		能做到细心、严谨,体现精益求精的工匠精神		5	
创新意识		能提炼材料内容,在阅读标准、规范后,能理论联系实际,完成不同类型建筑屋顶平面图图纸的识读		5	
合计				100	

(2)学生互评

学生互评表

任务名称	识读建筑屋顶平面图														
评价项目	分值/分	等级								评价对象(组别)					
										1	2	3	4	5	6
计划合理	10	优	10	良	9	中	7	差	6						
团队合作	10	优	10	良	9	中	7	差	6						
组织有序	10	优	10	良	9	中	7	差	6						
工作质量	20	优	20	良	18	中	14	差	12						
工作效率	10	优	10	良	9	中	7	差	6						
工作完整	10	优	10	良	9	中	7	差	6						
工作规范	10	优	10	良	9	中	7	差	6						
成果展示	20	优	20	良	18	中	14	差	12						
合计	100														

(3)教师评价

教师评价表

班级		姓名		学号	
任务 4		识读建筑屋顶平面图			
评价项目		评价标准		分值/分	得分/分
考勤(10%)		无迟到、早退、旷课现象		10	
工作过程(60%)	引导问题 1	1. 完整　2. 正确　3. 规范		5	
	引导问题 2	1. 完整　2. 正确　3. 清晰		5	
	引导问题 3	1. 完整　2. 正确　3. 清晰		5	
	引导问题 4	1. 完整　2. 正确　3. 清晰		5	
	引导问题 5	1. 完整　2. 正确　3. 规范		5	
	引导问题 6	1. 完整　2. 正确　3. 清晰		5	
	图纸识读记录单	1. 全面　2. 专业　3. 正确　4. 清晰		15	
	工作态度	态度端正,工作认真、主动		5	
	协调能力	能按计划完成工作任务		5	
	职业素质	能与小组成员、同学合作交流,协调工作		5	
项目成果(30%)	工作完整	能按时完成任务		5	
	工作规范	能按规范要求,完成引导问题及编制识读记录单		5	
	识读记录单	编写规范、专业、全面		15	
	成果展示	能准确表达、汇报工作成果		5	
合计				100	
综合评价		学生自评(20%)	小组互评(30%)	教师评价(50%)	综合得分

典型工作环节 5　拓展思考题

1. 屋顶平面图和楼层平面图的形成原理有何不同?

2. 继续识读"附件 1 人才公寓楼项目"的建筑屋顶平面图(建施 1-07)的图纸信息,进一步完善图纸识读说明。

学习性工作任务5　识读建筑立面图

典型工作任务描述

根据《房屋建筑制图统一标准》(GB/T 50001—2017)、《建筑制图标准》(GB/T 50104—2010)和办公楼项目立面图(建施-22—建施-24),识读出各立面图图样描述的信息并进行规范表达。

【学习目标】

1. 了解建筑立面图的形成和用途。
2. 熟悉建筑立面图的识读方法,具备识读建筑立面图的基本能力。

【任务书】

根据《房屋建筑制图统一标准》(GB/T 50001—2017)、《建筑制图标准》(GB/T 50104—2010)和典型工作环节2的资讯材料,完成引导问题和附件2办公楼项目图纸中"建施-22—建施-24"各立面图的识读,填写"图纸识读记录单"。

典型工作环节1　工作准备

1. 阅读任务书,基本了解建筑立面图的表达内容和表现方法。
2. 小组成员对本次任务进行分解,制订合理的实施计划,并进行人员任务分工。
3. 学习资讯材料,填写学生任务分配表、图纸识读记录单,准备查阅办公楼建筑图纸。

学生任务分配表

<table>
<tr><td>班级</td><td></td><td>组号</td><td></td><td>指导教师</td><td></td></tr>
<tr><td>组长</td><td></td><td>学号</td><td colspan="3"></td></tr>
<tr><td rowspan="6">组员</td><td colspan="2">姓名</td><td colspan="3">学号</td></tr>
<tr><td colspan="2"></td><td colspan="3"></td></tr>
<tr><td colspan="2"></td><td colspan="3"></td></tr>
<tr><td colspan="2"></td><td colspan="3"></td></tr>
<tr><td colspan="2"></td><td colspan="3"></td></tr>
<tr><td colspan="2"></td><td colspan="3"></td></tr>
<tr><td colspan="6">任务分工</td></tr>
</table>

典型工作环节2　资讯搜集

知识点1:建筑立面图的形成和作用

建筑立面图的形成和识读

在与建筑立面平行的投影面上所做的正投影图称为建筑立面图,简称立面图。一幢建筑物是否美观,是否与周围环境协调,在很大程度上取决于建筑物立面的艺术处理,包括建筑造型与尺度、装饰材料的选用、色彩的选用等。在施工图中,立面图主要反映房屋各部位的高度、外貌和装修要求,是建筑外装修的主要依据。

知识点2:建筑立面图的命名方式

(1)用朝向命名

建筑物的某个立面面向那个方向,就称为那个方向的立面图,如建筑物的立面面向南面,该立面称为南立面图;面向北面,就称为北立面图等。

(2)按外貌特征命名

将建筑物反映主要出入口或比较显著地反映外貌特征的那一面称为正立面图,其余立面图依次为背立面图、左立面图和右立面图。

(3)用建筑平面图中的首尾轴线命名

按照观察者面向建筑物从左到右的轴线顺序命名,如①~⑦立面图、⑦~①立面图等。

施工图中这3种命名方式都可使用,但每套施工图只能采用其中的一种方式命名,不论采用哪种命名方式,第一个立面图都应反映建筑物的外貌特征。

知识点3:建筑立面图的图示内容

1. 图名、比例

有定位轴线的建筑物,宜根据两端定位轴线编号命名建筑立面图;无定位轴线的建筑物,可按平面图朝向命名立面图。立面图常用比例有1:50,1:100,1:150,1:200等。实际工程中常与建筑平面图采用的比例保持一致。

2. 定位轴线

一般只需画出两端的定位轴线及编号,以便与平面图对照识读。

3. 建筑物外可见构造部位图线

画出从建筑物外可见的室外地面线、勒脚、台阶、花池、门、窗、雨篷、阳台、室外楼梯、墙体外边线、檐口、屋顶、雨水管、墙面分格线等构造和配件及其各部位的对应图线。

①室外地坪线用加粗实线表示;

②建筑物外轮廓和较大转折处轮廓的投影用粗实线表示;

③立面上凸出或凹进墙面的轮廓线、门窗洞口、台阶、雨篷、阳台、檐口等较大建筑构配件的轮廓线用中粗实线表示;

④较小的建筑构配件及门窗扇、墙面分格线、雨水管、文字说明引出线等均用细实线表示。

房屋立面如有部分不平行于投影面,例如,部分立面呈弧形、折线形、曲线形等,可将该部分展开至与投影面平行,再用投影法画出其立面图,但应在该立面图的图名后注写“展开”

二字。

4. 尺寸标注

立面图中两侧可沿竖直方向标注三道尺寸线,用以表示各部分高度。第一道为细部尺寸,表达室内外高差、门窗洞口高度、窗间墙及檐口高度;第二道尺寸标注层高;第三道为建筑总高。也可在立面图内部标注必要的局部尺寸来确定构配件的大小和位置,但一般不标注水平方向的尺寸。

(1)层高

建筑物上下两层楼面或楼面与地面之间的垂直距离称为层高;屋顶层高的计算由该层楼面面层(完成面)算至平屋面的结构面层,或由该楼面面层算至坡屋面的结构面层与外墙皮延长线的交点。

(2)建筑高度

建筑屋面为坡屋面时,建筑高度应为建筑室外设计地面至其檐口与屋脊的平均高度。建筑屋面为平屋面(包括有女儿墙的平屋面)时,建筑高度为室外设计地面至屋面面层的高度。

5. 标高

建筑立面图中用标高标注高度方向尺寸。一般注出建筑物立面上的主要标高,如室外地面标高,台阶表面标高,各层门窗洞口标高,阳台、雨篷、女儿墙压顶、屋顶水箱间及楼梯间屋顶标高。标高符号应排列整齐。

6. 图例

立面图比例较小,细部结构如门窗、阳台、栏杆及墙面复杂装修按规定图例绘制,可做一定示意的调整。立面中窗户应画出开启方向,门可不做表示。

7. 其他

在建筑立面图中应在适当的位置用文字注写出外墙面的装饰做法,凡需绘制详图的部位,应画上详图索引符号。

知识点 4:建筑立面图识读步骤

以某人才公寓立面图为例说明屋顶平面图的识读方法。(图纸见附件 1 人才公寓楼项目建施 2-01、建施 2-02、建施 2-03)

①了解图名、比例。建施 2-01 为该建筑的①~⑩立面图,比例为 1:100。

②了解建筑外貌特征,并与平面图对照了解屋面、雨篷、台阶等细部形状及位置。从图中可知,该建筑为 13 层,墙面采用玻璃幕墙 + 窗 + 石材。地下一层共设出入口 7 处,其中,中部设 3 组双扇平开门做非机动车场入口,其余 6 处出入口沿建筑外墙均布设置。屋面为平屋面。

③了解建筑高度。从图中可知,在立面图的左侧和右侧都注有标高,从左侧标高可知室外地面标高为 -0.150 m,室内标高为 ±0.000 m,室内外高差为 150 mm。地下一层地面标高为 -5.050 m,户外下沉庭院标高为 -5.200 m。根据各层楼面标高,可知建筑层高为 3.2 m。屋面标高为 41.600 m,幕墙最高处标高为 44.850 m。根据尺寸标注可知窗间墙高为 900 mm。表示该建筑的总高为 41.600 m + 0.150 m = 41.75 m。

④了解建筑物的装修做法。从图中可知,建筑墙面为浅米黄色石材,灰色金属百叶遮盖部分玻璃幕墙。

⑤了解立面图上索引符号的意义。本图中有 3 处墙面详图索引,提示墙面详图另见他处。

⑥了解其他立面图。除①—⑩立面图外,本套图纸还包括⑩—①立面图、Ⓐ—Ⓓ立面图、Ⓓ—Ⓐ立面图,分别反映了其余墙面立面的特征,包括幕墙、外窗、楼梯梯间位置。

⑦建立建筑物的整体特征。识读完本公寓建筑的平面图和立面图后,应建立该建筑的整体特征,包括平面布局、立面高度、门窗分布和样式、装修的颜色、材质等。

典型工作环节 3　工作实施

(1)学习资讯材料

认读定位轴线、标高、多层构造线、索引、建筑构配件图例,填写工作任务单。

(2)回答引导问题

引导问题 1:建筑立面图的命名方式有哪几种?

引导问题 2:墙面装修的作用是什么?

引导问题 3:建筑立面图上楼层层高的计算方法是什么?

引导问题 4:建筑高度的计算方法是什么?

引导问题 5:建筑立面图在施工过程中的主要作用是什么?

图纸识读记录单

班级：________组别：________

识读附件 2 办公楼项目中的办公楼建筑立面图（建施-22—建施-24），撰写识读记录。（此处教师提供电子版图纸供对照）

典型工作环节 4　评价反馈

(1)学生自评

学生自评表

班级		姓名		学号	
任务 5		识读建筑立面图			
评价项目		评价标准		分值/分	得分/分
引导问题 1		1. 完整　2. 正确　3. 规范		5	
引导问题 2		1. 完整　2. 正确　3. 清晰		5	
引导问题 3		1. 完整　2. 正确　3. 清晰		5	
引导问题 4		1. 完整　2. 正确　3. 清晰		5	
引导问题 5		1. 完整　2. 正确　3. 规范		5	
引导问题 6		1. 完整　2. 正确　3. 清晰		5	
图纸识读记录单		1. 全面　2. 专业　3. 正确　4. 清晰		35	
工作态度		态度端正,无缺勤、迟到、早退现象		10	
工作质量		能按计划完成工作任务		10	
协调能力		能与小组成员、同学合作交流,协调工作		5	
职业素质		能做到细心、严谨,体现精益求精的工匠精神		5	
创新意识		能提炼材料内容,在阅读标准、规范后,能理论联系实践,完成不同类型建筑立面图		5	
合计				100	

(2)学生互评

学生互评表

任务名称	识读建筑立面图														
评价项目	分值/分	等级								评价对象(组别)					
										1	2	3	4	5	6
计划合理	10	优	10	良	9	中	7	差	6						
团队合作	10	优	10	良	9	中	7	差	6						
组织有序	10	优	10	良	9	中	7	差	6						
工作质量	20	优	20	良	18	中	14	差	12						
工作效率	10	优	10	良	9	中	7	差	6						
工作完整	10	优	10	良	9	中	7	差	6						
工作规范	10	优	10	良	9	中	7	差	6						
成果展示	20	优	20	良	18	中	14	差	12						
合计	100														

(3)教师评价

教师评价表

<table>
<tr><td>班级</td><td></td><td>姓名</td><td></td><td>学号</td><td colspan="2"></td></tr>
<tr><td colspan="2">任务 5</td><td colspan="5">识读建筑立面图</td></tr>
<tr><td colspan="2">评价项目</td><td colspan="3">评价标准</td><td>分值/分</td><td>得分/分</td></tr>
<tr><td colspan="2">考勤(10%)</td><td colspan="3">无迟到、早退、旷课现象</td><td>10</td><td></td></tr>
<tr><td rowspan="10">工作过程(60%)</td><td>引导问题 1</td><td colspan="3">1. 完整　2. 正确　3. 规范</td><td>5</td><td></td></tr>
<tr><td>引导问题 2</td><td colspan="3">1. 完整　2. 正确　3. 清晰</td><td>5</td><td></td></tr>
<tr><td>引导问题 3</td><td colspan="3">1. 完整　2. 正确　3. 清晰</td><td>5</td><td></td></tr>
<tr><td>引导问题 4</td><td colspan="3">1. 完整　2. 正确　3. 清晰</td><td>5</td><td></td></tr>
<tr><td>引导问题 5</td><td colspan="3">1. 完整　2. 正确　3. 规范</td><td>5</td><td></td></tr>
<tr><td>引导问题 6</td><td colspan="3">1. 完整　2. 正确　3. 清晰</td><td>5</td><td></td></tr>
<tr><td>图纸识读记录单</td><td colspan="3">1. 全面　2. 专业　3. 正确　4. 清晰</td><td>15</td><td></td></tr>
<tr><td>工作态度</td><td colspan="3">态度端正,工作认真、主动</td><td>5</td><td></td></tr>
<tr><td>协调能力</td><td colspan="3">能按计划完成工作任务</td><td>5</td><td></td></tr>
<tr><td>职业素质</td><td colspan="3">能与小组成员、同学合作交流,协调工作</td><td>5</td><td></td></tr>
<tr><td rowspan="4">项目成果(30%)</td><td>工作完整</td><td colspan="3">能按时完成任务</td><td>5</td><td></td></tr>
<tr><td>工作规范</td><td colspan="3">能按规范要求,完成引导问题及编制识读记录单</td><td>5</td><td></td></tr>
<tr><td>识读记录单</td><td colspan="3">编写规范、专业、全面</td><td>15</td><td></td></tr>
<tr><td>成果展示</td><td colspan="3">能准确表达、汇报工作成果</td><td>5</td><td></td></tr>
<tr><td colspan="5">合计</td><td>100</td><td></td></tr>
<tr><td colspan="2" rowspan="2">综合评价</td><td>学生自评(20%)</td><td>小组互评(30%)</td><td>教师评价(50%)</td><td colspan="2">综合得分</td></tr>
<tr><td></td><td></td><td></td><td colspan="2"></td></tr>
</table>

典型工作环节 5　拓展思考题

识读“附件 1 人才公寓楼项目”的建筑各立面图(建施 2-01—建施 2-03)的图纸信息,完善立面图识读说明。

学习性工作任务 6　识读建筑剖面图

典型工作任务描述

根据《房屋建筑制图统一标准》(GB/T 50001—2017)、《建筑制图标准》(GB/T 50104—2010)和办公楼项目剖面图(建施-25、建施-26),识读建筑各剖面图图样描述的信息并进行规范表达。

【学习目标】

1. 了解建筑剖面图的形成和用途。
2. 熟悉建筑剖面图的识读方法,具备识读建筑剖面图的基本能力。

【任务书】

根据《房屋建筑制图统一标准》(GB/T 50001—2017)、《建筑制图标准》(GB/T 50104—2010)和典型工作环节 2 的资讯材料,完成引导问题和附件 2 办公楼项目图纸中"建施-25、建施-26"各建筑剖面图的识读,填写"图纸识读记录单"。

典型工作环节 1　工作准备

1. 阅读任务书,基本了解建筑剖面图的表达内容和表现方法。
2. 小组成员对本次任务进行分解,制订合理的实施计划,并进行人员任务分工。
3. 学习资讯材料,填写学生任务分配表、图纸识读记录单,查阅办公楼建筑图纸。

学生任务分配表

<table>
<tr><td>班级</td><td></td><td>组号</td><td></td><td>指导教师</td><td></td></tr>
<tr><td>组长</td><td></td><td>学号</td><td colspan="3"></td></tr>
<tr><td rowspan="6">组员</td><td colspan="2">姓名</td><td colspan="3">学号</td></tr>
<tr><td colspan="2"></td><td colspan="3"></td></tr>
<tr><td colspan="2"></td><td colspan="3"></td></tr>
<tr><td colspan="2"></td><td colspan="3"></td></tr>
<tr><td colspan="2"></td><td colspan="3"></td></tr>
<tr><td colspan="2"></td><td colspan="3"></td></tr>
<tr><td colspan="6">任务分工</td></tr>
</table>

典型工作环节2　资讯搜集

知识点1:建筑剖面图的形成和作用

建筑剖面图的形成和识读

假想用一个或一个以上的铅垂剖切平面剖切建筑物,得到的剖面图称为建筑剖面图,简称剖面图。建筑剖面图用以表示建筑物内部的结构构造、垂直方向的分层情况、各层楼地面、屋顶的构造及相关尺寸、标高等。

知识点2:建筑剖面图的剖切位置

剖面图的数量及其剖切位置应根据建筑物自身的复杂情况而定,一般剖切位置选择房屋的主要部位或构造较为典型的部位,如楼梯间等,并应尽量使剖切平面通过门窗洞口。

知识点3:建筑剖面图的图示内容

1. 图名、比例

建筑剖面图的图名是根据建筑 ±0.000 所在层平面图上所标注剖切符号的编号命名的,如1—1 剖面图、2—2 剖面图。

剖面图的常用比例有 1∶50,1∶100,1∶150,1∶200,1∶300 等。比例较小的剖面图,可画简化的材料图例,但剖面图宜画出楼地面、屋面的面层线。实际工程中往往采用与平面图、立面图相同的比例。

2. 定位轴线

在剖面图中通常画出两端及中间剖到的主要承重构件轴线和编号,以明确剖切位置及剖视方向,以便与平面图对照识读。

3. 图线

在建筑剖面图中,应画出房屋室内外地面以上各部位被剖切到的建筑构配件及室内外装修等被剖切到和可见的内容,如底层地面、各层楼面、屋顶、内外墙、门窗、梁、楼梯、楼梯平台、阳台、雨篷、室外地面、散水、明沟等。

对没有剖到但剖视方向可见的建筑构配件,应画出其轮廓。各部位图线要求如下:

①剖切到的部位如墙身、梁、楼板、屋面板、楼梯段及休息平台等用粗实线表示。

②未剖切到但可见的轮廓线如门窗洞、楼梯梯段及栏杆扶手、女儿墙压顶、内外墙、踢脚、勒脚等轮廓线用中粗实线表示。

③较小的建筑构配件、门窗扇及其分格线、雨水管、墙面分格线等用细实线表示。尺寸线、尺寸界线、引出线、标高符号和索引符号等均按规定用细实线画出。

4. 尺寸标注及标高

剖面图中应标注出剖到部分的竖直方向的尺寸和标高。

外墙的竖向尺寸一般也标注三道。最外一道尺寸为室外地面以上的总高尺寸;中间一道尺寸为层高尺寸;最内一道尺寸为门窗洞口及洞间墙的高度尺寸。此外,还需标注某些局部尺寸,不另画详图的构配件尺寸以及剖面图上两轴线间的尺寸等。

建筑剖面图中还应标注室内外地面、各层楼面、楼梯休息平台面、阳台顶面、屋顶、檐口或女儿墙顶面等的标高和某些梁、雨篷等构件的底面标高。标注尺寸和标高时,注意与平面图和立面图相一致。

5. 其他

建筑剖面图中楼、地面各层构造做法一般可用引出线说明。需绘制详图的部位，应画上详图索引符号。对剖到的建筑物倾斜的地方（如屋面、散水等）应用坡度表示其倾斜程度。

地面、楼面、屋顶的构造做法，可在建筑剖面图中用多层构造引出线引出，按其多层构造的层次顺序，逐层用文字说明，也可在建筑设计说明中用文字说明其构造做法，或在墙身节点详图中表示。

知识点4：建筑剖面图识读步骤

以人才公寓1—1剖面图为例，说明建筑剖面图的识读方法。（图纸见附件1 人才公寓楼项目建施2-04）

①了解图名、比例。从图中可知，该图为建筑1—1剖面图，比例为1∶100。

②了解剖面图的剖切位置与编号。从首层平面图上可以看到1—1剖面图的剖切位置在②~③轴线之间，断开B-2和B-3户型的卧室、卫生间及建筑走廊。

③了解被剖切到的墙体、楼板和屋顶。从图中可知，被剖切到的外墙为Ⓐ轴、Ⓓ轴线墙体及其上的窗洞；内墙为房间分隔墙体（加气混凝土条板墙）。各层楼板标高具体详见图纸，经与立面图核对后，与立面图显示一致。地下有3层空间，地下三层车库地面标高为-13.050 m，地下二层车库地面标高为-9.450 m，地下一层非机动车库地面标高为-5.050 m。屋面结构标高为41.480 m，女儿墙顶面标高为42.680 m，幕墙造型顶面标高为44.850 m。

④了解可见的部分。1—1剖面图中可见部人才公寓、卫生间、走廊、车库各用房。

⑤了解剖面图上的尺寸标注。从图样旁侧注释的尺寸标注可知各层层高为3 200 mm，与立面图显示一致。

典型工作环节3　工作实施

(1)学习资讯材料

认读剖切符号、剖视方向的构配件、尺寸标注、标高，填写工作任务单。

(2)回答引导问题

引导问题1：建筑剖面图是怎样形成的？

引导问题2：建筑剖面图的剖切符号应在哪张图纸中绘出？

引导问题3:建筑剖面图中,标注在装修后的构件表面上的标高是什么标高?

引导问题4:建筑剖面图是(　　)。

A. 建筑的水平剖面图　　B. 建筑的垂直剖面图

C. 建筑的水平视图　　D. 只能用一个剖切平面剖切的建筑

引导问题5:应如何选择建筑剖面图的剖切位置?

图纸识读记录单

班级:________组别:________

识读附件 2 办公楼项目中的办公楼建筑剖面图(建施-25、建施-26),撰写识读记录。(此处教师提供电子版图纸供对照)

典型工作环节 4　评价反馈

(1)学生自评

学生自评表

班级		姓名		学号	
任务 6		识读建筑剖面图			
评价项目		评价标准		分值/分	得分/分
引导问题 1		1. 完整　2. 正确　3. 规范		5	
引导问题 2		1. 完整　2. 正确　3. 清晰		5	
引导问题 3		1. 完整　2. 正确　3. 清晰		5	
引导问题 4		1. 完整　2. 正确　3. 清晰		5	
引导问题 5		1. 完整　2. 正确　3. 规范		5	
引导问题 6		1. 完整　2. 正确　3. 清晰		5	
图纸识读记录单		1. 全面　2. 专业　3. 正确　4. 清晰		35	
工作态度		态度端正,无缺勤、迟到、早退现象		10	
工作质量		能按计划完成工作任务		10	
协调能力		能与小组成员、同学合作交流,协调工作		5	
职业素质		能做到细心、严谨,体现精益求精的工匠精神		5	
创新意识		能提炼材料内容,在阅读标准、规范后,能理论联系实际,完成不同类型建筑剖面图的图纸识读		5	
合计				100	

(2)学生互评

学生互评表

任务名称	识读建筑剖面图														
评价项目	分值/分	等级								评价对象(组别)					
										1	2	3	4	5	6
计划合理	10	优	10	良	9	中	7	差	6						
团队合作	10	优	10	良	9	中	7	差	6						
组织有序	10	优	10	良	9	中	7	差	6						
工作质量	20	优	20	良	18	中	14	差	12						
工作效率	10	优	10	良	9	中	7	差	6						
工作完整	10	优	10	良	9	中	7	差	6						
工作规范	10	优	10	良	9	中	7	差	6						
成果展示	20	优	20	良	18	中	14	差	12						
合计	100														

(3)教师评价

教师评价表

班级		姓名		学号			
任务6		识读建筑剖面图					
评价项目		评价标准				分值/分	得分/分
考勤(10%)		无迟到、早退、旷课现象				10	
工作过程(60%)	引导问题1	1. 完整　2. 正确　3. 规范				5	
	引导问题2	1. 完整　2. 正确　3. 清晰				5	
	引导问题3	1. 完整　2. 正确　3. 清晰				5	
	引导问题4	1. 完整　2. 正确　3. 清晰				5	
	引导问题5	1. 完整　2. 正确　3. 规范				5	
	引导问题6	1. 完整　2. 正确　3. 清晰				5	
	图纸识读记录单	1. 全面　2. 专业　3. 正确　4. 清晰				15	
	工作态度	态度端正,工作认真、主动				5	
	协调能力	能按计划完成工作任务				5	
	职业素质	能与小组成员、同学合作交流,协调工作				5	
项目成果(30%)	工作完整	能按时完成任务				5	
	工作规范	能按规范要求,完成引导问题及编制识读记录单				5	
	识读记录单	编写规范、专业、全面				15	
	成果展示	能准确表达、汇报工作成果				5	
合计						100	
综合评价		学生自评(20%)	小组互评(30%)	教师评价(50%)		综合得分	

典型工作环节5　拓展思考题

识读"附件1 人才公寓楼项目"的建筑1—1剖面图(建施2-04)的图纸信息,完善建筑1—1剖面图的识读说明。

学习性工作任务7　识读建筑详图

典型工作任务描述

根据《房屋建筑制图统一标准》(GB/T 50001—2017)、《建筑制图标准》(GB/T 50104—2010)和办公楼项目各类型详图(建施-27—建施-46),识读出各种类型详图图样描述的信息并进行规范表达。

【学习目标】

1. 了解建筑详图的意义、特点及作用。
2. 了解建筑详图的类型。
3. 熟悉各种类型建筑详图的识读方法,具备识读建筑详图的基本能力。

【任务书】

根据《房屋建筑制图统一标准》(GB/T 50001—2017)、《建筑制图标准》(GB/T 50104—2010)和典型工作环节2的资讯材料,完成引导问题和附件2办公楼项目图纸中"建施-27—建施-46"各种类型详图的识读,填写"图纸识读记录单"。

典型工作环节1　工作准备

1. 阅读工作任务书,基本了解建筑屋顶平面图的表达内容和表现方法。
2. 小组成员对本次任务进行分解,制订合理的实施计划,并进行人员任务分工。
3. 查阅《房屋建筑制图统一标准》(GB/T 50001—2017)和《建筑制图标准》。

学生任务分配表

<table>
<tr><td>班级</td><td></td><td>组号</td><td colspan="2"></td><td>指导教师</td><td></td></tr>
<tr><td>组长</td><td></td><td>学号</td><td colspan="4"></td></tr>
<tr><td rowspan="6">组员</td><td colspan="3">姓名</td><td colspan="3">学号</td></tr>
<tr><td colspan="3"></td><td colspan="3"></td></tr>
<tr><td colspan="3"></td><td colspan="3"></td></tr>
<tr><td colspan="3"></td><td colspan="3"></td></tr>
<tr><td colspan="3"></td><td colspan="3"></td></tr>
<tr><td colspan="3"></td><td colspan="3"></td></tr>
<tr><td colspan="7">任务分工</td></tr>
</table>

典型工作环节2　资讯搜集

知识点1:建筑详图的概念

由于建筑平、立、剖面图一般采用较小的比例绘制,建筑物的某些细部及构配件的详细构造和尺寸无法表示清楚。为了满足施工要求,必须将这些部位的形状、尺寸、材料、做法等用较大的比例详细表达出来,这种图称为建筑详图,简称详图。详图又称大样图或节点图。

知识点2:建筑详图的特点及作用

相对于建筑平、立、剖面图,建筑详图具有以下3个特点:

①绘制比例较大,采用的比例一般为1∶5,1∶10,1∶25,1∶30,1∶50等。

②图示内容详尽清楚,把细部的形状大小、层次构造、材料做法都清楚地表达出来。

③尺寸标注齐全,并注有详尽的文字说明。

建筑详图是建筑细部或构配件的大比例图样,是建筑平、立、剖面图的深化和补充,是指导房屋细部施工、建筑构配件制作以及编制预算的重要依据。

知识点3:建筑详图的分类

建筑详图可分为节点构造详图和构配件详图两大类。凡表达房屋某一细部的形状大小、构造做法和材料组成的详图称为节点详图,如墙身详图(包括檐口、窗台、勒脚、明沟、散水等)。凡表明构配件本身构造的详图,称为构件详图或配件详图,如门窗详图、楼梯详图、花格详图等。

建筑详图的数量与房屋的复杂程度和建筑平、立、剖面图的内容及比例有关。对引用标准图或通用详图的建筑构配件和剖面节点,只需注明所用图集的名称、页次、编号,可不必再画详图。常用的详图主要有墙身剖面详图,楼梯详图,门窗详图,厨房、浴室、卫生间详图等。

知识点4:建筑详图的图示内容和识读方法

墙身大样图的识读

1. 外墙身详图

外墙身详图也称为外墙大样图,是建筑剖面图的局部放大图样,表达外墙与地面、楼面、屋面的构造连接情况以及檐口、门窗顶、窗台、勒脚、防潮层、散水、明沟的尺寸、材料、做法等构造情况,是砌墙、室内外装修、门窗安装、编制施工预算以及材料估算等的重要依据。

在多层房屋中,各层构造情况基本相同,可只画墙脚、檐口和中间部分3个节点。门窗一般采用标准图集,为了简化作图,通常采用省略方法画,即门窗在洞口处断开。

详图的线型要求与剖面图一样,断面轮廓线内应画出材料图例。当引用标准图集时,应注写清楚图集名称及详图编号。

(1)外墙身详图的内容

拓展知识

①墙脚。外墙墙脚主要指一层窗台及以下部分,应表示出散水(或明沟)、防潮层、勒脚、一层地面、踢脚等部分的形状、大小、材料及其构造情况。

②中间部分。应表示出楼板层、门窗过梁、圈梁的形状、大小、材料及其构造情况,还应表示出楼板与外墙的关系。

③檐口。应表示出屋顶、檐口、女儿墙、屋顶圈梁的形状、大小、材料及其构造情况。

(2)外墙身详图的识读

以某人才公寓楼项目Ⓐ轴墙身详图(建施4-01,见附件1 人才公寓楼项目)为例说明外墙身详图的识读方法。

①了解墙身详图的图名和比例。该图为人才公寓楼Ⓐ轴线的墙身大样图,比例为1:20。

②了解墙脚构造。从图中可知,该楼墙脚位置处幕墙直接落地,采用80 mm厚模塑聚苯板,沿车库顶板上表面散水下连续设置,连接处采用08BJ6-1图集中第90页详图1的防水收头做法,并将防水返至室内300 mm高度,与幕墙连接处密封,由幕墙厂家深化。外墙散水做法按“屋面5”构造做法,向外设5%流水坡度,厚度500 mm地下一层室外标高显示为-5.050 m。由于目前通用标准图集中有散水、地面、楼面的做法,因而,在墙身大样图中一般不再表示散水、楼、地面的做法。而是将这部分做法放在工程做法表中具体反映。

③了解中间节点。图样显示玻璃幕墙与石材幕墙间隔设置,其中,玻璃幕墙采用三玻两腔样式,上部1 200 mm高度范围内外腔内置全封闭遮阳百叶,下部无遮阳百叶,高为1 100 mm;每段玻璃幕墙间设石材幕墙,高为900 mm,采用100 mm厚岩棉防火封堵方式与各层梁板端部连接。钢筋混凝土楼板与过梁浇注成整体。楼板标高在3.200~38.400 m范围为中间节点标高区间,适用于2~13层的相同部位。

④了解檐口部位。从图中可知,屋顶结构标高为41.480 m,屋面采用“屋面1”构造做法,檐口处墙身向上做女儿墙,墙高1 220 mm,压顶厚300 mm,其上10 mm厚DS砂浆,向内做5%倒坡。采用多道防水保温构造做法,具体做法详见女儿墙身处多层构造线表达。幕墙一直向上超越女儿墙高延伸至44.850 m位置,在女儿墙高范围内100 mm厚设幕墙盖板封堵,外加灰色背衬板延伸置顶端。

2. 楼梯详图

在建筑中,楼梯是上下层之间的主要垂直交通设施。楼梯通常由梯段、楼梯梁、休息平台、栏杆或栏板和扶手组成。

楼梯详图一般分建筑详图和结构详图,并分别绘制,分别编入建筑施工图和结构施工图中。当楼梯的构造和装修都比较简单时,也可将建筑详图与结构详图合并绘制,编入建筑施工图或结构施工图中。

楼梯详图主要表明楼梯形式、结构类型、楼梯间各部位的尺寸及装修做法,为楼梯的施工制作提供依据。它一般包括楼梯平面图、楼梯剖面图及栏杆或栏板、扶手、踏步等大样图。

楼梯平面图、楼梯剖面图的常用比例为1:50或更大比例。

(1)楼梯类型

①按材料分,可分为混凝土楼梯、钢楼梯、木楼梯等。

②按楼梯位置分,可分为室内楼梯和室外楼梯。

③按楼梯的平面形式,可分为单跑楼梯、双跑直楼梯、双跑平行楼梯、双分平行楼梯、螺旋楼梯等,如图4.21所示。其中,双跑楼梯是指每层楼由两个梯段连接。由于双跑楼梯构造简单、施工方便、节省空间等,因而目前应用较广。

④按楼梯传力途径,可分为板式楼梯和梁式楼梯,如图4.22所示。

板式楼梯的梯段作为一块整板,斜放在楼梯的平台梁上,平台梁之间的距离就是这块板

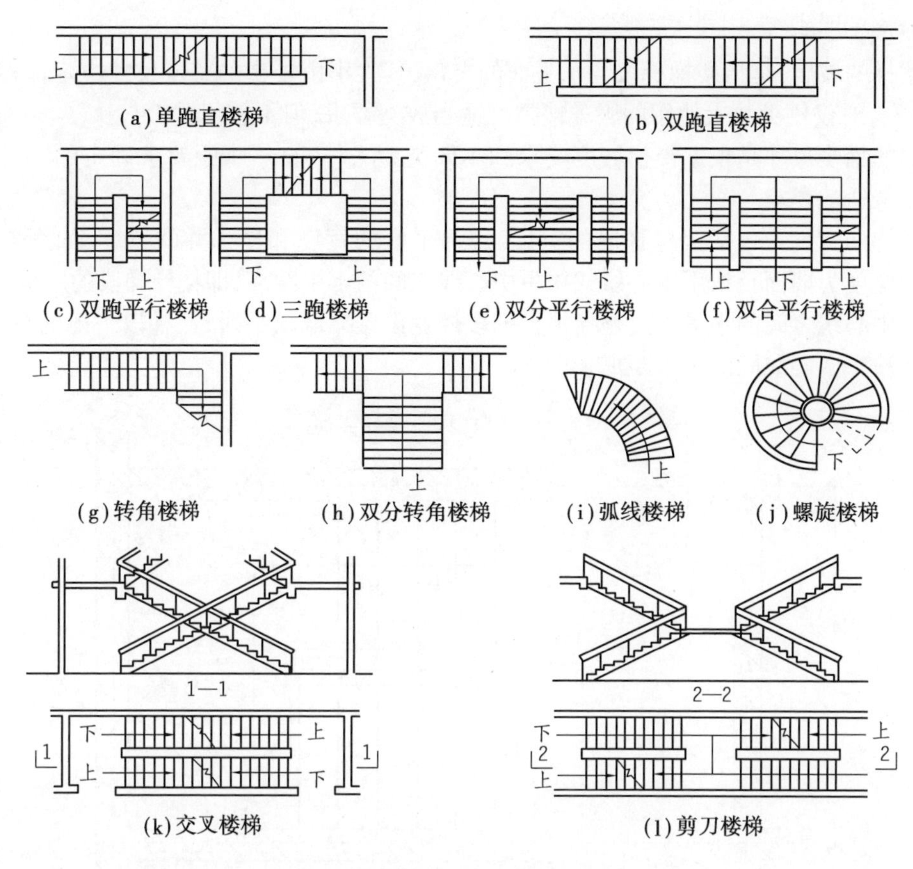

图 4.21　楼梯平面形式

的跨度。板式楼梯的传力途径是荷载由楼梯板传至楼梯平台梁,由平台梁传至楼梯间两侧的墙或梁或楼梯柱。板式楼梯适用于层高较小的情况。

当梯段较宽或楼梯负载较大时,在梯段跨度方向增加斜梁以承受板的荷载,这种梯段称为梁式楼梯。梁式楼梯的荷载由梯段传至支撑梯段的斜梁,再由斜梁传至平台梁,平台梁再将荷载传给两端的墙体或柱子。

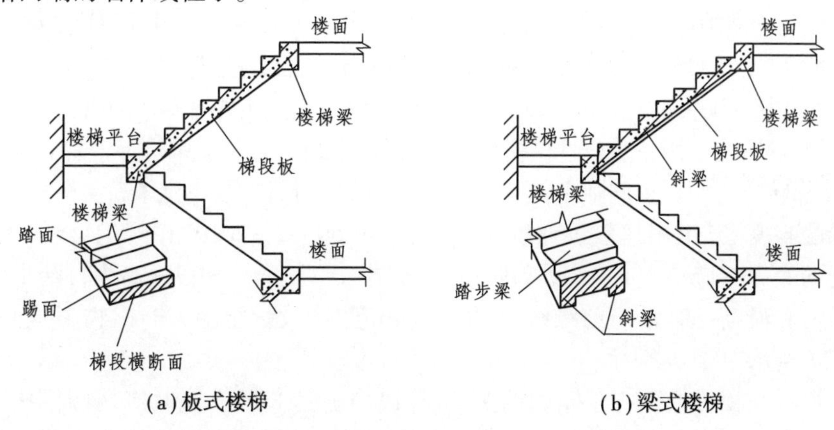

图 4.22　板式楼梯与梁式楼梯

(2)楼梯尺度

①楼梯的坡度:是指楼梯梯段与水平面的夹角,其大小由楼梯的踏步尺寸决定,一般控制在30°左右,对仅供少数人使用的服务楼梯可适当放宽要求,但不宜超过45°。

楼梯的踏步尺寸是根据楼梯坡度要求和不同类型人体、自然步距要求确定的,应满足安全和方便舒适的要求。

②楼梯的宽度。包括楼梯梯段的宽度、楼梯平台的宽度和楼梯井的宽度,如图4.23所示。梯段宽度为墙面至扶手中心线或扶手中心线之间的水平距离,即楼梯梯段的净宽。

扶手中心线之间的水平距离是指楼梯梯段较宽设置靠墙扶手时,楼梯段一侧的扶手中心线和靠墙扶手中心线间的水平距离。

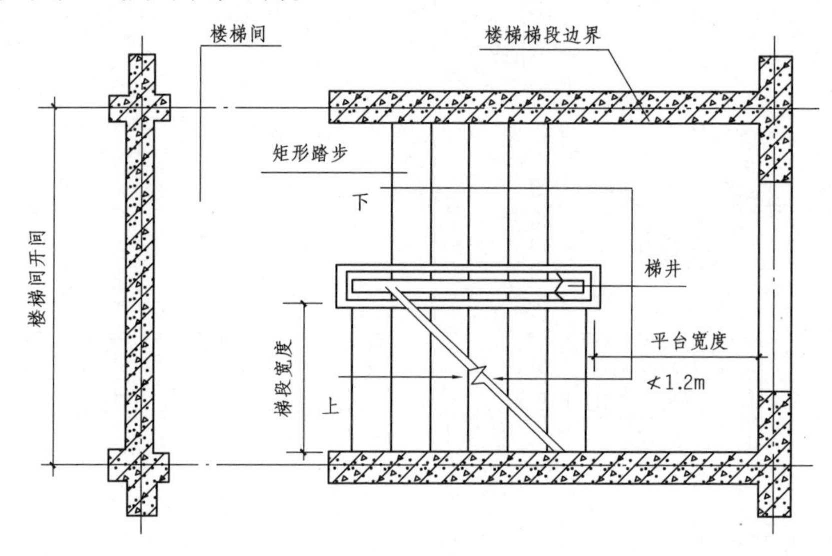

图4.23　楼梯构造要求

根据《建筑设计防火规范》(GB 50016—2014,2018年版)的规定:疏散楼梯的净宽度不小于1.10 m,建筑高度不大于18 m的住宅中一边设置栏杆的疏散楼梯,其净宽度不应小于1.0 m。转向端处的平台最小宽度不应小于梯段宽度,且不得小于1.20 m。

楼梯梯段间的缝隙称为楼梯井。根据前述规范,多层公共建筑室内双跑疏散楼梯两梯段间梯井的水平净距(是指装修后完成面)不宜小于0.15 m。托儿所、幼儿园、中小学及少年儿童专用活动场所的楼梯,梯井净宽大于0.20 m时,必须采取防止少年儿童攀滑的措施,楼梯栏杆应采取不易攀登的构造,当采用垂直杆件做栏杆时,其杆件净距不应大于0.11 m。梯井宽度小于0.2 m时,因在楼梯转弯处两栏板间隙小,难以进行抹灰等施工操作,故不宜做高实栏板。

③楼梯的高度。《民用建筑设计统一标准》(GB 50352—2019)中规定:楼梯平台上部及下部过道处的净高不应小于2.0 m,梯段净高不应小于2.2 m。梯段净高为自踏步前缘(包括每个梯段最低和最高一级踏步前缘线以外0.3 m范围内)量至上方凸出物下缘间的垂直高度,如图4.24所示。

④楼梯栏杆。楼梯应至少于一侧设扶手,梯段净宽达3股人流时应两侧设扶手,达4股人流时宜加设中间扶手。室内楼梯扶手高度自踏步前缘线量起不宜小于0.9 m。楼梯水平栏杆或栏板长度大于0.5 m时,其高度不应小于1.05 m,如图4.25所示。

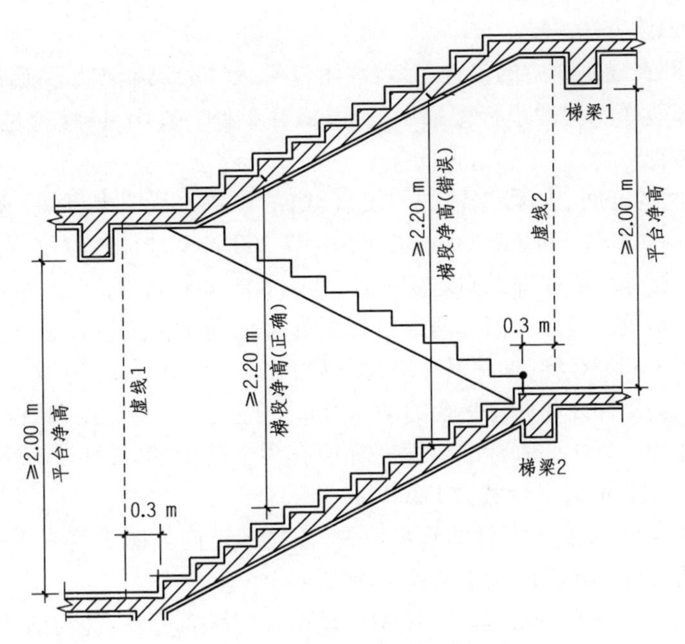

图 4.24　楼梯平台和过道净高要求

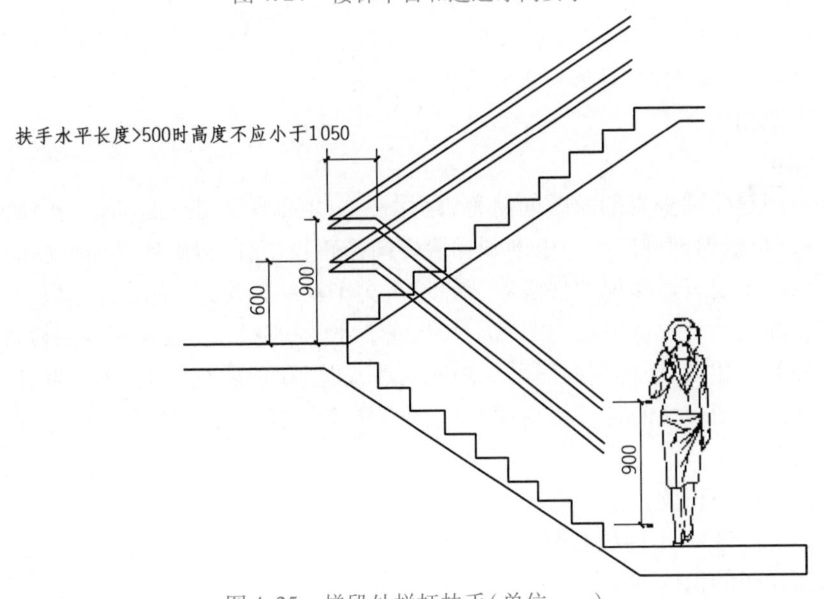

图 4.25　梯段处栏杆扶手(单位:mm)

(3)楼梯平面图

①基本知识。楼梯平面图是楼梯间的一个水平剖面图。其剖切位置与建筑平面图的剖切位置相同,在第一跑梯段上。楼梯平面图主要反映梯段的水平长度和宽度、各级踏步的宽度、平台的宽度和栏杆扶手的位置,以及其他一些平面的形状。

楼梯平面图一般应分层绘制,对于 3 层以上的建筑物,当中间各层楼梯完全相同时,可用一个图表示,同时应标注中间各层的楼面标高。

②楼梯平面图的识读。

a. 以某人才公寓楼项目 1#核心筒详图(建施 3-01,见附件 1 人才公寓楼项目)为例,说明楼梯平面详图的识读方法。

b. 了解楼梯间在建筑物中的位置。结合“附件 1 人才公寓楼项目”前述图纸可知该楼有两部楼梯间,每部楼梯间均设步行楼梯 1 处,电梯井 2 处。其中,1#楼梯位于Ⓒ ~ Ⓓ轴线和③ ~ ④轴线范围内。

c. 了解楼梯间的开间、进深、墙体的厚度、门窗的位置。从图中可知,该步行楼梯间开间尺寸为 2 600 mm + 200/2 mm = 2 700 mm,进深为 7 200 mm,墙体的厚度:外墙为 300 mm,内墙为 200 mm。首层外墙面中部设固定窗一处,宽为 800 mm,高为 2 000 mm,一层楼梯间向上层、下层入口位置均设乙级防火门。两部电梯毗邻楼梯间单独设置在独立空间,一部为消防梯兼无障碍电梯,一部为客梯,梯井尺寸均为 2 200 mm × 2 550 mm。

d. 了解楼梯段、楼梯井和休息平台的平面形式、位置、踏步的宽度和数量。该楼梯为平行双跑楼梯,梯段宽为 1 200 mm,标准层第一梯段有 9 个踏步,第二梯段有 10 个踏步,踏步宽 260 mm,梯井宽为 100 mm,平台宽为 1 300 mm。

e. 了解楼梯的走向以及上下行的起步位置,该楼梯走向如图中箭头所示,此建筑带有地下三层,地上 13 层,具体起步尺寸详见各平面详图。

f. 了解楼梯段各层平台的标高。此图中仅显示楼层平台标高,经与前建筑各层平面图对照,楼梯间及电梯厅地面标高均与建筑平面图楼面标高相同。

g. 在首层平面图中了解楼梯剖面图的剖切位置及剖视方向。由图可知有两处剖切,分别为 A—A 剖面和 B—B 剖面,具体位置和方向见详图。

(4)楼梯剖面图

①基本知识。

楼梯剖面图是楼梯垂直剖面图的简称,是用一假想铅垂剖切平面,通过各层同一位置梯段与门窗洞口,将楼梯剖开向另一未剖到梯段方向作正投影,所得到的剖面投影图。

楼梯剖面图主要表达楼梯的梯段数、踏步数、类型及结构形式,表示各梯段、平台、栏杆等的构造及其相互关系。比例一般为 1:50,1:30 或 1:40,习惯上,若楼梯间各层楼梯构造相同,且踏步尺寸和数量相同,楼梯剖面图可只画底层、中间层和顶层剖面图,其余部分用折断线将其省略。楼梯剖面图应注明各楼楼层面、平台面、楼梯间窗洞的标高,踢面的高度,踏步的数量以及栏杆的高度。

②楼梯剖面图的识读。

以某人才公寓楼项目 1#核心筒 A—A 详图(建施 3-03,见附件 1 人才公寓楼项目)为例,说明楼梯剖面详图的识读方法。

a. 了解楼梯的构造形式,从图中可知,该楼梯的结构形式为双跑梁式楼梯。

b. 了解楼梯在竖向和进深方向的有关尺寸。从楼层标高和定位轴线间的距离可知,该楼标准层层高为 3.2 m,其余各层可根据标高进行计算,进深为③ ~ ④轴线间距离,即 7.2 m。

c. 了解楼梯段、平台、栏杆、扶手等的构造和用料说明。楼梯采用钢筋混凝土楼梯,扶手高度为 900 mm,做法详见 16BJ7-1 图集第 42 页 B5 图,各跑楼梯均有设置。

d. 梯段的踏步级数,从图中 9 等分 = 1515 表示从楼门入口处至一层上二层休息平台处需上 9 个台阶,因此,台阶的踏步高度为 1 515/9 mm = 168.3 mm。其余位置踏步高度计算方法与此同,这里不再赘述。

e. 了解图中的索引符号,从而可知楼梯的细部做法。

(5)楼梯节点详图

①基本知识。楼梯节点详图主要表达楼梯栏杆、踏步、扶手的做法,如采用标准图集,则直接引注标准图集代号,如采用的形式特殊,则用 1∶10,1∶5,1∶2或 1∶1的比例详细表示其形状、大小、材料以及具体做法。

②楼梯节点详图的识读。图 4.26 为某楼梯的节点详图。详图①主要表示踏步防滑条的做法,即防滑条的具体位置和采用的材料。防滑条位于台阶端部缩进 40 mm 处,自身宽为 30 mm,嵌入踏面面层 10 mm,凸出踏面面层 7 mm。

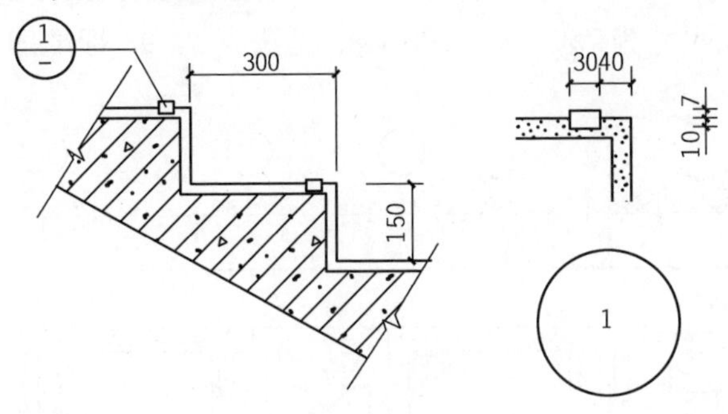

图 4.26　楼梯节点详图

3. 局部单元平面详图

由于建筑平面图的比例通常都比较小,对建筑内部的细部表达不清楚,如房间内电器预留洞、暖气槽的具体位置,卫生间、厨房内设备的位置等。通常对建筑平面图的局部进行放大。住宅楼典型的局部放大详图除墙身大样图和楼梯详图外,就是单元平面图。局部单元平面详图的比例常用 1∶50 或 1∶30 表示。

(1)基本知识

局部单元平面图中应体现单元在建筑平面图中的位置,门窗、卫生间、厨房内设备及墙上预留孔洞等的详细位置,还应表示房间内家具的摆放。

(2)局部单元平面详图的识读

图 4.27 为某住宅的局部单元放大图样。识读步骤及内容如下:

a. 了解图名、比例,与相应的建筑平面图对照,了解其在建筑中的准确位置。从图 4.27 中可知该局部详图为底层单元平面图样。从轴线编号上可知为① ~ ⑦轴区间单元。

b. 了解墙体的厚度。从图 4.27 中看到的外墙为 370 mm,内墙卫生间隔墙为 120 mm,其余为 240 mm。

c. 了解房间的功能、位置、相互关系。从图中可知,该单元为一梯两户式,户内客厅和主卧室在阳面,开间进深分别为 4 950,3 600,5 100 mm。次卧室、厨房和楼梯间在阴面,次卧室和厨房的开间进深分别为 3 600 mm 和 4 200 mm,楼梯间的开间为 2 700 mm,进深为 8 100 mm,其中,管道井为 900 mm。卫生间位于主、次卧室之间,开间为 2 400 mm,进深为3 900 mm。

d. 了解每一房间内家具、设备的位置以及预留孔洞的大小和位置。在图 4.27 中,客厅有一套沙发、茶几、电视柜及电视机、两盆花卉。在管道井客厅内侧有两个电器预留洞,分别是

D-4 和 D-5。D-4 的大小是 360 mm×400 mm×180 mm，距地 500 mm；D-5 的大小是 210 mm×160 mm×120 mm，距地 500 mm。外窗为宽 2 800 mm 的飘窗，窗台高 300 mm，内设护窗栏杆，做法见第 8 张施工图 1 详图。主卧室有双人床及床头柜、书桌、椅子和衣柜。次卧室有单人床、书桌、椅子、衣柜和书柜。厨房有煤气灶台、案台、洗菜池、冰箱和碗柜。卫生间有浴盆、座便器、洗面池及台子、洗衣机、地漏等。餐厅有餐桌和 4 把椅子。楼梯间：在距Ⓔ轴和户门边 1 000 mm处分别有 D-1，D-2 和 D-3。D-1 的大小为 700 mm × 750 mm × 180 mm，距地 1 050 mm；D-2 的大小为 850 mm×750 mm×18 mm，距地 1 050 mm；D-3 的大小为 600 mm×280 mm×180 mm，距地 1 600 mm。管道门洞为 600 mm×600 mm，距地 1 200 mm。Ⓐ轴墙外侧装有空调机的搁板，尺寸为 750 mm×600 mm，做法参见"98 标准图集第 6 册第 64 页的 B 图"。

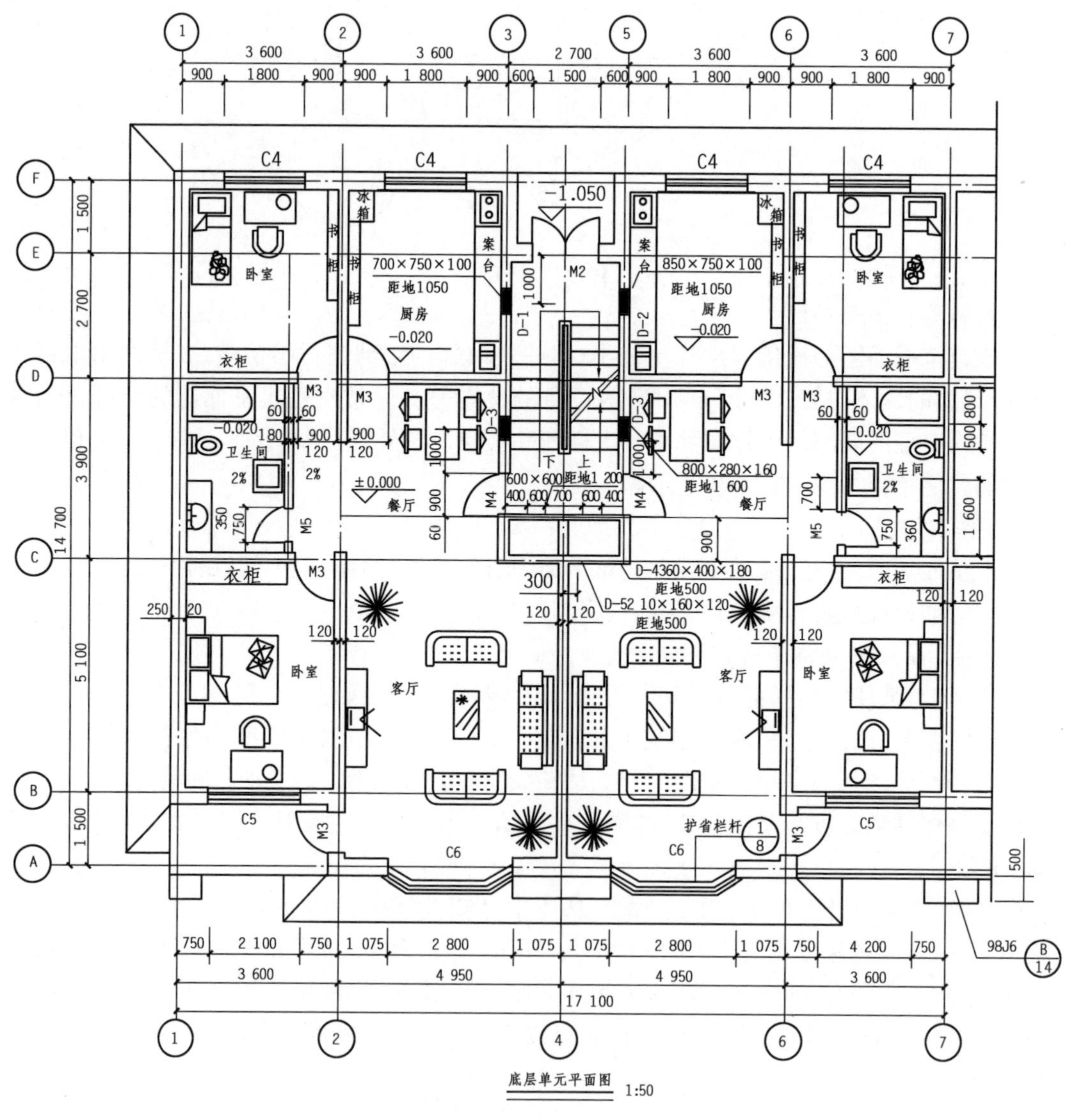

图 4.27 局部单元详图

e. 了解各房间门窗洞的准确位置。图 4.27 中不同类型的门窗洞口都标有详细尺寸，应仔细阅读。

f. 了解不同房间的标高。从图 4.27 中可知该单元共有两种标高，客厅、卧室、餐厅的标高为 ±0.000，卫生间和厨房的标高为 -0.020，表示卫生间和厨房比其他房间低 20 mm。

4. 门窗详图

(1)基本知识

门窗详图一般都有预先绘制好的各种不同规格的标准图，供设计者选用。因此，在施工图中，只要说明该详图所在标准图集的编号，就可不必另画详图。如果没有标准图集时，则一定要画出详图。

门窗详图一般用立面图、节点详图、断面图以及五金表和文字说明等表示。按规定，在节点详图与断面图中，门窗的断面一般应加上材料图例。

(2)门窗立面图

门窗立面图所用比例较小，只表示窗的外形、开启方式及方向、主要尺寸和节点索引符号等内容。

立面图一般有 3 道尺寸。第一道为窗洞口尺寸；第二道为窗框外包尺寸；第三道为窗扇、窗框尺寸。立面图上的线型，除轮廓线用粗实线外，其余均用细实线，如图 4.28 所示。

(3)门窗节点详图

一般画出剖面图和安装图，并分别注明详图符号，以便与门、窗立面图相对应。节点详图比例较大，能表示各门、窗的断面形状、定位尺寸、安装位置和门、窗扇的连接关系等内容，如图 4.29 所示的门、窗安装节点范例图样。

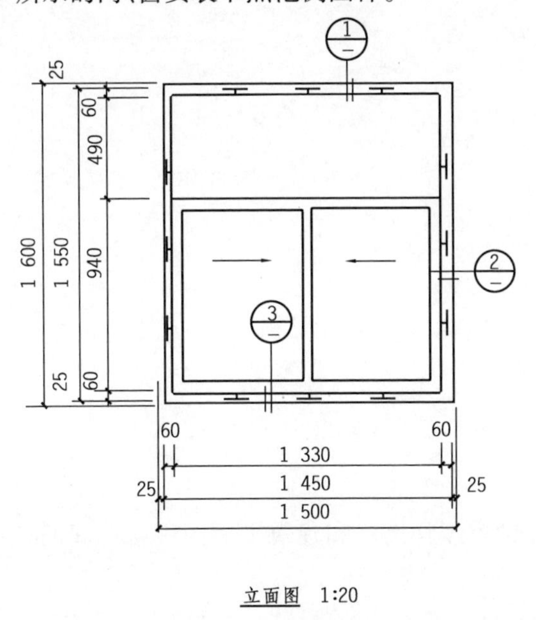

图 4.28　窗立面详图

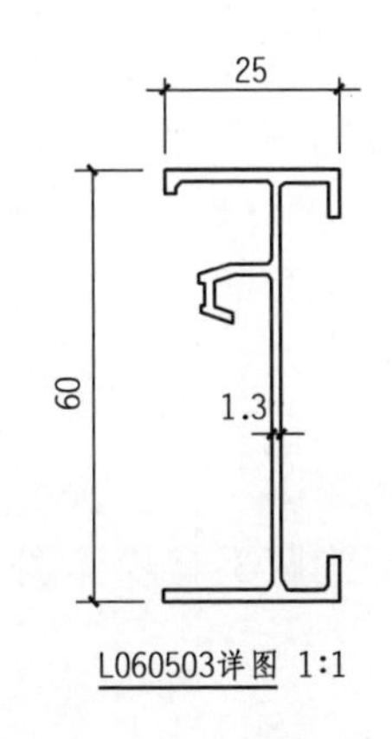

图 4.29　窗断面详图

(4)门窗断面图

用较大比例(1∶5，1∶2)将各不同门、窗料的断面形状单独画出，注明断面上各截口的尺寸,以便下料加工,如图4.30所示的L060503详图。有时,为了减少工作量,通常将断面图与节点详图结合在一起画。

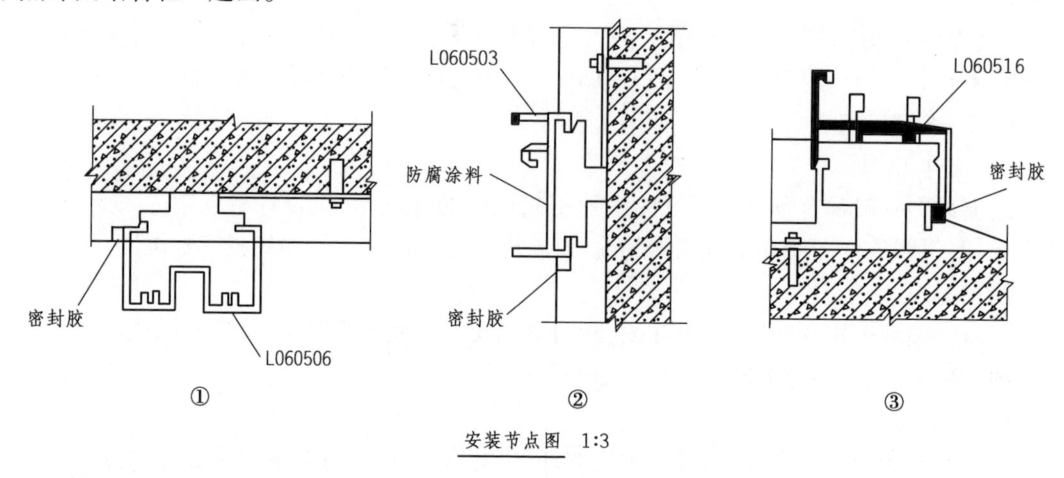

图4.30 门、窗安装节点图

典型工作环节3 工作实施

(1)学习资讯材料

识读建筑详图中材料图例符号、多层构造引线、折断线;外墙各部位构造;楼梯形式、结构类型、各部位尺寸及装修;门窗立面、节点、断面、五金等信息,填写工作任务单。

(2)回答引导问题

引导问题1:建筑详图的作用是什么?

引导问题2:建筑详图的特点是什么?

引导问题3:楼梯详图一般包括哪几种类型详图? 和建筑平面图中楼梯间的表达有何区别?

引导问题 4:下图所示的楼梯为哪种类型楼梯?

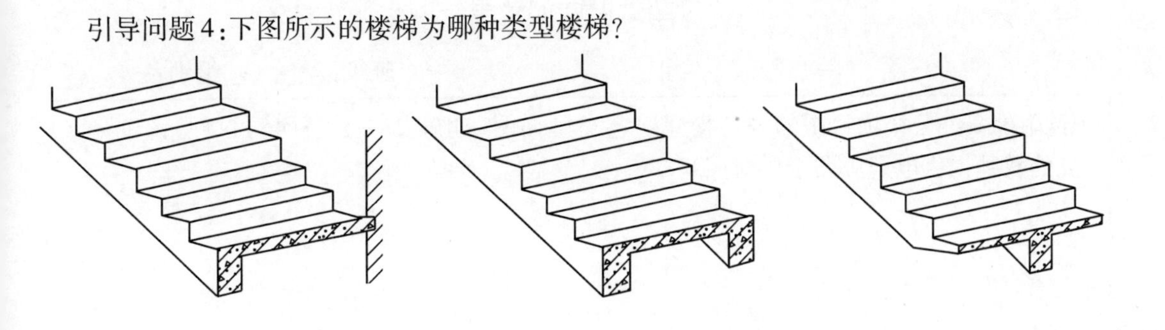

引导问题 5:外墙身详图中一般表达哪些内容?

引导问题 6:观察下面的图样,二层楼梯总踏步数为(　　)级。

A. 20　　B. 22　　C. 10　　D. 11

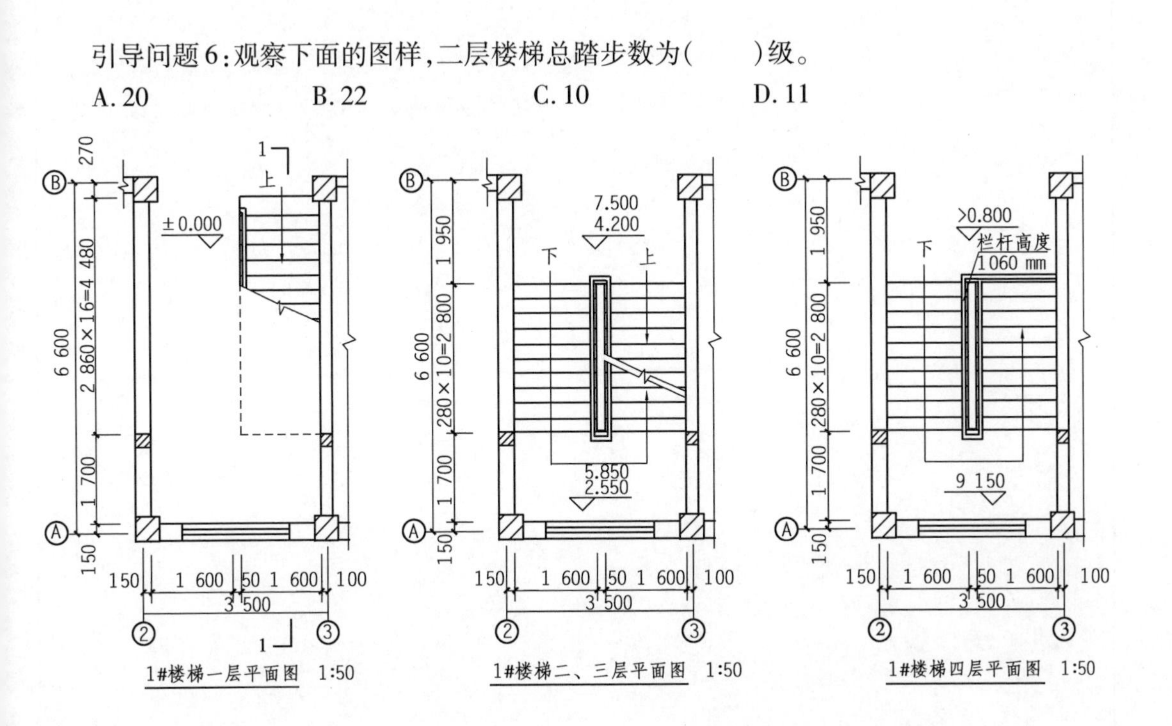

图纸识读记录单

班级:________ 组别:________

识读附件2办公楼项目中的办公楼建筑各类型详图(建施-27—建施-46),撰写识读记录。(此处教师提供电子版图纸供对照)

典型工作环节 4　评价反馈

(1)学生自评

学生自评表

班级		姓名		学号	
任务 7		识读建筑详图			
评价项目		评价标准		分值/分	得分/分
引导问题 1		1. 完整　2. 正确　3. 规范		5	
引导问题 2		1. 完整　2. 正确　3. 清晰		5	
引导问题 3		1. 完整　2. 正确　3. 清晰		5	
引导问题 4		1. 完整　2. 正确　3. 清晰		5	
引导问题 5		1. 完整　2. 正确　3. 规范		5	
引导问题 6		1. 完整　2. 正确　3. 清晰		5	
图纸识读记录单		1. 全面　2. 专业　3. 正确　4. 清晰		35	
工作态度		态度端正,无缺勤、迟到、早退现象		10	
工作质量		能按计划完成工作任务		10	
协调能力		能与小组成员、同学合作交流,协调工作		5	
职业素质		能做到细心、严谨,体现精益求精的工匠精神		5	
创新意识		能提炼材料内容,在阅读标准、规范后,能理论联系实际,完成不同类型建筑详图的图纸识读		5	
合计				100	

(2)学生互评

学生互评表

任务名称	识读建筑详图														
评价项目	分值/分	等级								评价对象(组别)					
										1	2	3	4	5	6
计划合理	10	优	10	良	9	中	7	差	6						
团队合作	10	优	10	良	9	中	7	差	6						
组织有序	10	优	10	良	9	中	7	差	6						
工作质量	20	优	20	良	18	中	14	差	12						
工作效率	10	优	10	良	9	中	7	差	6						
工作完整	10	优	10	良	9	中	7	差	6						
工作规范	10	优	10	良	9	中	7	差	6						
成果展示	20	优	20	良	18	中	14	差	12						
合计	100														

(3)教师评价

教师评价表

班级		姓名		学号	
任务7		识读建筑详图			
评价项目		评价标准		分值/分	得分/分
考勤(10%)		无迟到、早退、旷课现象		10	
工作过程(60%)	引导问题1	1. 完整　2. 正确　3. 规范		5	
	引导问题2	1. 完整　2. 正确　3. 清晰		5	
	引导问题3	1. 完整　2. 正确　3. 清晰		5	
	引导问题4	1. 完整　2. 正确　3. 清晰		5	
	引导问题5	1. 完整　2. 正确　3. 规范		5	
	引导问题6	1. 完整　2. 正确　3. 清晰		5	
	图纸识读记录单	1. 全面　2. 专业　3. 正确　4. 清晰		15	
	工作态度	态度端正,工作认真、主动		5	
	协调能力	能按计划完成工作任务		5	
	职业素质	能与小组成员、同学合作交流,协调工作		5	
项目成果(30%)	工作完整	能按时完成任务		5	
	工作规范	能按规范要求,完成引导问题及编制识读记录单		5	
	识读记录单	编写规范、专业、全面		15	
	成果展示	能准确表达、汇报工作成果		5	
合计				100	
综合评价		学生自评(20%)	小组互评(30%)	教师评价(50%)	综合得分

典型工作环节5　拓展思考题

识读“附件1 人才公寓楼项目”的建筑各类型详图(建施3-01—建施3-03、建施4-01—建施4-08)的图纸信息,规范撰写识读说明。

项目五　识读结构平法施工图

学习性工作任务 1　识读结构设计说明

典型工作任务描述

根据《房屋建筑制图统一标准》(GB/T 50001—2017)、《建筑结构制图标准》(GB/T 50105—2010)、《混凝土结构设计规范》(GB 50010—2010,2015 年版)和附件 2 办公楼项目结构设计总说明(结施-01、结施-02)的图纸信息并进行规范表达。

【学习目标】

1. 了解结构设计总说明表达的内容和意义。

2. 熟悉结构设计总说明表达的内容格式,理解结构设计总说明中出现的常用术语含义,具备捕捉结构设计总说明信息并将其用于后续图纸的基本能力。

【任务书】

根据国家现行标准《房屋建筑制图统一标准》、《民用建筑设计术语标准》、《建筑设计防火规范》、《建筑结构制图标准》、《混凝土结构施工图平面整体表示方法制图规则和构造详图》(22G101—1、22G101—2、22G101—3)和典型工作环节 2 的资讯材料,完成引导问题和附件 2 办公楼项目图纸中结构设计总说明(结施-01、结施-02)的识读,填写“图纸识读记录单”。

典型工作环节 1　工作准备

1. 阅读任务书,基本了解结构设计总说明的表达内容和表现方法。

2. 小组成员对本次任务进行分解,制订合理的实施计划,并进行人员任务分工。

3. 学习资讯材料,填写学生任务分配表、图纸识读记录单,查阅《房屋建筑制图统一标准》、《民用建筑设计术语标准》、《建筑设计防火规范》、《混凝土结构施工图平面整体表示方法制图规则和构造详图》(22G101—1、22G101—2、22G101—3)。

学生任务分配表

<table>
<tr><td>班级</td><td></td><td>组号</td><td></td><td>指导教师</td><td></td></tr>
<tr><td>组长</td><td></td><td>学号</td><td colspan="3"></td></tr>
<tr><td>组员</td><td colspan="5"><table><tr><td>姓名</td><td>学号</td></tr><tr><td></td><td></td></tr><tr><td></td><td></td></tr><tr><td></td><td></td></tr><tr><td></td><td></td></tr><tr><td></td><td></td></tr></table></td></tr>
<tr><td colspan="6">任务分工</td></tr>
</table>

典型工作环节2　资讯搜集

知识点1:结构施工图的分类及内容

结构施工图的分类及内容

建筑物靠承重部件组成的骨架体系将其支撑起来,这种承重骨架体系称为建筑结构,组成这种承重骨架体系的各个部件称为结构构件,如梁、板、柱、屋架、支撑、基础等。在建筑设计的基础上,对房屋各承重构件的布置、形状、大小、材料、构造及相互关系等进行设计,画出来的图样称为结构施工图(又称结构图),简称"结施"。

结构施工图是施工放线、开挖基槽、支模板、绑扎钢筋、设置预埋件、浇筑混凝土、制作和安装构件、编制施工计划及其预算的重要依据。

结构图一般包括结构设计说明、结构平面布置图和结构构件详图3部分内容。

结构图按承重构件使用材料的不同,还可分为钢筋混凝土结构图、砌体结构图、钢结构图、木结构图等。

知识点2:结构施工图的一般规定

①绘制结构施工图,应遵循《房屋建筑制图统一标准》(GB/T 50001—2017)和《建筑结构制图标准》(GB/T 50105—2001)的规定。

结构施工图的图线、线型、线宽应符合表5.1的规定。

表 5.1　结构施工图中的图线

名称		线型	线宽	用途
实线	粗	━━━━	b	主要可见轮廓线
	中粗	────	$0.7b$	可见轮廓线、变更云线
	中	────	$0.5b$	可见轮廓线、尺寸线
	细	────	$0.25b$	图例填充线、家具线
虚线	粗	━ ━ ━ ━	b	见各有关专业制图标准
	中粗	─ ─ ─ ─	$0.7b$	不可见轮廓线
	中	─ ─ ─ ─	$0.5b$	不可见轮廓线、图例线
	细	- - - - - -	$0.25b$	图例填充线、家具线
单点长画线	粗	━·━·━	b	见各有关专业制图标准
	中	─·─·─	$0.5b$	见各有关专业制图标准
	细	─·─·─	$0.25b$	中心线、对称线、轴线等
双点长画线	粗	━··━··━	b	见各有关专业制图标准
	中	─··─··─	$0.5b$	见各有关专业制图标准
	细	─··─··─	$0.25b$	假想轮廓线、成型前原始轮廓线
折断线	细	──╱╲──	$0.25b$	断开界线
波浪线	细	～～～	$0.25b$	断开界线

②绘制结构图时，针对图样的用途和复杂程度，选用表 5.2 中的常用比例，特殊情况下，也可选用可用比例。当结构的纵横向断面尺寸相差悬殊时，也可在同一详图中选用不同比例。

③结构施工图中构件的名称宜用代号表示，代号后应用阿拉伯数字标注该构件的型号或编号。国标规定常用构件代号见表 5.3。

④结构施工图上的轴线及编号应与建筑施工图一致。

⑤图上的尺寸标注应与建筑施工图相符，但结构图所注尺寸是结构的实际尺寸，即不包括结构表层粉刷或面层的厚度。在桁架式结构的单线图中，其几何尺寸可直接注写在杆件的一侧，而不需画尺寸界线，对称桁架可在左半边标注尺寸，右半边标注内力。

⑥结构施工图应用正投影法绘制。

表 5.2　结构施工图常用比例

图名	常用比例	可用比例
结构平面图、基础平面图	1∶50，1∶100，1∶150	1∶60，1∶200
圈梁平面图、总图中管沟、地下设施等	1∶200，1∶500	1∶300
详图	1∶10，1∶20，1∶50	1∶5，1∶25，1∶30

表 5.3　常用结构构件的代号

序号	名称	代号	序号	名称	代号	序号	名称	代号
1	板	B	12	过梁	GL	23	柱	Z
2	屋面板	WB	13	连系梁	LL	24	框架柱	KZ
3	空心板	KB	14	基础梁	JL	25	构造柱	GZ
4	密肋板	MB	15	楼梯梁	TL	26	承台	CT
5	楼梯板	TB	16	屋面框架梁	WKL	27	桩	ZH
6	盖板或沟盖板	GB	17	檩条	LT	28	基础	J
7	墙板	QB	18	屋架	WJ	29	预埋件	M
8	梁	L	19	托架	TJ	30	钢筋网	W
9	屋面梁	WL	20	天窗架	CJ	31	暗柱	AZ
10	吊车梁	DL	21	框架	KJ	32	梯	T
11	圈梁	QL	22	刚架	GJ	33	雨篷	YP

知识点 3:钢筋的分类与作用

钢筋混凝土有关知识

1. 钢筋的分类

如图 5.1 所示,按钢筋在构件中的作用不同,构件中的钢筋可分为:

①受力筋:承受拉力或压力(其中在近梁端斜向弯起的弯起筋也承受剪力),钢筋面积根据受力大小由计算决定,并配置在各种钢筋混凝土构件中。

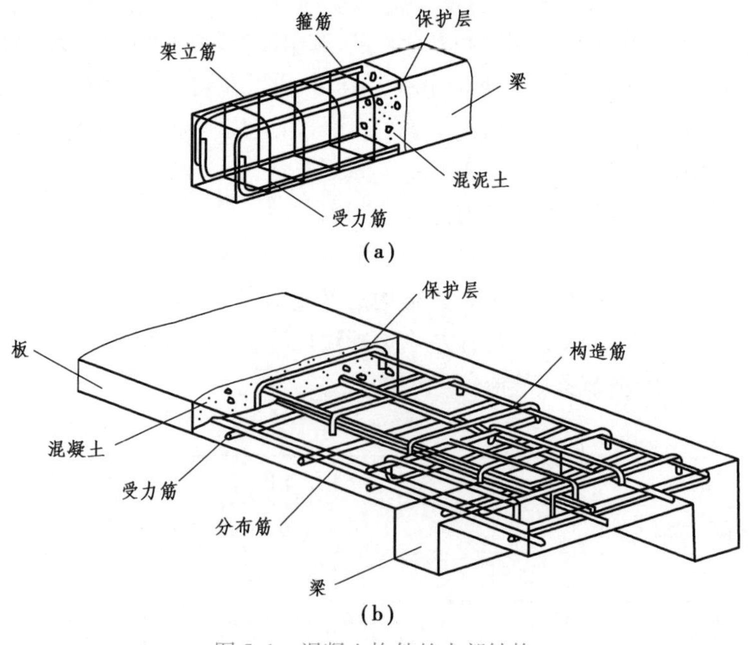

图 5.1　混凝土构件的内部结构

②箍筋：用于固定受力筋的位置，并承担部分剪力和扭矩。多用于梁和柱中。

③架力筋：用于固定梁内箍筋的位置，构成梁内的钢筋骨架。

④分布筋：多配置于板中，与板的受力筋垂直布置，将承受的荷载均匀传给受力筋并固定受力筋的位置，同时承担抵抗各种原因引起的混凝土开裂的任务。

⑤其他：因构造要求或施工安装需要而配置的构造筋，如腰筋、预埋锚固筋、吊环等。

钢筋的保护层和弯钩

2. 钢筋的表示方法

为了突出钢筋，配筋图中的钢筋用比构件轮廓线粗的单线画出，钢筋横断面用黑圆点表示，具体使用见表5.4。在结构施工图中钢筋的常规画法见表5.5。

表5.4　一般钢筋常用图例

编号	名称	图例	备注
1	钢筋横断面	●	
2	无弯钩的钢筋端部		下图为长短钢筋重叠时的钢筋端部用45°斜画线表示
3	带半圆形弯钩的钢筋端部		
4	带直钩的钢筋端部		
5	带丝扣的钢筋端部		
6	无弯钩的钢筋搭接		
7	带半圆形弯钩的钢筋搭接		
8	带直钩的钢筋搭接		
9	花篮螺丝钢筋接头		
10	机械连接的钢筋接头		用文字说明机械连接的方法（如冷挤压或直螺纹等）

表5.5　钢筋的常规画法

序号	说明	图例
1	在结构平面图中配置双层钢筋时，底层钢筋的弯钩应向上或向左，顶层钢筋的弯钩则向下或向右	底层　顶层
2	钢筋混凝土墙体配双层钢筋，在配筋立面图中，远面钢筋的弯钩应向上或向左，而近面钢筋则向下或向右（JM近面、YM远面）	JM YM JM YM
3	若在断面图中不能表示清楚的钢筋布置，应在断面图外面增加钢筋大样图（如钢筋混凝土墙、楼梯等）	

续表

序号	说明	图例
4	图中所表示的箍筋、环筋等,若布置复杂时,可加画钢筋大样及说明	或
5	每组相同的钢筋、箍筋或环筋,可用一根粗实线表示,同时用一两端带斜短画线的横穿细线,表示其余钢筋及起止范围	

钢筋的标注有两种方法,见表5.6。

表5.6 钢筋的标注方法

①标注钢筋的根数、直径、等级	②标注钢筋的等级、直径和相邻钢筋中心距
2 ⌀22	⌀8@180
2:表示钢筋的根数 ⌀:表示钢筋等级符号(HRB400) 22:表示钢筋直径(22 mm)	⌀:表示钢筋等级符号(HRB400) 8:表示钢筋直径(8 mm) @:相等中心距符号 180:相邻钢筋的中心距为180 mm
2根直径为22 mm的HRB400钢筋	直径为8 mm的HRB400钢筋,间距为180 mm

知识点4:识读结构施工图的基本方法

在识读完某建筑的建筑施工图后,应进行结构施工图的识读。对结构施工图的识读,一般按照结构设计说明、基础平面布置图、一层结构布置图、标准层结构布置图、顶层结构布置图、楼梯结构图、通用标准图的顺序进行识读,并将结构平面布置图与柱梁板结构详图、结构施工图与建筑施工图对照起来看。

①在识读结构设计说明时,应准备好结施图所套用的标准图集及地质勘察资料备用。

②识读基础平面图时应与建筑底层平面图结合起来看。

③识读柱平面布置图时,应根据对应的建筑平面图校对柱的布置是否合理,柱网尺寸、柱断面尺寸与轴线的关系尺寸有无错误。

④识读楼层及屋面结构平面布置图时,应对照建筑平面图中的房间分隔、墙体布置,检查各构件的平面定位尺寸是否正确,布置是否合理,有无遗漏,楼板的形式、布置、板面标高是否正确等。

⑤按前述施工图识读方法,详细阅读各平面图中每一个构件的编号、断面尺寸、标高、配筋及其构造详图,并与建筑施工图结合,检查有无错误与矛盾。看图时发现的问题要一一记录下来,最后按结施图的先后顺序将存在的问题全部整理出,以便在图纸会审时加以解决。

⑥在阅读结施图中,涉及采用标准图集时,应详细阅读规定的标准图集。

知识点5:结构设计说明

结构施工图常见术语含义

按工程的复杂程度,结构设计说明一般应包括以下5个方面的内容:

①主要设计依据。阐明上级机关的批文,国家有关的标准、规范等。

②自然条件。包括地质勘探资料,地震设防烈度,风、雪荷载等。

③施工要求和施工注意事项。

④对材料的质量要求。

⑤合理使用年限。

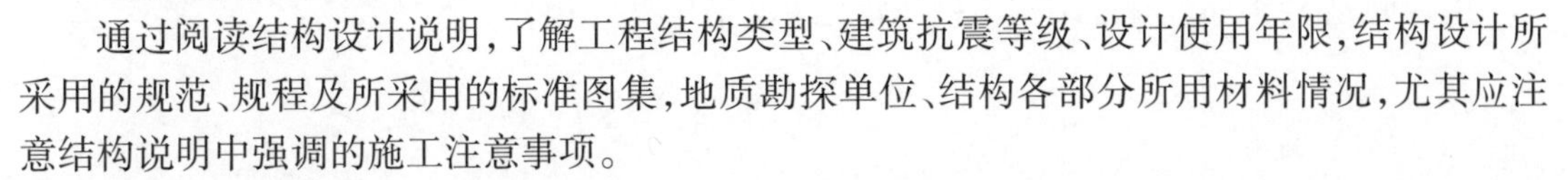

通过阅读结构设计说明,了解工程结构类型、建筑抗震等级、设计使用年限,结构设计所采用的规范、规程及所采用的标准图集,地质勘探单位、结构各部分所用材料情况,尤其应注意结构说明中强调的施工注意事项。

典型工作环节3　工作实施

(1)学习资讯材料

掌握结构设计总说明中专业术语的含义,如荷载、结构分类等级、抗震设防、结构体系、混凝土等级等,并填写工作任务单。

(2)回答引导问题

引导问题1:结构设计总说明通常包括哪些内容?

引导问题2:什么是抗震设防烈度?

引导问题3:下列图片中的建筑分别是什么结构类型?

引导问题4:C30指的是什么材料的强度等级?

引导问题5:钢筋混凝土结构中钢筋常见种类有哪些?用什么代号表示?

引导问题6:混凝土保护层厚度是什么意思?对构件有何意义?

图纸识读记录单

班级:________组别:________

识读附件 2 办公楼项目设计总说明(结施-01、结施-02),撰写识读记录。(此处教师提供电子版图纸供对照)

典型工作环节4　评价反馈

(1)学生自评

学生自评表

班级		姓名		学号	
任务1		识读结构设计说明			
评价项目		评价标准		分值/分	得分/分
引导问题1		1. 完整　2. 正确　3. 书写清晰		5	
引导问题2		1. 正确　2. 书写清晰		5	
引导问题3		1. 正确　2. 书写清晰		5	
引导问题4		1. 正确　2. 书写清晰		5	
引导问题5		1. 正确　2. 书写清晰		5	
引导问题6		1. 完整　2. 正确　3. 清晰		5	
图纸识读记录单		1. 全面　2. 专业　3. 正确　4. 清晰		35	
工作态度		态度端正,无缺勤、迟到、早退现象		10	
工作质量		能按计划完成工作任务		10	
协调能力		能与小组成员、同学合作交流,协调工作		5	
职业素质		能做到细心、严谨,体现精益求精的工匠精神		5	
创新意识		能提炼材料内容,在阅读标准、规范后,能理论联系实践,能正确理解结构设计说明内容		5	
合计				100	

(2)学生互评

学生互评表

任务名称	识读结构设计说明														
评价项目	分值/分	等级								评价对象(组别)					
										1	2	3	4	5	6
计划合理	10	优	10	良	9	中	7	差	6						
团队合作	10	优	10	良	9	中	7	差	6						
组织有序	10	优	10	良	9	中	7	差	6						
工作质量	20	优	20	良	18	中	14	差	12						
工作效率	10	优	10	良	9	中	7	差	6						
工作完整	10	优	10	良	9	中	7	差	6						
工作规范	10	优	10	良	9	中	7	差	6						
成果展示	20	优	20	良	18	中	14	差	12						
合计	100														

(3)教师评价

教师评价表

班级		姓名		学号		
任务1		识读结构设计说明				
评价项目		评价标准			分值/分	得分/分
考勤(10%)		无迟到、早退、旷课现象			10	
工作过程(60%)	引导问题1	1.完整　2.正确　3.书写清晰			5	
	引导问题2	1.正确　2.书写清晰			5	
	引导问题3	1.正确　2.书写清晰			5	
	引导问题4	1.正确　2.书写清晰			5	
	引导问题5	1.正确　2.书写清晰			5	
	引导问题6	1.完整　2.正确　3.清晰			5	
	图纸识读记录单	1.全面　2.专业　3.正确　4.清晰			15	
	工作态度	态度端正,工作认真、主动			5	
	协调能力	能按计划完成工作任务			5	
	职业素质	能与小组成员、同学合作交流,协调工作			5	
项目成果(30%)	工作完整	能按时完成任务			5	
	工作规范	能按规范要求,完成引导问题及编制识读记录单			5	
	识读记录单	编写规范、专业、全面			15	
	成果展示	能准确表达、汇报工作成果			5	
合计					100	
综合评价		学生自评(20%)	小组互评(30%)	教师评价(50%)	综合得分	

典型工作环节5　拓展思考题

识读“附件1 人才公寓楼项目”的结构设计总说明(结总0-01—结总0-05),解释结构设计说明中的专业术语。

学习性工作任务 2 识读基础平法施工图

典型工作任务描述

根据《房屋建筑制图统一标准》(GB/T 50001—2017)、《混凝土结构施工图平面整体表示方法制图规则和构造详图——独立基础、条形基础、筏形基础、桩基础》(22G101—3)和附件 2 办公楼项目平法图样(结施-03、结施-04、结施-05)的图纸信息并进行规范表达。

【学习目标】

1. 了解混凝土结构基础的常见形式。
2. 掌握条形基础、独立基础平法施工图的制图规则。
3. 熟悉基础标准构造详图的内容,包括柱纵向钢筋在基础中的构造、基础底板配筋构造、基础底部与顶部配筋构造等。
4. 熟悉基础平法施工图的识读方法,具备识读独立基础和条形基础平法施工图的基本能力。

【任务书】

根据《房屋建筑制图统一标准》(GB/T 50001—2017)、《混凝土结构施工图平面整体表示方法制图规则和构造详图》(22G101—3)图集和典型工作环节 2 的资讯材料,完成引导问题和附件 2 办公楼项目图纸中基础结构图样(结施-03—结施-05)的识读,填写"图纸识读记录单"。

典型工作环节 1 工作准备

1. 阅读任务书,基本了解基础施工图的表达内容和表现方法。
2. 小组成员对本次任务进行分解,制订合理的实施计划,并进行人员任务分工。
3. 学习资讯材料,填写学生任务分配表、图纸识读记录单,查阅《混凝土结构施工图平面整体表示方法制图规则和构造详图》(22G101—3)。

学生任务分配表

<table>
<tr><td>班级</td><td></td><td>组号</td><td></td><td>指导教师</td><td></td></tr>
<tr><td>组长</td><td></td><td>学号</td><td colspan="3"></td></tr>
<tr><td rowspan="4">组员</td><td colspan="3">姓名</td><td colspan="2">学号</td></tr>
<tr><td colspan="3"></td><td colspan="2"></td></tr>
<tr><td colspan="3"></td><td colspan="2"></td></tr>
<tr><td colspan="3"></td><td colspan="2"></td></tr>
<tr><td colspan="6">任务分工</td></tr>
</table>

典型工作环节2　资讯搜集

知识点1:基础的分类

建在地基(支撑建筑物的土层称为地基)以上至房屋首层室内地坪(±0.000)以下的承重部分称为基础。基础的形式、大小与上部结构、荷载大小及地基的承载力有关,按构造可分为条形基础、独立基础、筏板基础、桩基础、箱形基础等形式。

(1)条形基础

当建筑物上部采用墙承重时,基础沿墙身设置,多做成长条形,这类基础称为条形基础或带形基础,是墙承式建筑基础的基本形式。有时可设在柱下,协调基础的不均匀沉降。条形基础的常见样式如图5.2所示。

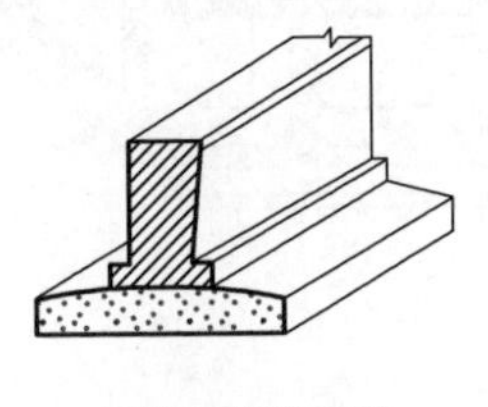

(a)墙下条形基础

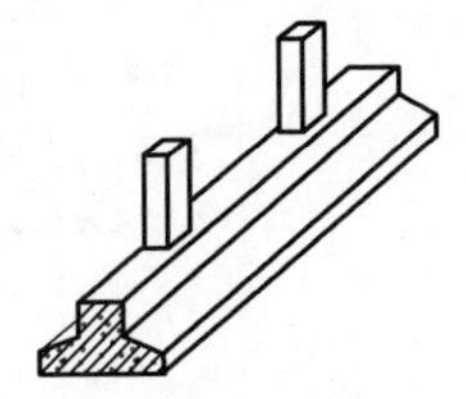

(b)柱下条形基础

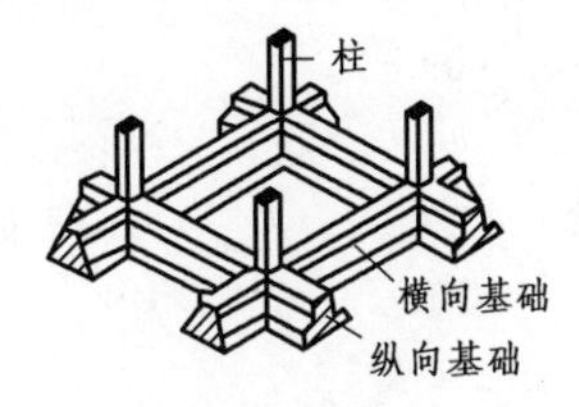

(c)十字交叉基础

图5.2　条形基础样式

(2)独立基础

当建筑物上部结构采用柱时,宜采用独立基础。独立基础的常见样式如图5.3所示。

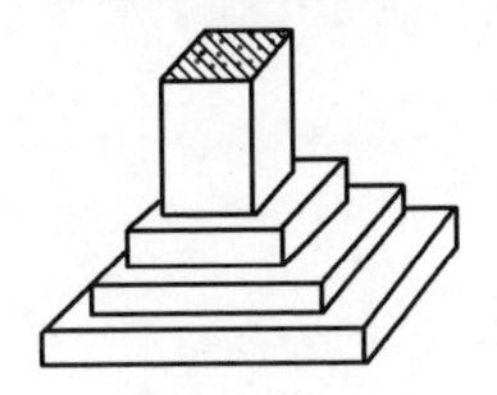

(a)柱下阶梯形基础

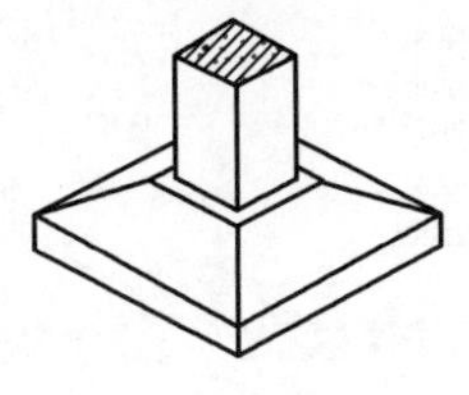

(b)柱下坡形基础

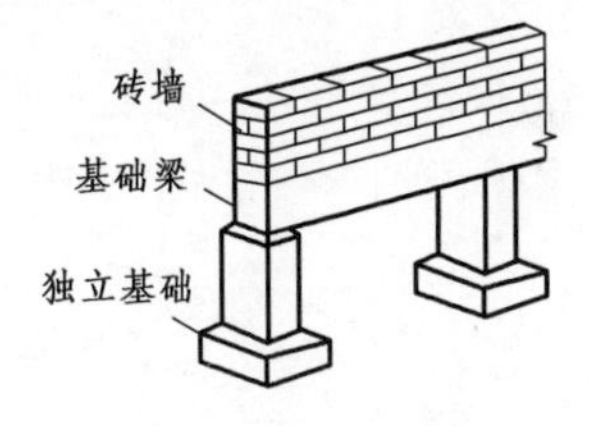

(c)墙下独立基础

图5.3　独立基础样式

(3)筏板基础

筏板基础像一个倒置的楼盖,又称为满堂基础。筏板基础分为板式和梁式两大类,主要用于地基承载力小、荷载较大的多层或高层住宅、办公楼等建筑。筏板基础的常见样式如图5.4所示。

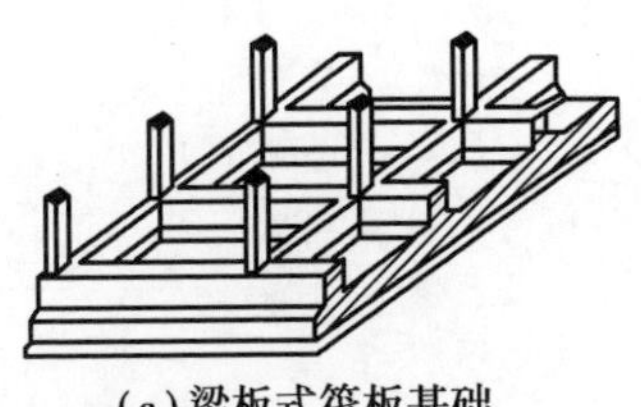

(a)梁板式筏板基础

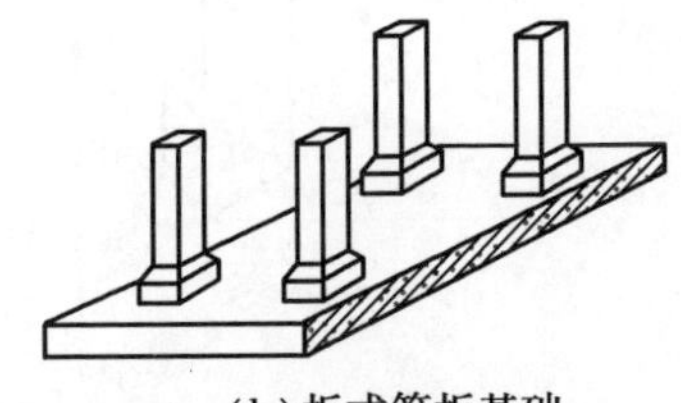

(b)板式筏板基础

图5.4　筏板基础样式

(4)桩基础

桩基础承载能力强,是应用最广的深基础形式。按受力不同可分为端承桩和摩擦桩,常见样式如图5.5所示。

(5)箱形基础

箱形基础由钢筋混凝土底板、顶板和纵横交叉的隔墙构成,多用于高层建筑。箱形基础的常见样式如图5.6所示。

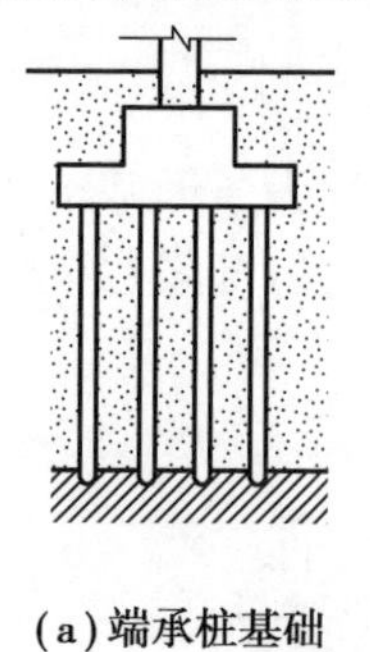

(a)端承桩基础

(b)摩擦桩基础

图5.5 桩基础样式

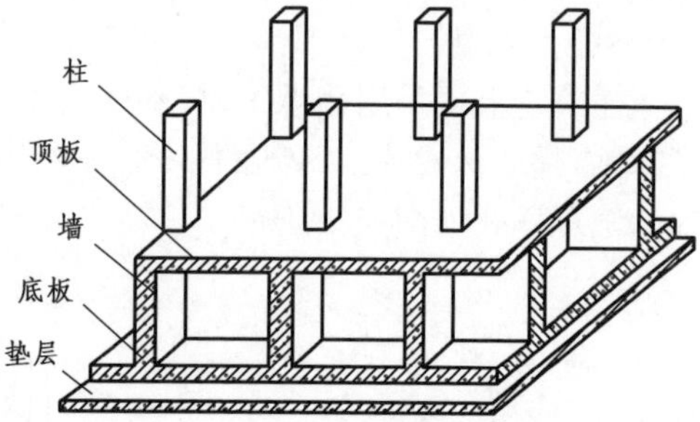

图5.6 箱形基础样式

知识点2:基础的组成

条形基础按受力特征可分为梁板式条形基础和板式条形基础;按上部结构可分为墙下条形基础和柱下条形基础,如图5.7所示。墙下条形基础各部位名称如图5.8所示。

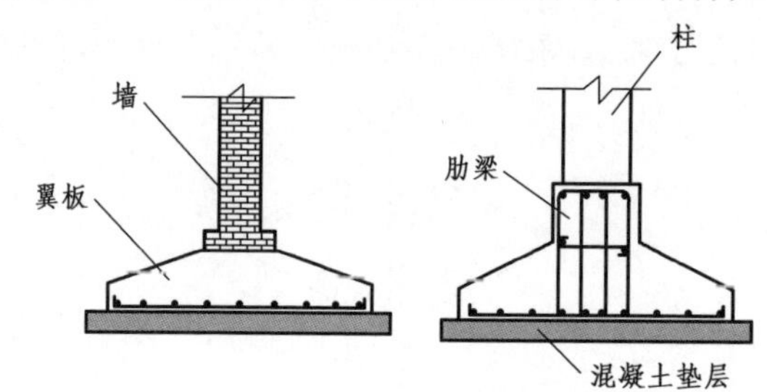

图5.7 条形基础类型

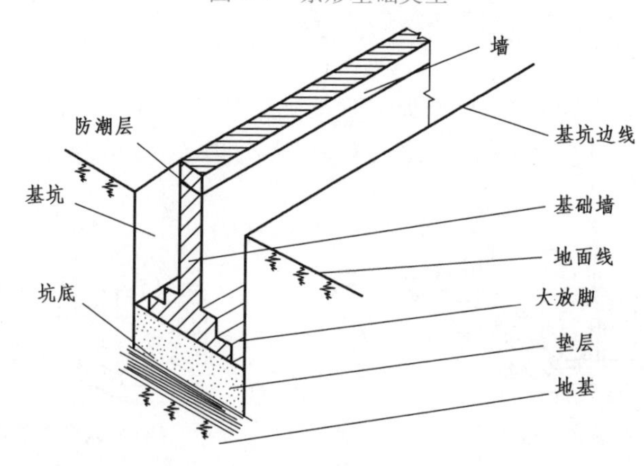

图5.8 条形基础各部位名称

知识点3:基础的埋深与基础高度

基础埋深是指从室外地面到基础底面的垂直距离,基础高度为基础底面至基础顶面的垂直距离,如图5.9所示。埋深 >5 m 的基础称为深基础,0.5 m < 埋深 <5 m 的基础称为浅基础。

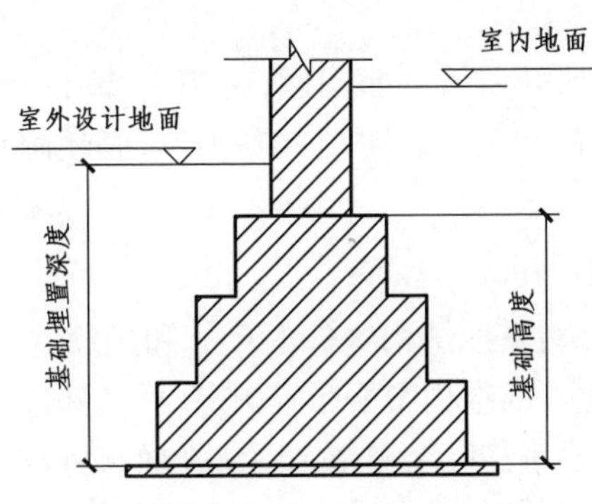

图5.9　基础埋深与基础高度示意图

知识点4:基础图的形成及内容

基础平面图的形成及图示方法

1.基础图的概念

基础图是表示建筑物室内地面以下基础部分的平面布置和详细构造的图样,一般包括基础平面图和基础详图两大部分。基础平面图是施工放线、开挖基槽、砌筑基础等的依据。

2.基础平面图的形成

假想用一个水平剖切平面,沿着房屋的室内地面与基础之间剖开,移去上部,向下投影,得到的正投影图即基础平面图。基础平面图是表达基础平面布置的图样,一般按以下规定表达:

①在基础平面图中,只画出基础墙、柱及基础底面的轮廓线,基础的细部轮廓(如大放脚)可省略不画。

②凡被剖切到的基础墙、柱轮廓线,应画成中实线,剖切到的钢筋混凝土柱涂黑,基础底面的轮廓线应画成细实线。

③基础平面图应标注与建筑平面图相一致的定位轴线编号和轴线尺寸。

④当基础墙上留有管洞时,应用虚线表示其位置,具体做法及尺寸另用详图表示。

⑤当房屋底层平面中开有较大门洞时,为了防止在地基反力作用下门洞处室内地面开裂隆起,通常在门洞处的条形基础中设置基础梁,并用粗点画线或其轮廓线表示其中心线的位置。

3.基础平面图的图示内容

①图名、比例。

②纵、横向定位轴线及编号、轴线尺寸。

③基础的平面布置。基础的平面图应反映基础的墙、柱、梁,基础底面的形状、大小及基础与轴线的关系尺寸。桩位平面应反映各桩与轴线间的定位尺寸,承台平面应反映各承台与轴线间的定位尺寸。

④管沟的位置及宽度。

⑤梁、独立基础的编号及条形基础的断面符号。

⑥施工说明,即所用材料的强度等级、防潮层做法、设计依据以及施工注意事项等。

基础详图的形成及图示方法

4. 基础详图的图示内容

基础详图是将基础垂直切开所得的断面图,常用 1∶20 的比例绘制,主要表明基础的断面形状、材料、构造和大小。对独立基础,有时还附单个基础的平面详图。

知识点 5:平法的概念与作用

平法即平面整体表达方法,是把结构构件的尺寸和配筋等,按照平面整体表示方法制图规则,整体直接表达在各类构件的结构平面布置图上,再与标准构造详图配合,构成完整的结构施工图的方法。平法改变了将传统结构施工图从平面布置图中索引出来,再逐个绘制配筋详图的烦琐方法,减少了设计人员的工作量,同时也减少了传统结构施工图中“错、漏、碰、缺”的质量通病。

目前现行的常用平法标准设计系列国标图集主要有:

①《混凝土结构施工图平面整体表示方法制图规则和构造详图(现浇混凝土框架、剪力墙、梁、板)》(22G101—1)。

②《混凝土结构施工图平面整体表示方法制图规则和构造详图(现浇混凝土板式楼梯)》(22G101—2)。

③《混凝土结构施工图平面整体表示方法制图规则和构造详图(独立基础、条形基础、筏形基础、桩基础)》(22G101—3)。

④《建筑物抗震构造详图(多层和高层钢筋混凝土房屋)》(20G329—1)。

⑤《建筑物抗震构造详图(多层砌体房屋和底部框架砌体房屋)》(11G329—2)。

⑥《建筑物抗震构造详图(单层工业厂房)》(11G329—3)。

知识点 6:条形基础平法施工图的一般规定

此部分内容请查阅 22G101—3 图集第 20 页至第 27 页内容。主要包括条形基础平法施工图的表示方法、条形基础编号、基础梁的平面注写方式、条形基础底板的平面注写方式、条形基础的截面注写方式 5 部分内容。

条形基础平法表示方法可用图 5.10 表示。

知识点 7:条形基础底板构造详图识读

此部分内容请查阅 22G101—3 图集第 76 页至第 80 页内容。主要包括条形基础底板配筋构造、条形基础底板不平构造、条形基础底板配筋长度减短 10% 构造、基础梁纵向钢筋与箍筋构造、附加箍筋构造、附加(反扣)吊筋构造等内容。

知识点 8:独立基础平法施工图的制图规则

此部分内容请查阅 22G101—3 图集第 7 页至第 19 页内容。主要包括独立基础平法施工图的表示方法、独立基础编号、独立基础的平面注写方式、独立基础的截面注写方式 4 部分内容。

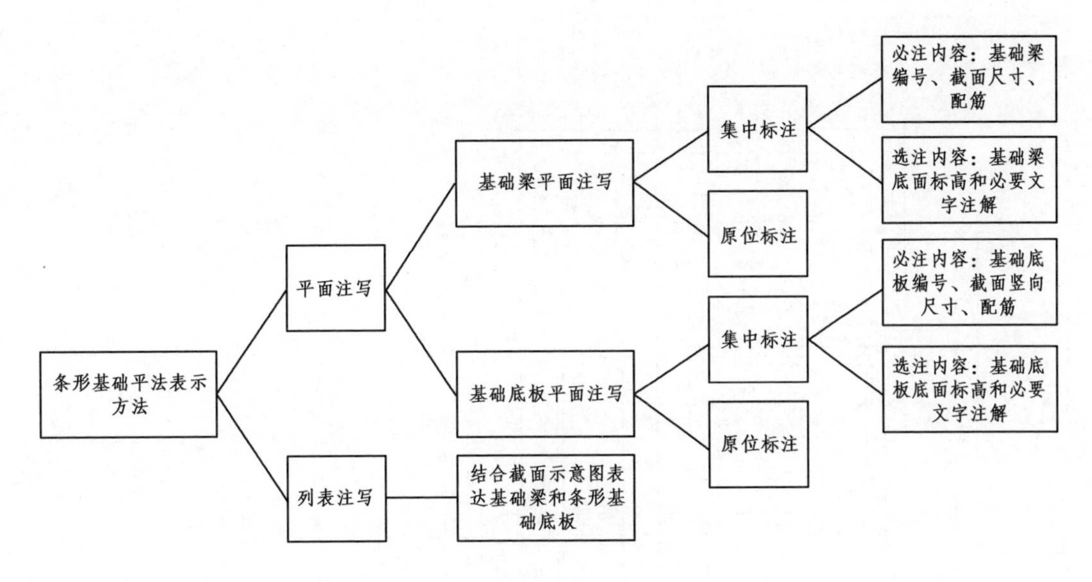

图 5.10　条形基础平法表示方法

知识点 9:独立基础标准构造详图识读

此部分内容请查阅 22G101—3 图集第 67 页至第 75 页和第 105 页内容。主要包括独立基础底板配筋构造、双柱普通独立基础底部与顶部配筋构造、设置基础梁的双柱普通独立基础配筋构造、独立基础底板配筋长度减短 10% 构造、杯口和双杯口独立基础配筋构造、高杯口独立基础配筋构造、双高杯口独立基础配筋构造、双柱带短柱独立基础配筋构造等内容。

知识点 10:基础施工图识读步骤

1. 基础平面布置图的识读步骤

①了解图名、比例。

②了解纵横定位轴线及其编号。基础横向定位轴线及轴线尺寸同建筑平面图。

③了解基础的平面布置,即基础墙、柱和基础底面的形状、大小及其与轴线的关系。

④了解基础梁的位置及代号。因目前采用平面整体表示法,故图中没有表示出梁的位置及代号,而是用基础详图表示基础梁的位置及代号,而且将梁的尺寸和配筋全部表示出来。

⑤了解施工说明。

2. 基础详图的识读步骤

①了解图名与比例,因为基础的种类比较多,读图时,将基础详图的图名与基础平面图的剖切符号、定位轴线对照,了解该基础在建筑中的位置。

②了解基础的形状、大小与材料。

③了解基础各部位的标高,计算基础的埋置深度。

④了解基础的配筋情况。

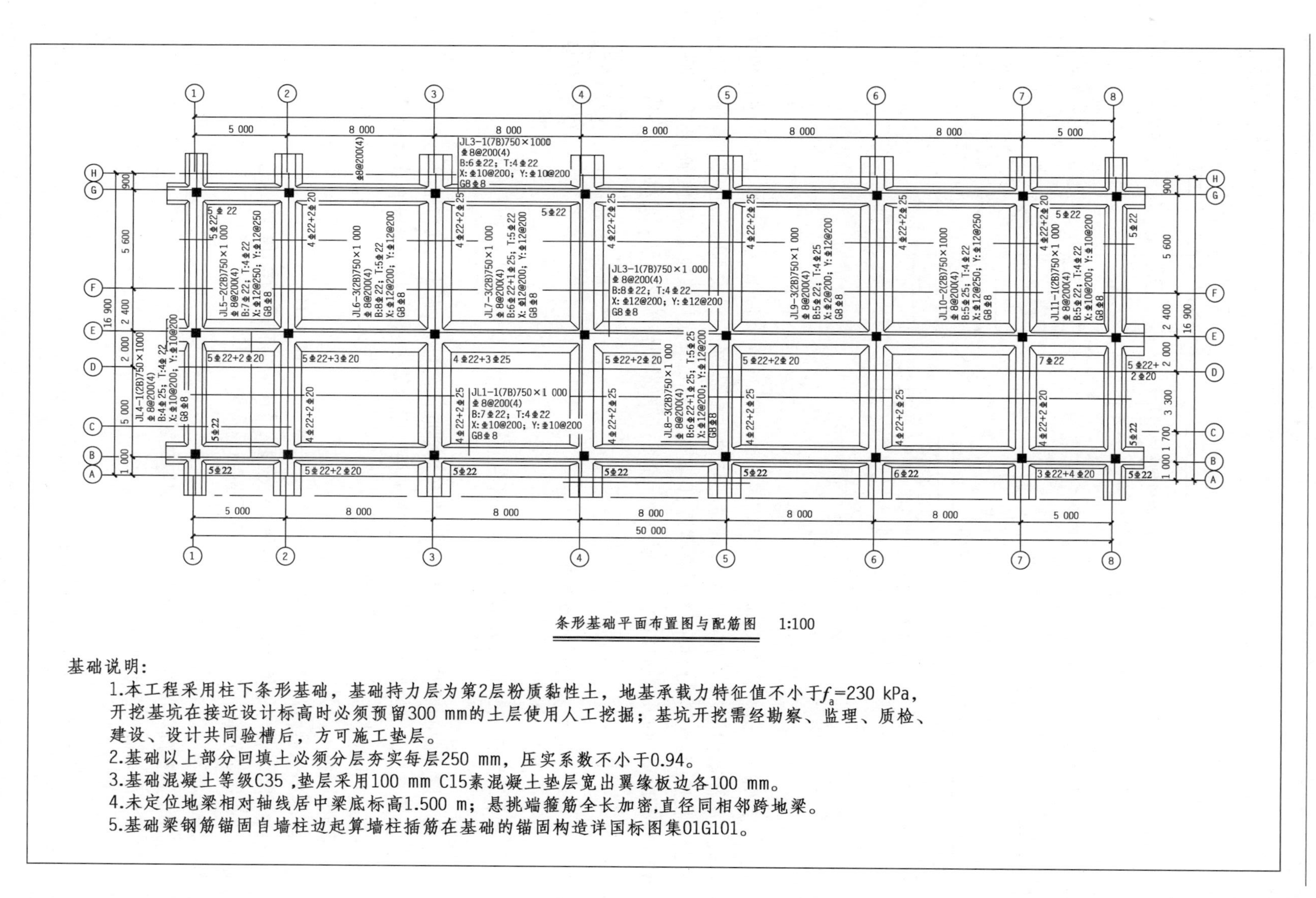

条形基础平面布置图与配筋图　1:100

基础说明:

1.本工程采用柱下条形基础，基础持力层为第2层粉质黏性土，地基承载力特征值不小于f_a=230 kPa，开挖基坑在接近设计标高时必须预留300 mm的土层使用人工挖掘；基坑开挖需经勘察、监理、质检、建设、设计共同验槽后，方可施工垫层。

2.基础以上部分回填土必须分层夯实每层250 mm，压实系数不小于0.94。

3.基础混凝土等级C35 ,垫层采用100 mm C15素混凝土垫层宽出翼缘板边各100 mm。

4.未定位地梁相对轴线居中梁底标高1.500 m；悬挑端箍筋全长加密,直径同相邻跨地梁。

5.基础梁钢筋锚固自墙柱边起算墙柱插筋在基础的锚固构造详国标图集01G101。

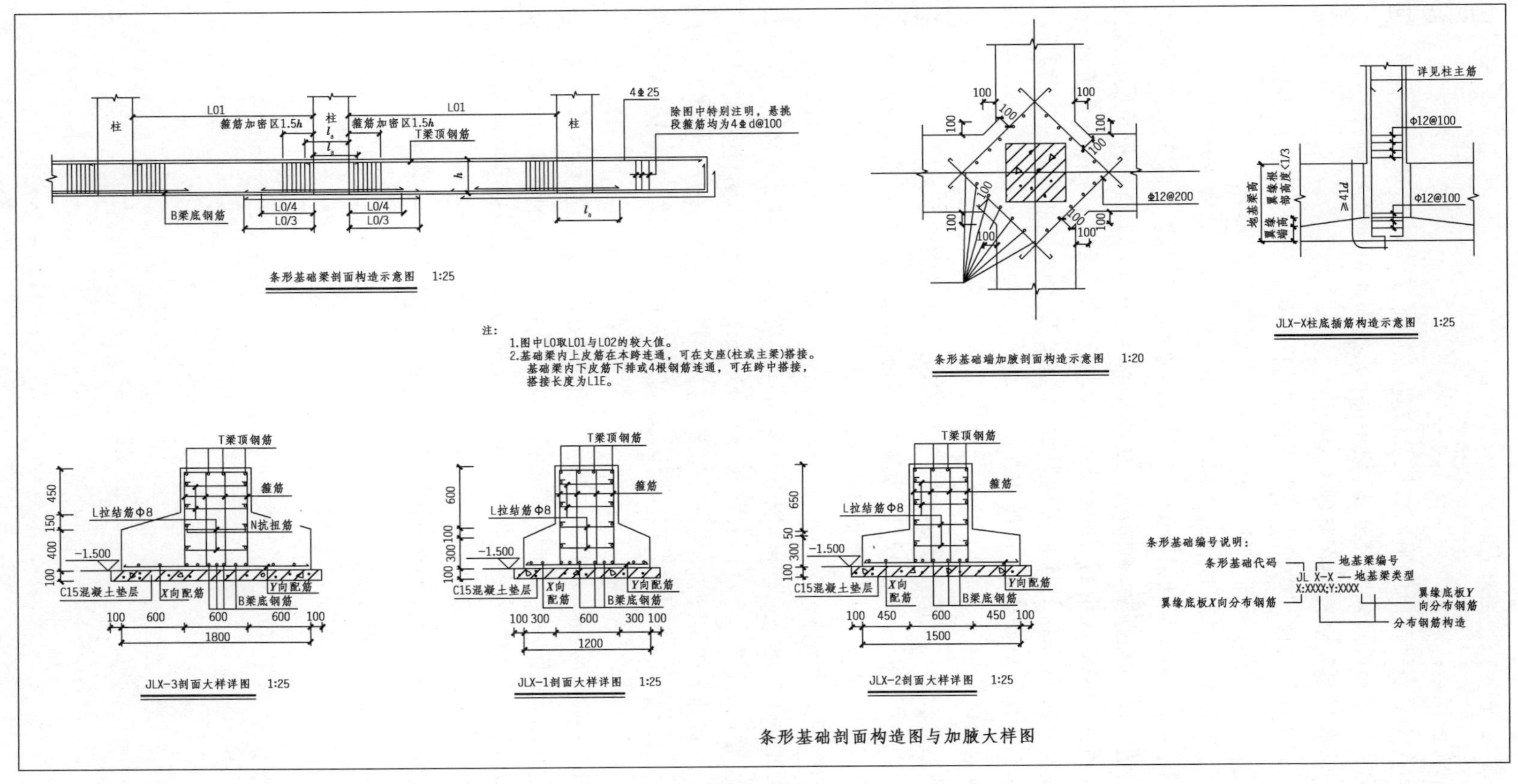

图5.11　某工程条形基础平面布置图与配筋图

钢筋混凝土基础平面图识读范例

知识点11:基础施工图识读范例

1. 基础平面图识读范例

基础平面图主要表示基础的平面布局及位置。因此,只需绘出基础墙、柱及基底平面轮廓和尺寸即可。除此之外,其他细部(如条形基础的大放脚、独立基础的锥形轮廓线等),都不必反映在基础平面图中。

①从图5.11中可知,该图为条形基础平面布置图与配筋图,比例为1∶100。

②与建筑平面图对照,基础平面图的定位轴线与建筑平面图对应。

③此图显示基础为柱下条形基础,并带有基础梁,柱下条形基础连续封闭设置。

④根据编号可知,条形基础梁有11种,与条形基础配合设置。以3号基础梁为例,说明其构造和配筋情况:3号基础梁,截面尺寸为750 mm×1 000 mm,连续7跨设置且两端悬挑;箍筋采用4肢箍,HRB400级钢筋每间距200 mm布置一道;梁内下部配置6根直径为22 mm的HRB400级受力筋,下部配置4根直径为22 mm的HRB400级钢筋;条基底板双向配筋,均为直径10 mm的HRB400级钢筋,间距200 mm。

2. 基础详图识读范例

条形基础详图识读范例

基础详图主要表达基础的形状、尺寸、材料、构造及基础的埋置深度等,各种基础的图示方法有所不同。图5.12(a)为某宿舍基础详图JC1,此基础为钢筋混凝土条形基础,它包括基础、基础圈梁和基础墙3个部分。从地下室室内地坪-2.400~-3.500为基础墙体,它是370 mm厚砖墙(-3.500以上120 mm高墙厚为490 mm)。在距室内地坪-2.400以下60 mm,有一道粗实线表示防潮层。从-3.500~-4.000为基础大放脚,高度为500 mm,宽度为2 400 mm,在基础底板配有双层Φ12@200钢筋。基础圈梁JQL与基础大放脚浇筑在一起,顶面标高为-3.500,其截面尺寸宽为450 mm,高为500 mm,配筋为上下各4Φ14钢筋,箍筋为Φ8@200的双肢箍。基础下有100 mm厚C10素混凝土垫层。

独立基础详图识读范例

图5.12(b)为一锥形独立基础。它除了画出垂直剖视图外,还画出了平面图。垂直剖视图清晰地反映了基础柱、基础及垫层3个部分。基础底部为2 000 mm×2 200 mm的矩形,基础为高600 mm的四棱台形,基础底部配置Φ8@150、Φ8@100的双向钢筋。基础下面是100 mm厚C10素混凝土垫层。基础柱尺寸为400 mm×350 mm,预留插筋8Φ16,钢筋下端直接插入基础内部,上端与柱中钢筋搭接。

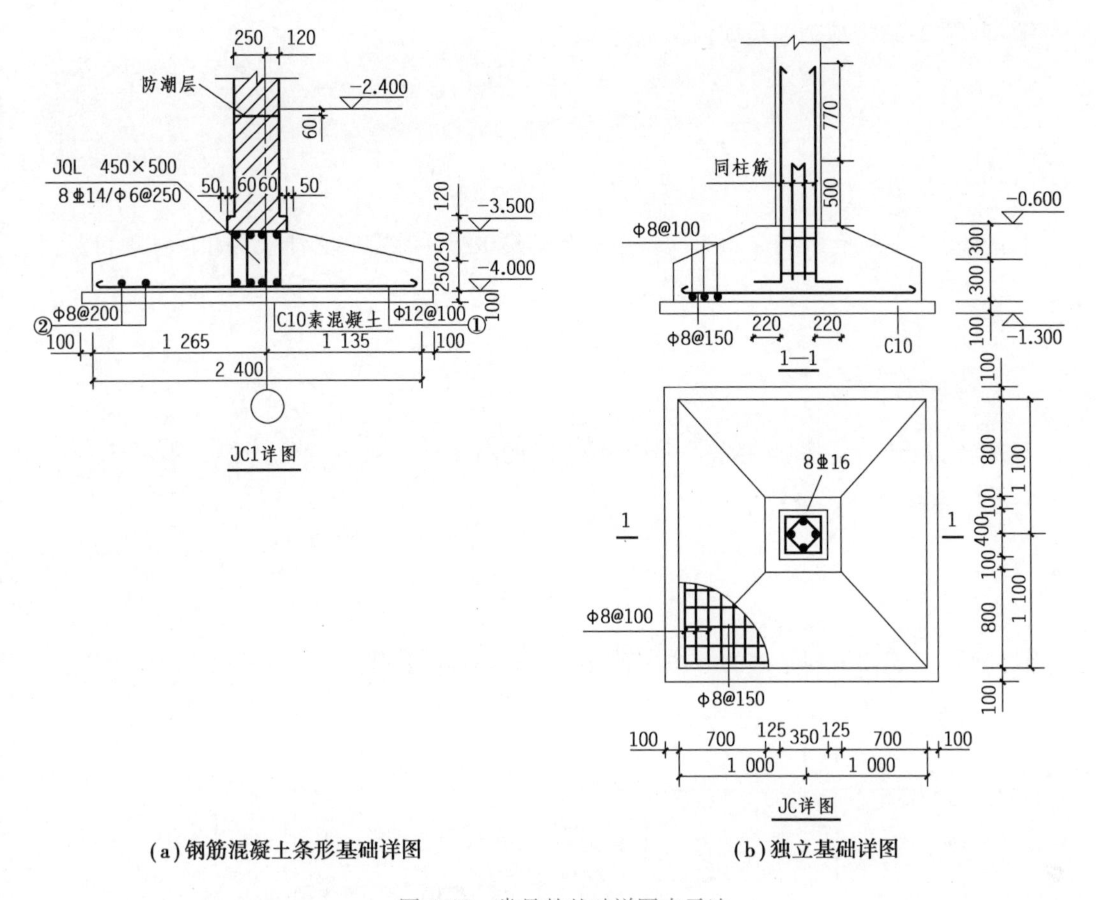

(a)钢筋混凝土条形基础详图　　(b)独立基础详图

图 5.12　常见的基础详图表示法

典型工作环节 3　工作实施

(1)学习资讯材料

学习 22G101—3 图集中条形基础和独立基础的平法制图规则,条形基础和独立基础标准构造图集中的相应规定,填写工作任务单。

(2)回答引导问题

引导问题 1:常见基础类型有哪些?分别适用于哪种结构类型的建筑?

引导问题 2:结构基础图是如何形成的?

引导问题 3:基础有哪些注写方式?独立基础集中标注有哪些必注项目和选注项目?

引导问题 4:什么是基础的埋深?什么是基础的高度?

引导问题 5:识读下列基础的标注内容,说明基础的类型、截面尺寸及受力筋配置情况。

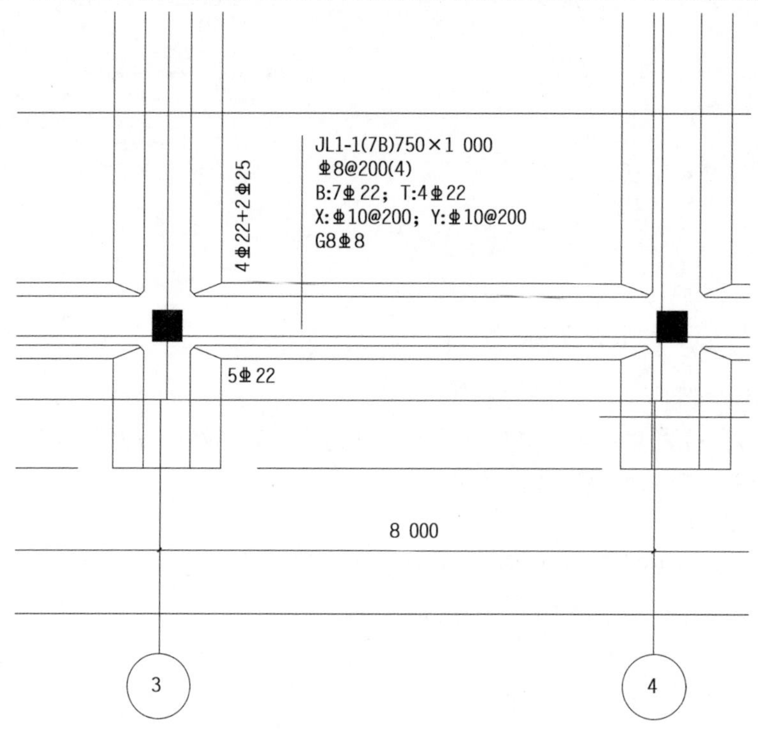

引导问题6:识读下列基础详图,判断该工程使用的基础形式,并说明该基础的截面尺寸及配筋情况。

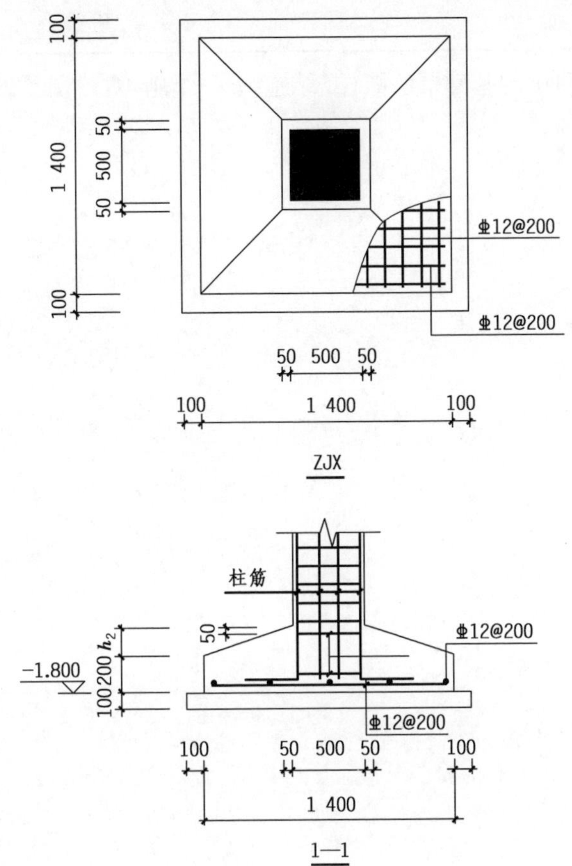

图纸识读记录单

班级:________组别:________

识读附件 2 办公楼项目中的基础平法图样(结施-03—结施-05),撰写识读记录。(此处教师提供电子版图纸供对照)

典型工作环节 4　评价反馈

(1)学生自评

学生自评表

班级		姓名		学号	
任务 2		识读基础平法施工图			
评价项目		评价标准		分值/分	得分/分
引导问题 1		1. 完整　2. 正确　3. 书写清晰		5	
引导问题 2		1. 完整　2. 正确　3. 书写清晰		5	
引导问题 3		1. 完整　2. 正确　3. 书写清晰		5	
引导问题 4		1. 完整　2. 正确　3. 书写清晰		5	
引导问题 5		1. 完整　2. 正确　3. 表达规范、书写清晰		5	
引导问题 6		1. 完整　2. 正确　3. 表达规范、书写清晰		5	
图纸识读记录单		1. 全面　2. 专业　3. 正确　4. 清晰		35	
工作态度		态度端正,无缺勤、迟到、早退现象		10	
工作质量		能按计划完成工作任务		10	
协调能力		能与小组成员、同学合作交流,协调工作		5	
职业素质		能做到细心、严谨,体现精益求精的工匠精神		5	
创新意识		能提炼材料内容,在阅读标准、规范、图集后,能理论联系实践,完成不同类型结构基础图的图纸识读		5	
合计				100	

(2)学生互评

学生互评表

任务名称	识读基础平法施工图														
评价项目	分值/分	等级								评价对象(组别)					
										1	2	3	4	5	6
计划合理	10	优	10	良	9	中	7	差	6						
团队合作	10	优	10	良	9	中	7	差	6						
组织有序	10	优	10	良	9	中	7	差	6						
工作质量	20	优	20	良	18	中	14	差	12						
工作效率	10	优	10	良	9	中	7	差	6						
工作完整	10	优	10	良	9	中	7	差	6						
工作规范	10	优	10	良	9	中	7	差	6						
成果展示	20	优	20	良	18	中	14	差	12						
合计	100														

(3)教师评价

教师评价表

班级		姓名		学号	
任务 2		识读基础平法施工图			
评价项目		评价标准		分值/分	得分/分
考勤(10%)		无迟到、早退、旷课现象		10	
工作过程(60%)	引导问题 1	1. 完整 2. 正确 3. 书写清晰		5	
	引导问题 2	1. 完整 2. 正确 3. 书写清晰		5	
	引导问题 3	1. 完整 2. 正确 3. 书写清晰		5	
	引导问题 4	1. 完整 2. 正确 3. 书写清晰		5	
	引导问题 5	1. 完整 2. 正确 3. 表达规范、书写清晰		5	
	引导问题 6	1. 完整 2. 正确 3. 表达规范、书写清晰		5	
	图纸识读记录单	1. 全面 2. 专业 3. 正确 4. 清晰		15	
	工作态度	态度端正,工作认真、主动		5	
	协调能力	能按计划完成工作任务		5	
	职业素质	能与小组成员、同学合作交流,协调工作		5	
项目成果(30%)	工作完整	能按时完成任务		5	
	工作规范	能按规范要求,完成引导问题及编制识读记录单		5	
	识读记录单	编写规范、专业、全面		15	
	成果展示	能准确表达、汇报工作成果		5	
合计				100	
综合评价		学生自评(20%)	小组互评(30%)	教师评价(50%)	综合得分

典型工作环节 5 拓展思考题

识读“附件 1 人才公寓楼项目”的基础平法图样(结施 1-01、结施 1-02)的图纸信息,规范撰写识读说明。

学习性工作任务3　识读柱平法施工图

典型工作任务描述

根据《房屋建筑制图统一标准》(GB/T 50001—2017)、《混凝土结构施工图平面整体表示方法制图规则和构造详图——现浇混凝土框架、剪力墙、梁、板》(22G101—1)和附件2办公楼项目结构柱平法图样(结施-06—结施-15)的图纸信息并进行规范表达。

【学习目标】

1. 了解柱平法施工图的表示方法、列表注写方式及截面注写方式。
2. 掌握柱平法施工图的制图规则。
3. 熟悉柱标准构造详图的内容。
4. 熟悉柱平法施工图的识读方法,具备识读柱平法施工图的基本能力。

【任务书】

根据《房屋建筑制图统一标准》(GB/T 50001—2017)、《混凝土结构施工图平面整体表示方法制图规则和构造详图》(22G101—1)图集和典型工作环节2的资讯材料,完成引导问题和附件2办公楼项目图纸中柱平法图样(结施-06—结施-15)的识读,填写"图纸识读记录单"。

典型工作环节1　工作准备

1. 阅读任务书,基本了解柱平法施工图表达内容和表达方法。

2. 小组成员对本次任务进行分解,制订合理的实施计划,并进行人员任务分工。

3. 学习资讯材料,填写学生任务分配表、图纸识读记录。查阅《混凝土结构施工图平面整体表示方法制图规则和构造详图》(22G101—1)。

学生任务分配表

<table>
<tr><td>班级</td><td></td><td>组号</td><td></td><td>指导教师</td><td></td></tr>
<tr><td>组长</td><td></td><td>学号</td><td colspan="3"></td></tr>
<tr><td rowspan="4">组员</td><td colspan="2">姓名</td><td colspan="3">学号</td></tr>
<tr><td colspan="2"></td><td colspan="3"></td></tr>
<tr><td colspan="2"></td><td colspan="3"></td></tr>
<tr><td colspan="2"></td><td colspan="3"></td></tr>
<tr><td colspan="6">任务分工</td></tr>
</table>

典型工作环节2　资讯搜集

知识点1:柱中钢筋的类型与作用

1. 柱中钢筋

按照受力作用不同,柱中钢筋可分为纵筋和箍筋两种,如图5.13所示。纵筋也称为受力筋,用来承受柱内压力或拉力;箍筋用来固定受力筋的位置,并承担部分剪力。

2. 柱的分类

(1)按构件类型分类

按构件类型分类,柱可分为框架柱、转换柱和芯柱。

①框架柱(KZ)。框架结构中的竖向承重构件。其根部嵌固在基础或地下结构上,并与框架梁刚性连接构成框架,如图5.14所示。

②转换柱(ZHZ)。转换柱是支撑转换梁的框架柱。转换柱包括部分框支剪力墙结构中的框支柱和框架-核心筒、框架-剪力墙结构中支承托柱转换梁的柱,是带转换层结构的重要构件,其受力性能与普通框架大致相同,但受力大,破坏后果严重,如图5.15所示。

③芯柱(XZ)。在柱子截面中心部位仍配置附加纵向钢筋及箍筋的柱子称为芯柱,如图5.16所示。

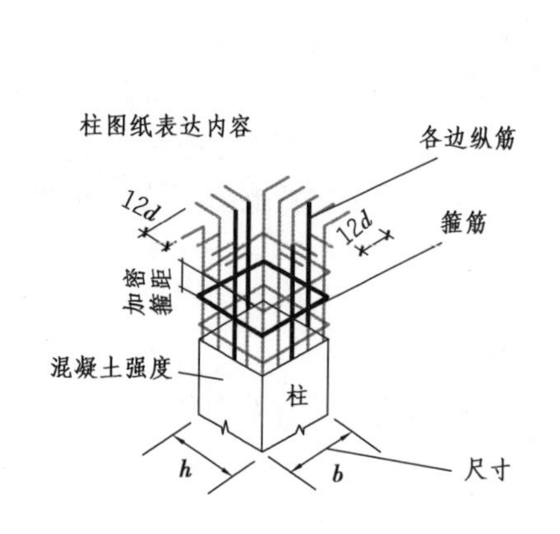

图5.13　柱内钢筋分布

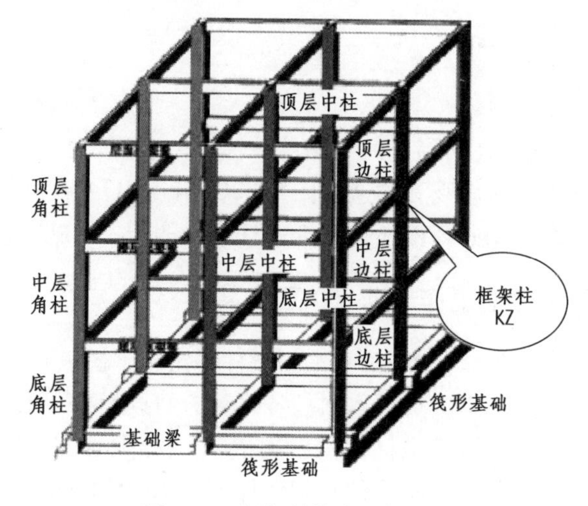

图5.14　框架结构中的框架柱

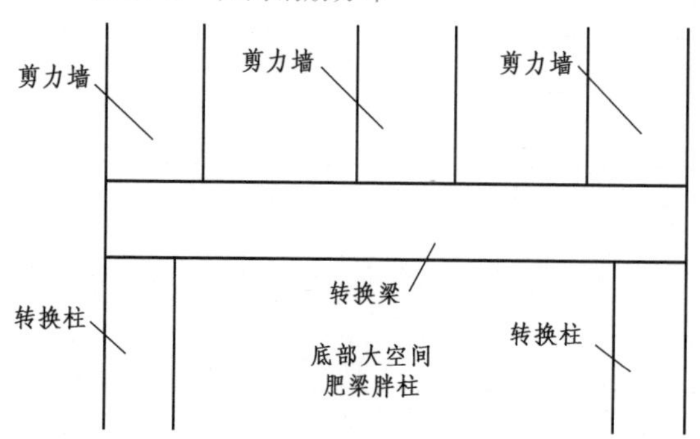

图5.15　框架结构中的转换柱

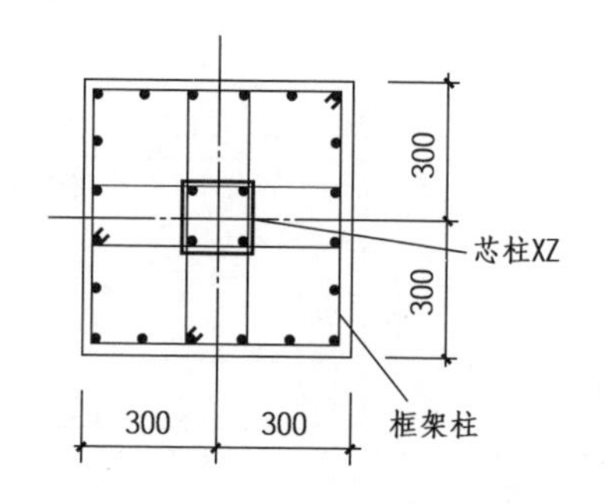

图5.16　框架结构中的芯柱

(2)按所处位置分类

按所处位置分类,柱可分为角柱、边柱、中柱,如图5.17所示。

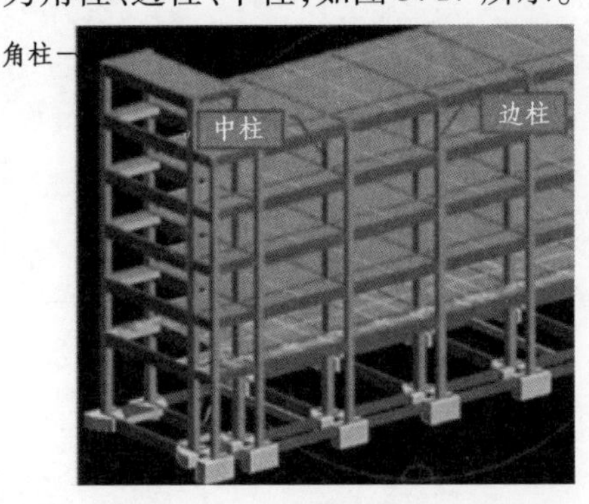

图5.17　结构中不同位置的柱

知识点2:柱平法施工图的形成

在柱高范围内用一假想水平剖切面将建筑物剖开,移去上部建筑物后所作的水平投影。柱平法施工图的画法一般遵循以下规则:

①一般只绘制柱及墙的轮廓线,其他梁等构件轮廓线省略不画。

②剖到的墙边线,画粗实线(中实线)。

③柱一般涂黑表示,并用平法标注。

④细部尺寸应注意标注完整。

知识点3:柱平法施工图的表示方法

柱平法施工图制图规则

此部分内容请查阅22G101—1图集第8页,内容为柱平法施工图的表示方法,即柱平法施工图是在柱平面布置图上采用列表注写方式或截面注写方式来表达的。

知识点4:柱列表注写方式

1.柱列表注写方式内容

此部分内容请查阅22G101—1图集第7、第8页。主要包括列表注写概念、列表注写内容、列表注写实例解释、列表注写图样4部分内容。

柱的列表注写内容如图5.18所示。

柱的列表注写方式:
- 柱编号
- 各段柱的起止标高
- 柱截面尺寸及与轴线的关系
- 柱纵筋
- 箍筋类型号及箍筋肢数
- 柱箍筋,包括钢筋级别、直径与间距

22G101—1　P7-P9

图5.18　柱列表注写内容

2.柱列表注写识读说明

柱平法施工图列表注写方式的几个主要组成部分为平面图、柱截面图类型、箍筋类型图、柱表、结构层楼面标高及结构层高等内容,如图5.19所示。

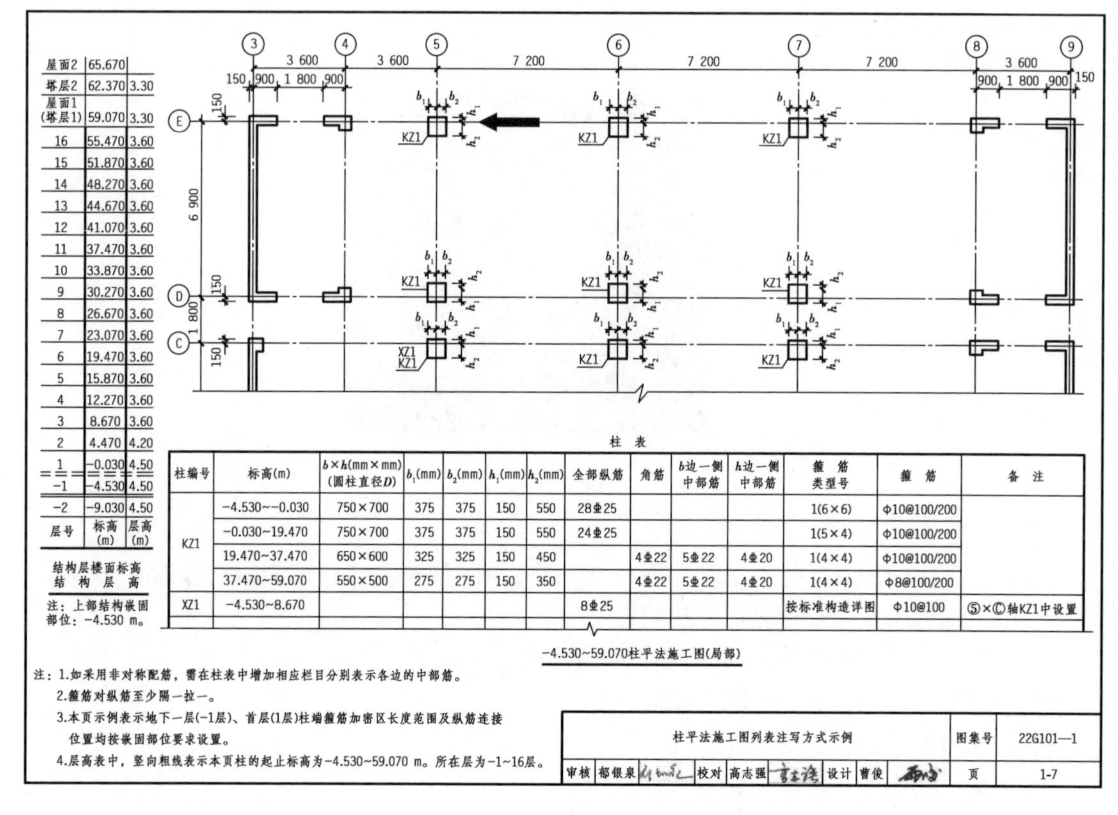

图 5.19　柱平法施工图列表注写方式示例

图 5.19 即为柱平法施工图列表注写方式。柱的大部分参数都在图中的“柱表”内。

①图 5.19 粗箭头所指的方块即为图纸中的柱子，是俯视效果下柱的截面形状。

②柱号（柱表中第一列）。从 22G101—1 第 7 页表 2.2.2-1 中可以了解到，KZ1 表示框架柱 1，XZ1 表示芯柱 1。柱号即为柱的名字，在计算工程量中便于分类区分。

③标高。注写各段柱的起止标高。本图柱表中 -4.530 ~ 0.030 标高，表示第一段柱子的起止标高。22G101—1 中规定：自柱根部往上以变截面的位置或截面未变但配筋改变为界分段注写。

从图中可以看出，KZ1 的标高分成 4 段，这 4 段对应的参数要么柱截面不同，要么配筋不同。

④矩形柱 $b \times h$（圆柱直径 d）：注写截面尺寸 $b \times h$ 与轴线关系的几何参数代号 b_1、b_2，h_1、h_2 的具体数值。

⑤注写柱纵筋：全部纵筋用 28⌀25 表示，表示 28 根直径为 25 mm 的 HRB400 钢筋。柱纵筋分角筋、截面 b 边中部筋和 h 边中部筋三项分别注写。对称配筋可仅注写一侧中部筋，非对称配筋每侧均注写中部筋。

⑥箍筋类型、肢数：以第二行“1(5 ×4)”为例。各种型号的箍筋肢数如图 5.20 所示。

以第二行“1(5 ×4)”为例，表示箍筋类型为类型 1，其中，纵向 5 肢箍，横向 4 肢箍，如图 5.21 所示。

⑦箍筋种类、直径、间距：用“/”区分柱端箍筋加密区与柱身非加密区的箍筋不同间距。

箍筋类型编号	箍筋肢数	复合方式
1	m×n	肢数m 肢数n h b
2	—	h b
3	—	h b
4	Y+m×n 圆形箍	肢数m 肢数n d

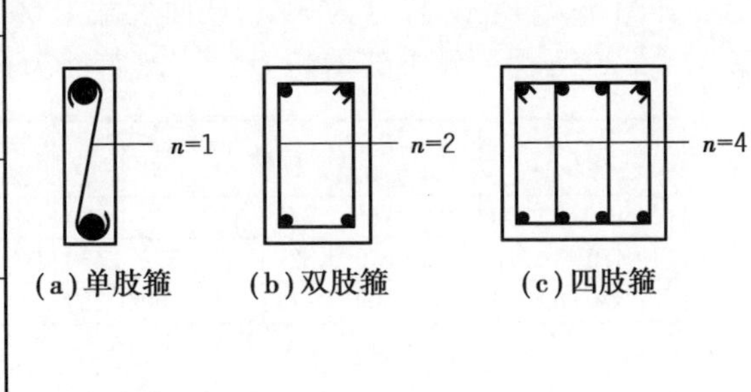

图 5.20　箍筋的肢数

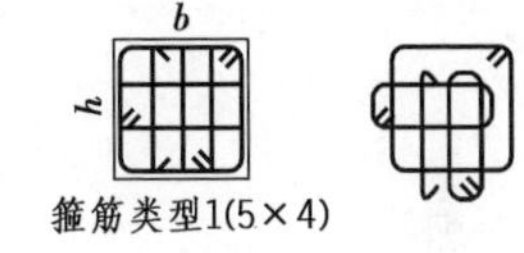

图 5.21　箍筋的肢数

图中,"Φ10@100/200"表示箍筋为 HPB300 级钢筋,直径为 10 mm,加密区间距为 100 mm,非加密区间距为 200 mm。

加密区长度:根据标准构造详图的规定(22G101—1 第 67 和 68 页),在几种规定的长度中取最大值。框架节点核心区内箍筋与柱端箍筋不同时:括号内应注明核心区箍筋的直径和间距。

知识点 5:柱截面注写方式

1. 柱截面注写方式内容

此部分内容请查阅 22G101—1 图集第 9、第 10 页和第 12 页内容。主要包括截面注写概念、编号方法、截面注写图样 3 部分内容。

图 5.19 采用截面注写方式表达时,如图 5.22 所示。

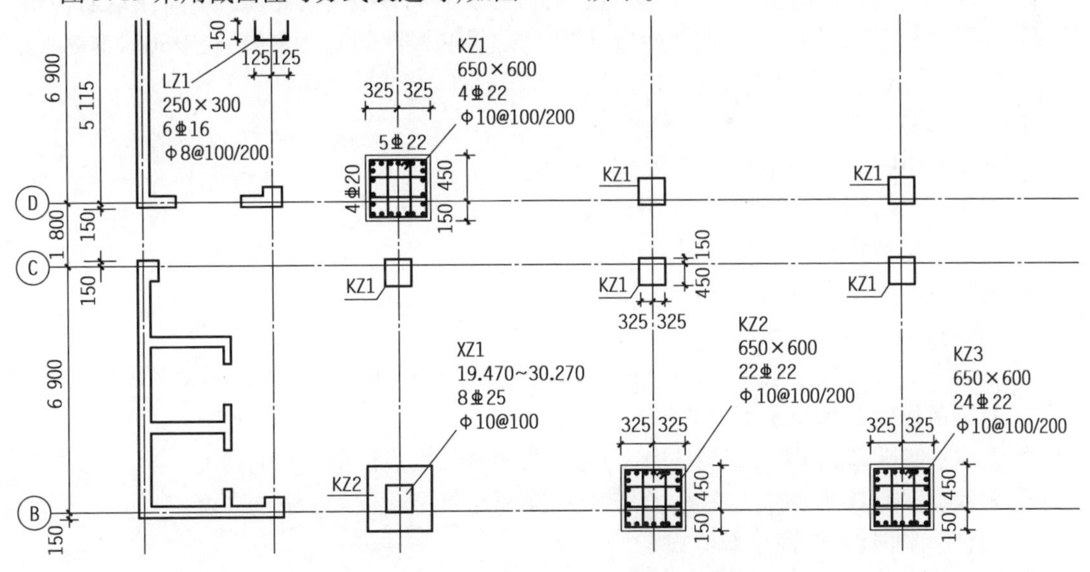

图 5.22　柱平法施工图截面注写方式示例

2. 柱截面注写识读说明

柱平法施工图截面注写方式与列表注写方式有以下对应,如图 5.23 所示。

如图 5.23 所示,柱号为 KZ1,截面尺寸为 650 mm×600 mm,角筋 4Φ22,h 边一侧中部钢筋为 4Φ20,b 边一侧中部钢筋为 5Φ22,箍筋为Φ10@100/200。

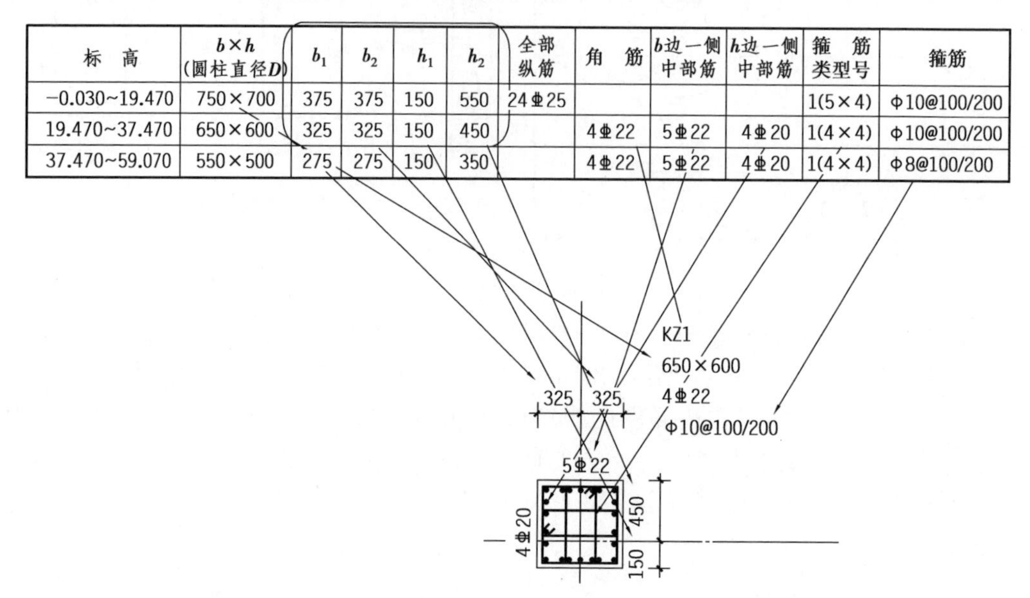

标　高	$b\times h$(圆柱直径D)	b_1	b_2	h_1	h_2	全部纵筋	角　筋	b边一侧中部筋	h边一侧中部筋	箍　筋类型号	箍筋
-0.030~19.470	750×700	375	375	150	550	24Φ25				1(5×4)	Φ10@100/200
19.470~37.470	650×600	325	325	150	450		4Φ22	5Φ22	4Φ20	1(4×4)	Φ10@100/200
37.470~59.070	550×500	275	275	150	350		4Φ22	5Φ22	4Φ20	1(4×4)	Φ8@100/200

图 5.23　柱平法施工图截面注写方式与列表注写方式对应图

知识点 6:柱的标准构造详图

柱内钢筋的构造详图包括以下内容:柱根插筋构造、首层柱钢筋构造、中间柱钢筋构造、顶层中柱钢筋构造、顶层边角柱钢筋构造、柱中间层钢筋根数的变化构造、柱中间层钢筋直径变化构造、柱变截面构造和柱箍筋构造。

1. 柱根插筋构造

详见 22G101—3 图集第 66 页。

基础中柱纵向钢筋,如图 5.24 所示。

2. 首层柱钢筋构造

详见 22G101—1 图集第 65 页。

(1)柱净高 H_n 取值的规定

①有地下室时底层柱净高:基础顶面或基础梁顶面至相邻基础层的顶板梁下皮的高度和首层楼面至顶板梁下皮的高度。

②无地下室无基础梁时,底层柱净高:基础顶面至首层顶板梁下皮的高度。

③无地下室有基础梁时,底层柱净高:基础梁顶至首层顶板梁下皮的高度。

(2)柱上端非连接区高度取值规定

柱上端非连接区高度为柱净高 $H_n/6$,h_c,500 mm 的三控值,应在这 3 个控值之中取最大者,使其全部得到满足。

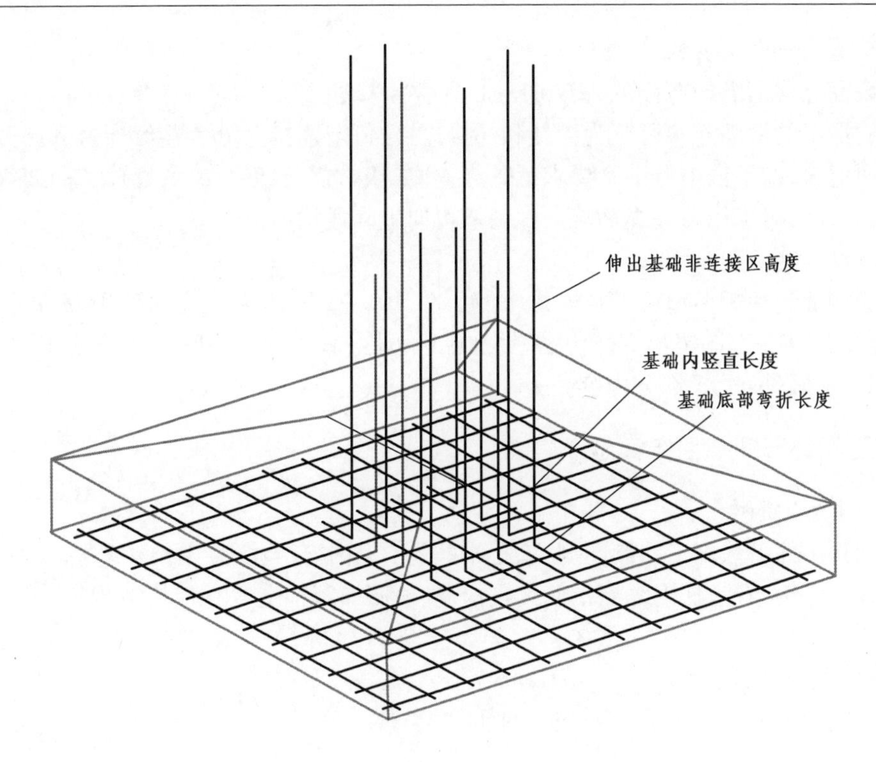

图 5.24　基础中柱纵向钢筋示意图

3. 中间柱钢筋构造

中间柱钢筋构造详见 22G101—1 图集第 65 页，第 65 页左侧 3 个图样：绑扎搭接、机械连接和焊接连接图样。

针对中间层柱纵筋连接：地上一层柱下端非连接区高度为柱净高 $H_n/3$ 的单控值；所有柱上端非连接区高度为柱净高 $H_n/6$，h_c，500 mm 的三控值，应在这 3 个控值之中取最大者，使其全部得到满足。

4. 顶层边角柱钢筋构造

详见 22G101—1 图集第 70 页。其中，图 a，b 为梁宽范围内钢筋构造样式，图 c，d 为梁宽范围外钢筋构造样式。

5. 顶层 KZ 中柱柱顶纵向钢筋构造

详见 22G101—1 图集第 72 页。

6. 柱中间层钢筋根数的变化构造

详见 22G101—1 图集第 65 页图 1 和图 3。图中多出的钢筋伸至相邻层，锚固长度为 $1.2l_{aE}$。图 1 和图 3 十分相似，区别在于图 1 构造上多出的钢筋要产生插筋；而图 3 构造上的钢筋直接伸上去即可。

7. 柱中间层钢筋直径的变化构造

详见 22G101—1 图集第 65 页图 2 和图 4。图中较大直径的钢筋伸至相邻层伸出非连接区高度。

图 2 在计算时，可以直接将下面的钢筋伸入上面，和上面的钢筋进行连接，但需要注意的是，上面的钢筋直径比较大时，直径大的钢筋要伸入下面和下面的钢筋连接。

8. 柱变截面纵向钢筋构造

柱变截面纵向钢筋构造详见 22G101—1 图集第 72 页。

此图构造中的钢筋连接可分为绑扎和焊接连接,每个连接又分为连续通过和断开通过构造。连续通过时,在平法中有一个要求就是当一、二级抗震等级 $\Delta/h_b>1/12$,三、四级抗震等级 $\Delta/h_b>1/6$ 时,可采用下柱纵筋略向内斜弯再向上直通构造。

9. 柱箍筋构造

柱箍筋构造包括矩形箍筋复合方式(详见 22G101—1 图集第 9 页和第 73 页)、箍筋弯钩构造(详见 22G101—1 图集第 63 页)、箍筋加密区范围(详见 22G101—1 图集第 67 页和第 68 页,22G101—3 第 66 页)3 部分内容。

典型工作环节 3　工作实施

(1)学习资讯资料

学习图集中柱平法施工图制图规则,标准构造详图中有关混凝土结构环境类别、锚固长度、搭接长度、弯钩构造、柱内纵向钢筋连接构造、箍筋加密构造等相应构造规定,填写工作任务单。

(2)回答引导问题

引导问题 1:框架柱平法注写有哪几种方式?

引导问题 2:框架柱箍筋加密区应设在什么位置?

引导问题 3:识读下列柱表可知,KZ1 在 -0.030 ~ 19.470 标高处柱段的配筋图为(　　)。

柱表

柱号	标高	b×h(圆柱直径D)	b_1	b_2	h_1	h_2	全部纵筋	角筋	b边一侧中部筋	h边一侧中部筋	箍筋类型号	箍筋	备注
KZ1	-4.530~-0.030	750×700	375	375	150	550	28⌀25				1(6×6)	Φ10@100/200	—
	-0.030~19.470	750×700	375	375	150	550	24⌀25				1(5×4)	Φ10@100/200	
	19.470~37.470	650×600	325	325	150	450		4⌀22	5⌀22	4⌀20	1(4×4)	Φ10@100/200	
	37.470~59.070	550×500	275	275	150	350		4⌀22	5⌀22	4⌀20	1(4×4)	Φ8@100/200	
XZ1	-4.530~8.670						8⌀25				按标准构造详图	Φ10@100	⑤×Ⓑ轴KZ1中设置

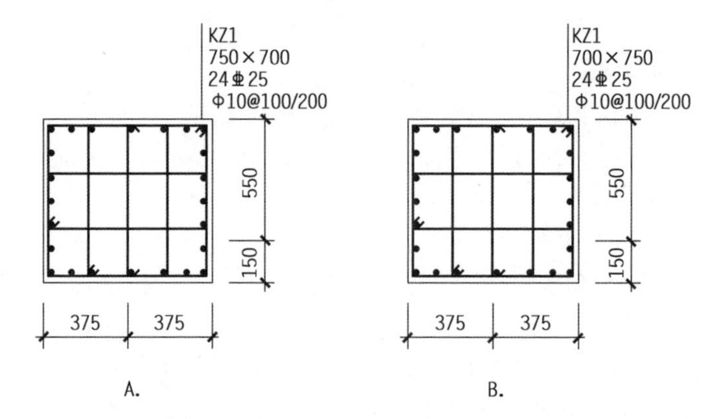

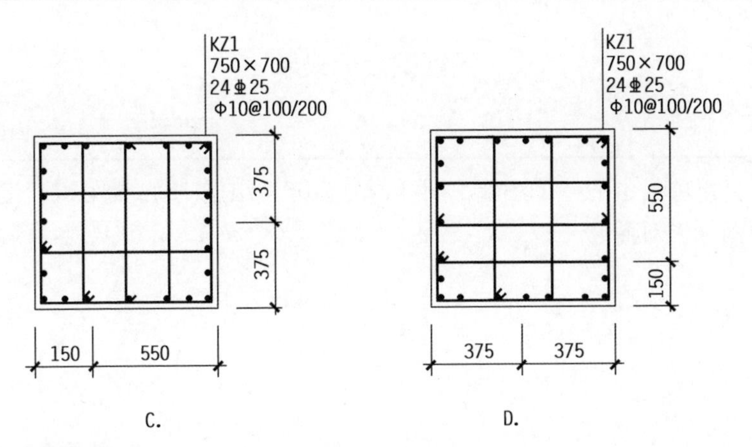

引导问题4:看图填空。

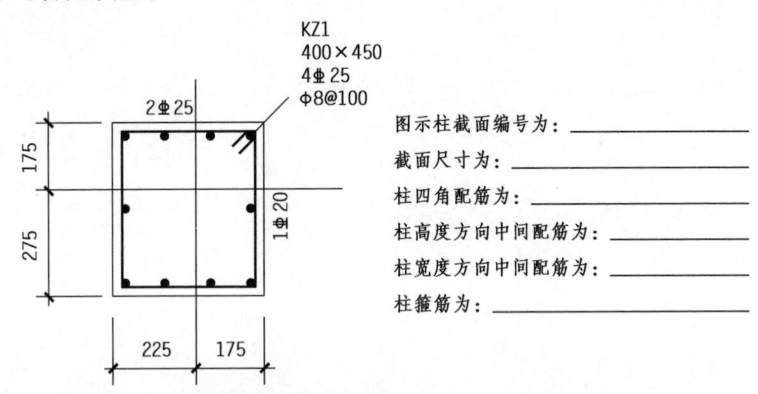

引导问题5:观察下图,可知箍筋的布置方式为(　　)肢箍。

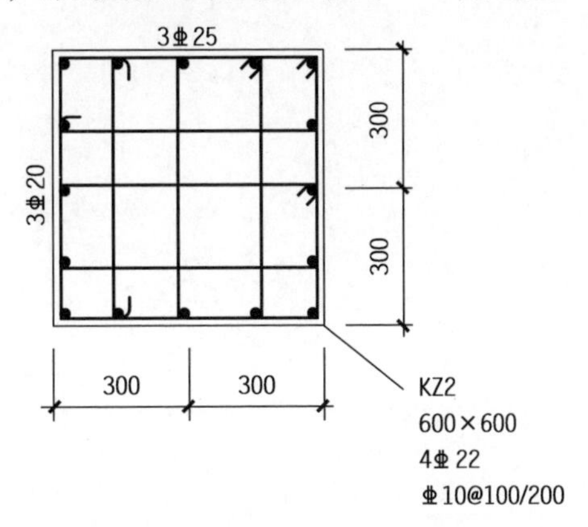

A.4×4　　B.5×5　　C.4×5　　D.5×4

引导问题6:引导问题5图中反映 b 边一侧中部筋为(　　)。

A.4 根 HRB400 级钢筋,直径为 22 mm

B.3 根 HRB400 级钢筋,直径为 20 mm

C.3 根 HRB400 级钢筋,直径为 25 mm

D.3 根 HRB400 级钢筋,直径为 10 mm

图纸识读记录单

班级:________ 组别:________

识读附件2办公楼项目中的柱平法施工图样(结施-06—结施-15),撰写识读记录。(此处教师提供电子版图纸供对照)

典型工作环节 4　评价反馈

(1)学生自评

学生自评表

班级		姓名		学号	
任务 3		识读柱平法施工图			
评价项目		评价标准		分值/分	得分/分
引导问题 1		1. 完整　2. 正确　3. 书写清晰		5	
引导问题 2		1. 正确　2 正确　3. 书写清晰		5	
引导问题 3		正确		5	
引导问题 4		1. 正确　2. 书写清晰		5	
引导问题 5		正确		5	
引导问题 6		正确		5	
图纸识读记录单		1. 全面　2. 专业　3. 正确　4. 清晰		35	
工作态度		态度端正,无缺勤、迟到、早退现象		10	
工作质量		能按计划完成工作任务		10	
协调能力		能与小组成员、同学合作交流,协调工作		5	
职业素质		能做到细心、严谨,体现精益求精的工匠精神		5	
创新意识		能提炼材料内容,在阅读标准、规范、图集后,能理论联系实践,完成不同类型结构柱平法图样的识读		5	
合计				100	

(2)学生互评

学生互评表

任务名称	识读柱平法施工图														
评价项目	分值/分	等级								评价对象(组别)					
										1	2	3	4	5	6
计划合理	10	优	10	良	9	中	7	差	6						
团队合作	10	优	10	良	9	中	7	差	6						
组织有序	10	优	10	良	9	中	7	差	6						
工作质量	20	优	20	良	18	中	14	差	12						
工作效率	10	优	10	良	9	中	7	差	6						
工作完整	10	优	10	良	9	中	7	差	6						
工作规范	10	优	10	良	9	中	7	差	6						
成果展示	20	优	20	良	18	中	14	差	12						
合计	100														

(3)教师评价

教师评价表

班级		姓名		学号		
任务3		识读柱平法施工图				
评价项目		评价标准			分值/分	得分/分
考勤(10%)		无迟到、早退、旷课现象			10	
工作过程(60%)	引导问题1	1.完整　2.正确　3.书写清晰			5	
	引导问题2	1.正确　2.正确　3.书写清晰			5	
	引导问题3	正确			5	
	引导问题4	1.正确　2.正确　3.书写清晰			5	
	引导问题5	正确			5	
	引导问题6	正确			5	
	图纸识读记录单	1.全面　2.专业　3.正确　4.清晰			15	
	工作态度	态度端正,工作认真、主动			5	
	协调能力	能按计划完成工作任务			5	
	职业素质	能与小组成员、同学合作交流,协调工作			5	
项目成果(30%)	工作完整	能按时完成任务			5	
	工作规范	能按规范要求,完成引导问题及编制识读记录单			5	
	识读记录单	编写规范、专业、全面			15	
	成果展示	能准确表达、汇报工作成果			5	
合计					100	
综合评价		学生自评(20%)	小组互评(30%)	教师评价(50%)	综合得分	

典型工作环节5　拓展思考题

识读“附件1 人才公寓楼项目”的柱平法图样(结施2-01—结施2-06和结施2-12—结施2-22)的图纸信息,规范撰写识读说明。

学习性工作任务4　识读梁平法施工图

典型工作任务描述

根据《房屋建筑制图统一标准》(GB/T 50001—2017)、《混凝土结构施工图平面整体表示方法制图规则和构造详图——现浇混凝土框架、剪力墙、梁、板》(22G101—1)和附件 2 办公楼项目梁平法图样(结施-16—结施-26)的图纸信息并进行规范表达。

【学习目标】

1. 了解梁平法施工图的表示方法、列表注写方式及截面注写方式。
2. 掌握梁平法施工图制图规则。
3. 熟悉梁标准构造详图的内容。
4. 熟悉梁平法施工图的识读方法,具备识读梁平法施工图的基本能力。

【任务书】

根据《房屋建筑制图统一标准》(GB/T 50001—2017)、《混凝土结构施工图平面整体表示方法制图规则和构造详图》(22G101—1)图集和典型工作环节 2 的资讯材料,完成引导问题和附件 2 办公楼项目图纸中梁平法图样(结施-16—结施-26)的识读,填写"图纸识读记录单"。

典型工作环节1　工作准备

1. 阅读任务书,基本了解梁平法施工图的表达内容和表现方法。
2. 小组成员对本次任务进行分解,制订合理的实施计划,并进行人员任务分工。
3. 学习资讯材料,填写学生任务分配表、图纸识读记录单,查阅 22G101—1 图集。

学生任务分配表

班级		组号		指导教师	
组长		学号			
组员	姓名		学号		
任务分工					

典型工作环节2　资讯搜集

知识点1:梁中钢筋的类型与作用

1. 梁中钢筋分类

按照受力作用不同,梁中钢筋可分为纵筋、箍筋和其他钢筋,如图5.25、图5.26所示。

纵向受力筋	横向受力筋
上部通长筋	箍筋
端支座负筋;中间支座负筋	拉筋
架立筋	吊筋;次梁加筋
侧面构造筋;侧面抗扭筋	
不伸入支座下部钢筋	
下部钢筋	
下部通长筋	

图5.25　梁内钢筋分类

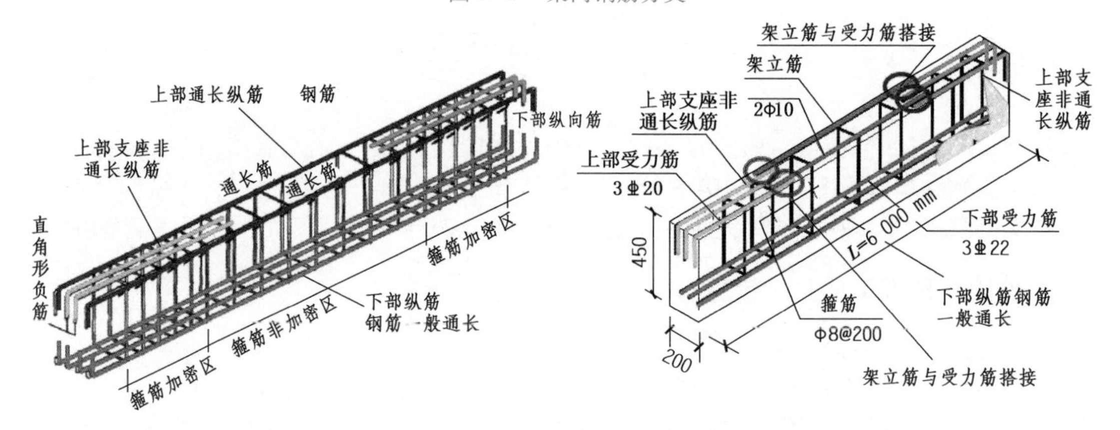

图5.26　梁内不同钢筋三维示意图

2. 梁的分类

梁按构件类型分类,可分为楼层框架梁、楼层框架扁梁、屋面框架梁、框支梁、托柱转换梁、非框架梁、悬挑梁、井字梁。

①楼层框架梁(KL)。两端与框架柱相连的梁,或者两端与剪力墙相连但跨高比不小于5的梁称为楼层框架梁,如图5.27所示。

②楼层框架扁梁(KBL)。框架扁梁是框架梁的一种,普通矩形截面梁的高宽比 h/b 一般取2.0~3.5,当梁宽大于梁高时,梁就称为扁梁。

③屋面框架梁(WKL)。位于整个框架结构顶面的梁,如图5.27所示。

④框支梁(KZL)。因建筑功能要求下部大空间,上部部分竖向构件不能直接连续贯通落地,而通过水平转换结构与下部竖向构件连接。当布置的转换梁支撑上部的剪力墙时,转换梁称为框支梁,支撑框支梁的柱子称为框支柱,如图5.28所示。

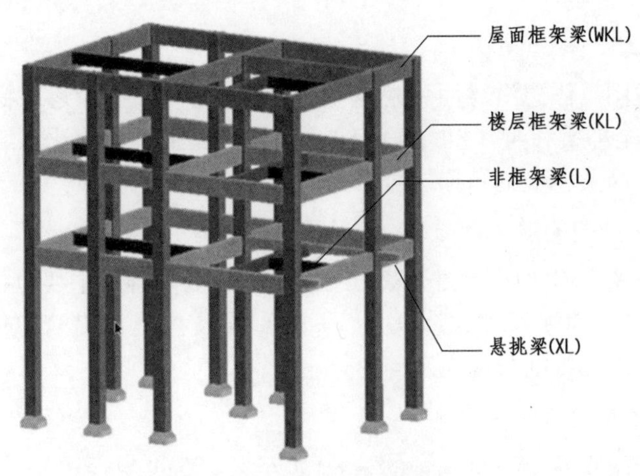

图 5.27　框架结构中的各种梁

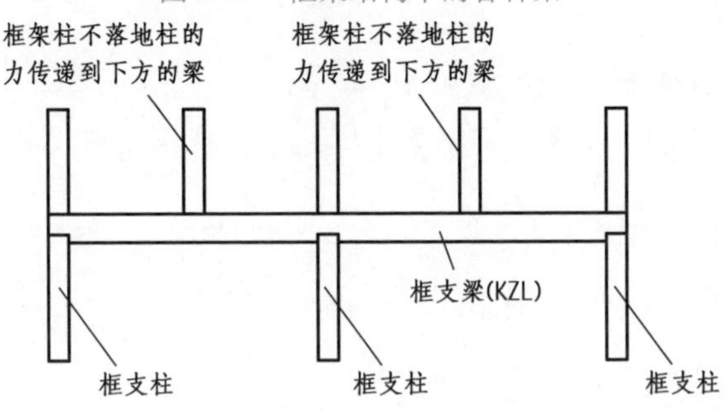

图 5.28　结构中的框支梁

⑤托柱转换梁(TZL)。支承梁上柱的梁(框架梁或非框架梁),称为托柱转换梁,如图5.29所示。

⑥非框架梁(L)。在框架结构中,框架梁之间设置的将楼板的重量先传给框架梁的其他梁即非框架梁。

⑦悬挑梁(XL)。不是两端都有支撑,一端埋在或者浇筑在支撑物上,另一端伸出挑出支撑物的梁称为悬挑梁。

⑧井字梁(JZL)。井字梁是不分主次、高度相当的梁,同位相交,呈井字形,如图 5.30所示。

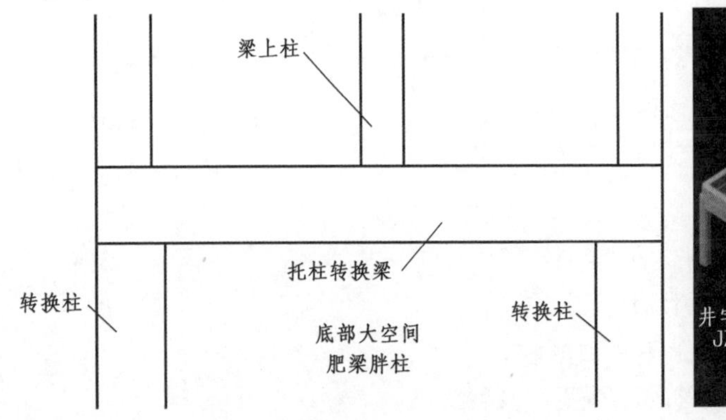

图 5.29　结构中的托柱转换梁

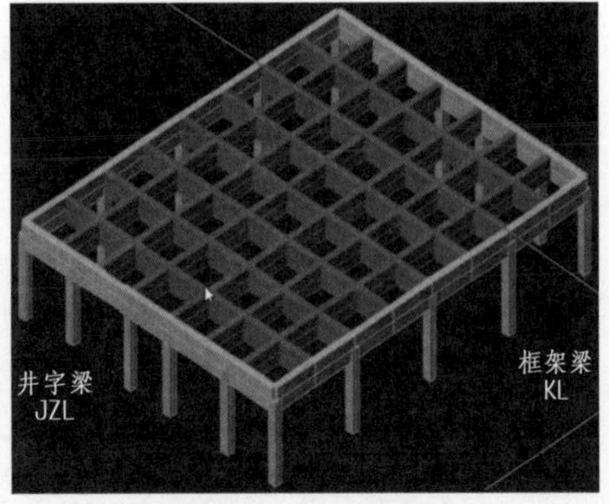

图 5.30　结构中的井字梁

知识点 2:梁平法施工图的形成

梁结构平面布置图是假想沿梁面将建筑物水平剖开,移去上部建筑物,分别按梁的不同结构层(标准层),将全部梁和与其相关联的柱、墙、板一起采用适当比例绘制,并按照规定注明各结构层的顶面标高及相应的结构层号。

知识点 3:梁平法施工图的表示方法

梁平法施工图制图规则

此部分内容请查阅 22G101—1 图集第 26 页至第 37 页内容。主要包括梁平法施工图的表示方法、平面注写方式、截面注写方式、梁支座上部纵筋的长度规定和不伸入支座的梁下部纵筋长度规定等内容。

知识点 4:梁的标准构造详图

此部分内容请查阅 22G101—1 图集的第 89 页至第 105 页内容。

知识点 5:梁的平法识读示例

范例 1　集中标注中悬挑梁的注写

图 5.31 和图 5.32 分别为一端悬挑梁集中标注注写范例及释义。

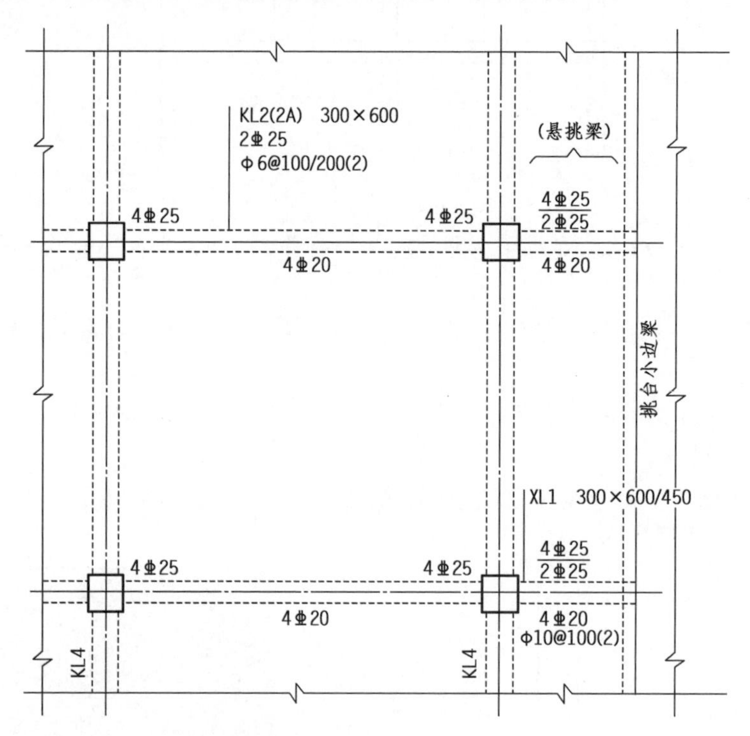

图 5.31　一端悬挑梁集中标注注写范例

范例 2　集中标注中加腋梁的注写

图 5.33 为加腋梁集中标注注写范例及释义。

范例 3　集中标注中箍筋加密区间距不一致的注写

图 5.34 为箍筋加密区间距不一致时的注写范例及释义。

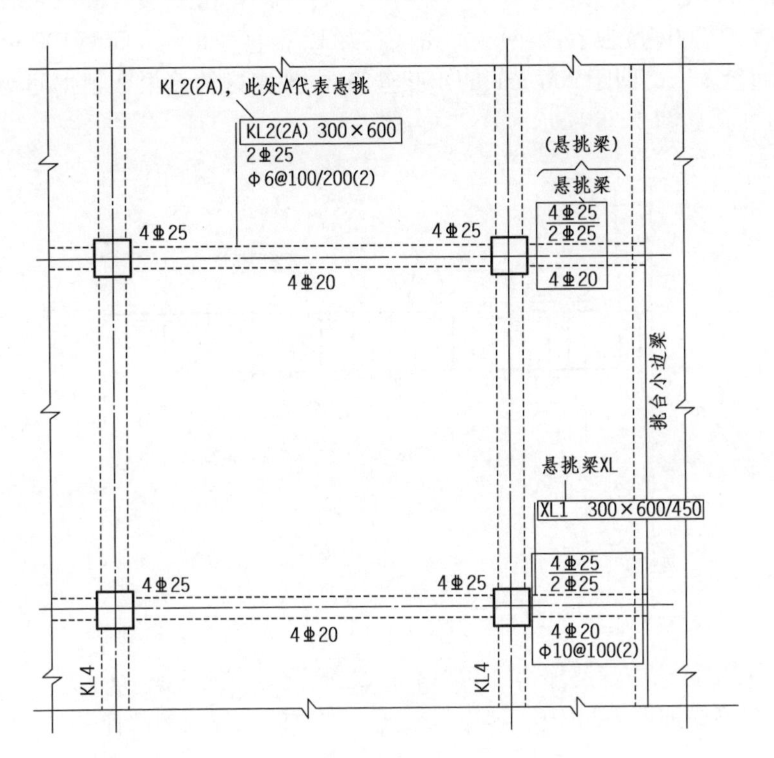

图5.32　一端悬挑梁集中标注注写释义

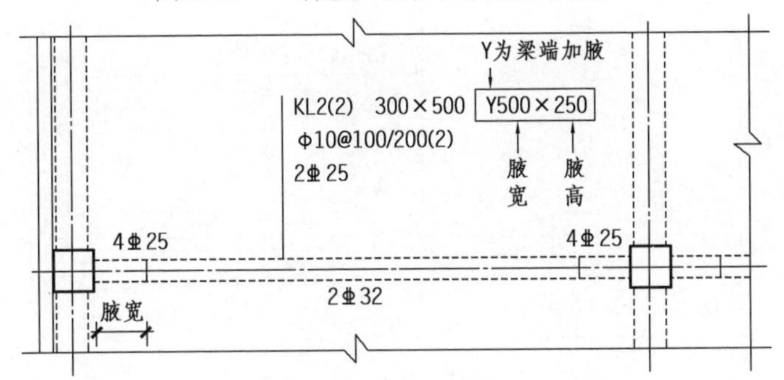

图5.33　加腋梁集中标注注写范例及释义

红色部分 Y500×250 表示为 Y:加腋,腋宽:500,腋高:250

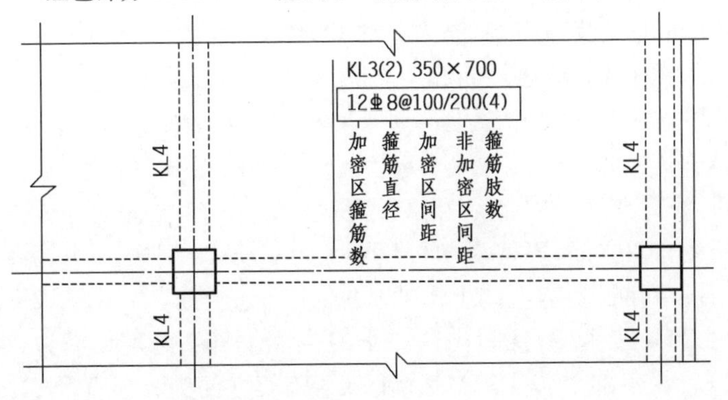

图5.34　集中标注中箍筋加密区间距不一致注写范例及释义

12 ⌀8@100/200(4)表示:梁两端加密区各有12根直径8 mm、间距100 mm的4肢箍筋;非加密区为直径8 mm、间距200 mm的4肢箍筋,非加密区箍筋根数根据间距和梁剩余部分长度计算,其构造如图5.35所示。

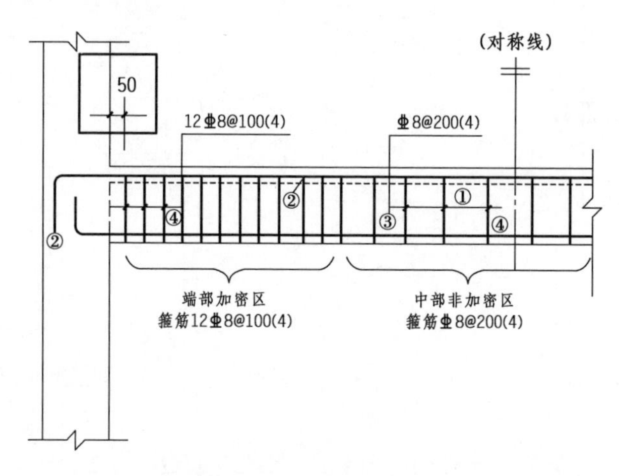

图5.35 梁内箍筋间距计算示意图

范例4 集中标注中箍筋加密区间距不一致、肢数不一致的注写

图5.36为箍筋加密区间距不一致、肢数不一致时的注写范例及释义。

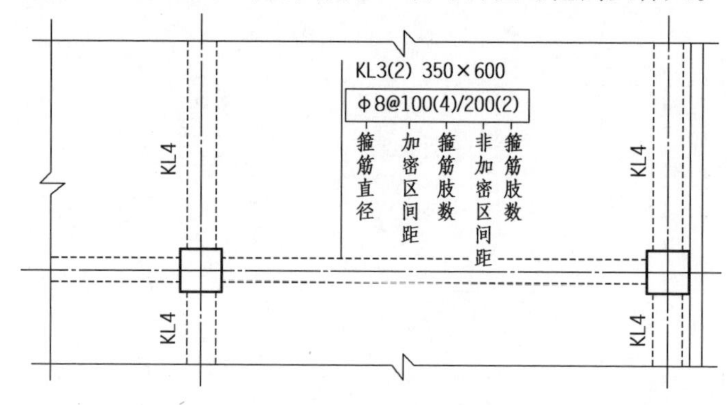

图5.36 箍筋加密区间距不一致、肢数不一致时的注写范例及释义

φ8@100(4)/200(2)表示:加密区为直径8 mm、间距100 mm的4肢箍筋,非加密区为直径8 mm、间距200 mm的2肢箍筋,箍筋为HPB300级钢筋。

范例5 集中标注中梁上部通长筋和架立筋的注写

图5.37、图5.38为集中标注中梁上部通长筋和架立筋的注写范例及释义。

①上部只有通长受力筋,没有架立筋,直接写通长筋的根数、级别和直径。

②仅有架立筋,注写在括号内,例如,(2φ10)。

③既有通长筋又有架立筋,表达为:通长筋+(架立筋)。例如,2⌀25+(2φ12)。

④上、下均有通长钢筋,表达为:"上部通长筋;下部通长筋"。例如,2⌀22;4⌀20。

图5.37中,2⌀20+(2φ12)注写内容:2⌀20表示上部3跨通长筋为2根直径20 mm的HRB400级钢筋,设置在角部。(2φ12)表示上部3跨架立筋为2根直径12 mm的HPB300钢筋,设置在中间位置。

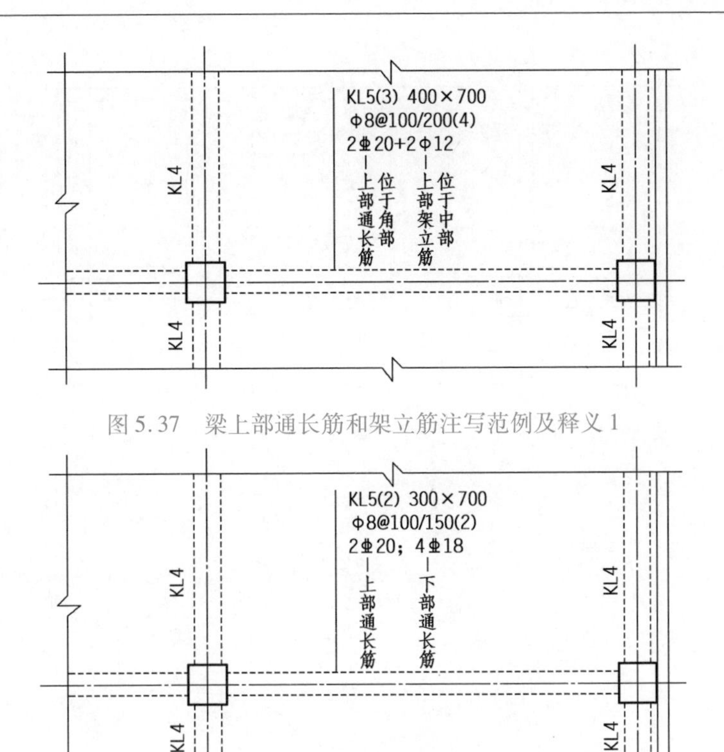

图 5.37　梁上部通长筋和架立筋注写范例及释义 1

图 5.38　梁上部通长筋和架立筋注写范例及释义 2

图 5.38 中,2Φ20;4Φ18 注写内容:2Φ20 表示上部 2 跨通长筋为 2 根直径 20 mm 的 HRB400 级钢筋,设置在角部。4Φ18 表示下部 2 跨通长筋为 4 根直径 18 mm 的 HRB400 级钢筋,设置在中间位置。

范例 6　集中标注中梁侧面纵向构造或受扭钢筋的注写

侧面构造钢筋就是腰筋,当梁的有效高度大于 450 mm 时设置,腰筋布置在梁的截面高度中间区域,两边对称布置。

受扭钢筋包括纵筋和箍筋,受扭纵筋要求沿梁的截面 4 个边均匀布置,因此,当存在扭矩时梁的截面高度中间区域需要布置纵筋,布置受扭纵筋后就不需要再布置侧向构造钢筋。

①标注两侧全部构造纵筋(对称布置),符号 G。例如,G4φ10。

②有抗扭钢筋,标注全部侧面纵筋(对称布置),符号 N,不再标注侧向构造纵筋。例如,N4Φ12。

图 5.39 中,G2Φ12 的注写内容:2 根直径 12 mm 的 HRB400 构造钢筋,配置在梁高中部,沿梁侧面对称布置,每侧 1 根。

范例 7　集中标注中梁顶面标高高差的注写

如图 5.40 所示,第二层楼板结构标高 3.270 m,降板处位置梁顶实际标高 3.170 m,则此梁集中标注第五项应标注为(-0.100)。

范例 8　梁原位标注中梁尺寸的注写

图 5.41 为梁原位标注中梁尺寸的注写范例及释义。

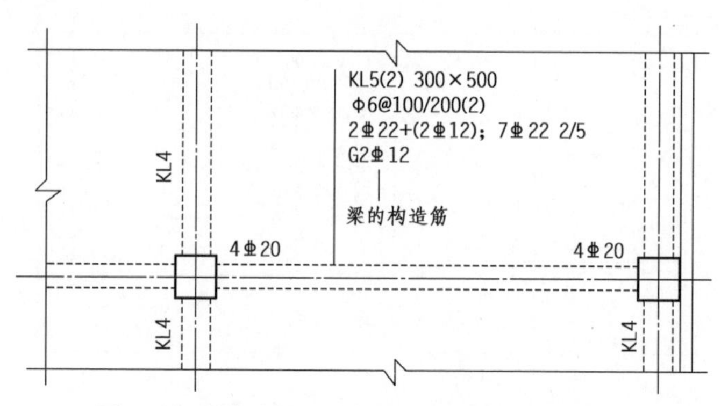

图 5.39　梁集中标注中构造钢筋注写范例及释义

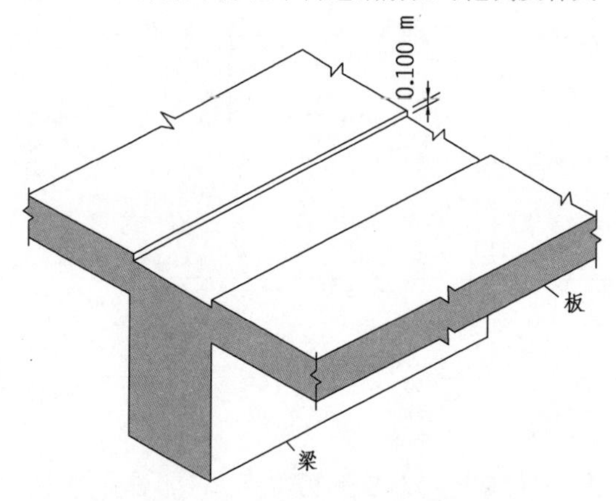

图 5.40　梁顶面标高高差构造示意图

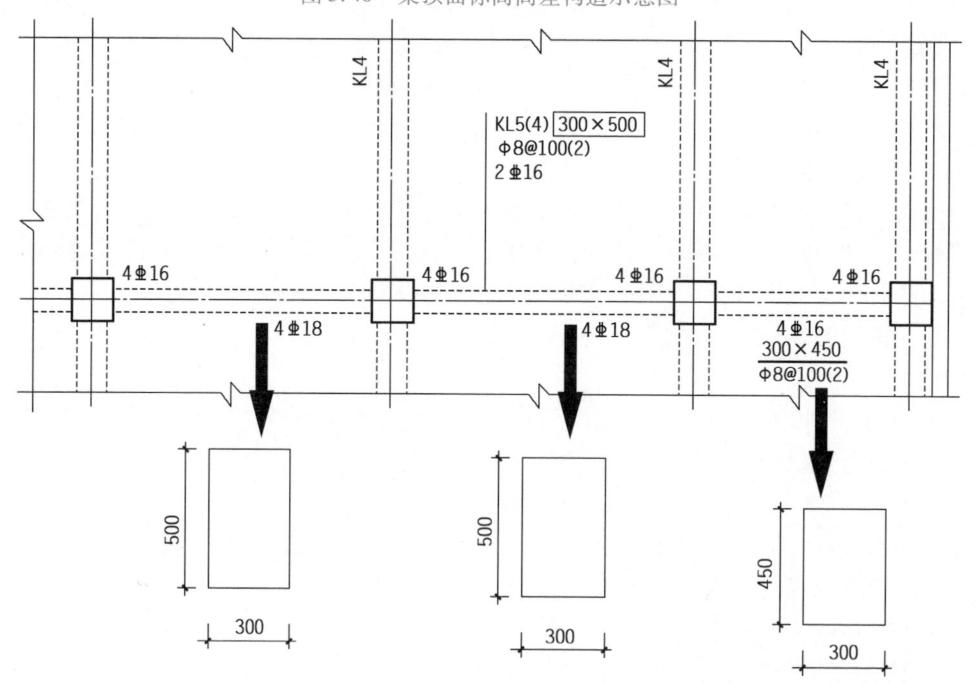

图 5.41　梁原位标注中梁尺寸的注写范例及释义

梁跨范围内未出现梁截面尺寸表达的，按集中标注内容理解；原位标注中出现与集中标注不一致的梁截面尺寸表达时，按原位标注理解。

范例9　原位标注中梁箍筋的注写

如图5.42所示，集中标注中未注写箍筋的，需在梁跨中原位注写箍筋的配置情况。

如图5.43所示，若某跨梁内箍筋配置与集中标注注写内容不一致的，需在梁跨范围内原位注写箍筋的配置情况。

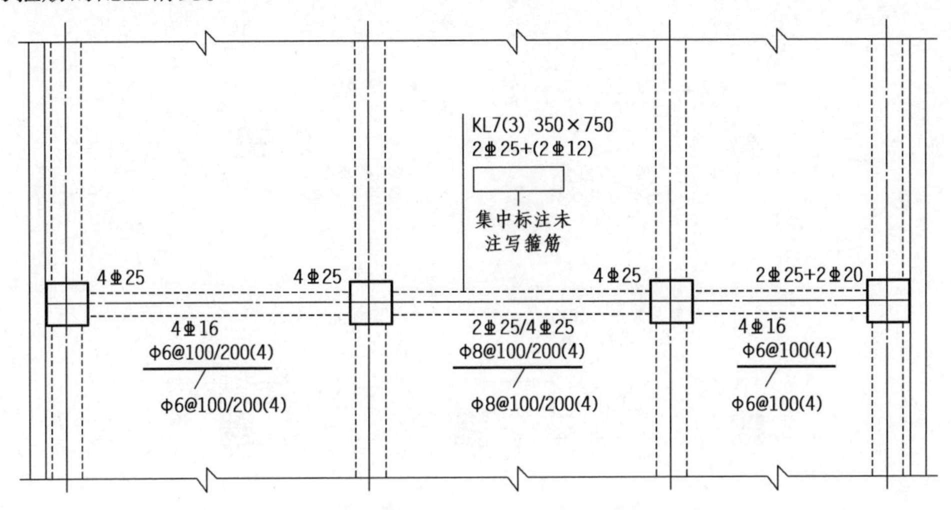

图5.42　梁原位标注中梁内箍筋的注写范例及释义1

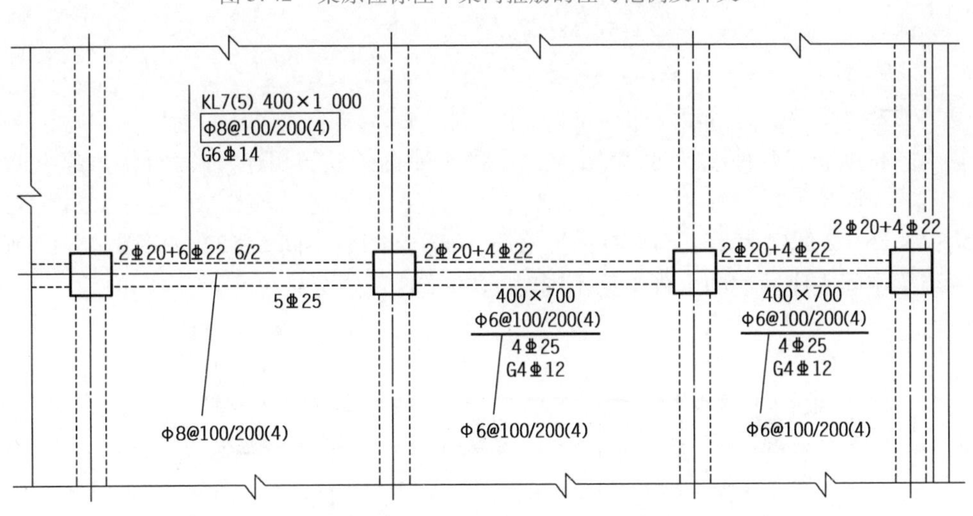

图5.43　梁原位标注中梁内箍筋的注写范例及释义2

范例10　原位标注中梁支座上部纵筋的注写

梁纵筋原位标注位置按图5.44确定。

①上部纵筋标注在梁上部的相应位置（两个支座、跨中），如果支座两侧梁上部钢筋相同，可只在一侧标注，如图5.45所示。

②当上部纵筋多于一排时，用斜线“/”将各排纵筋自上而下分开。

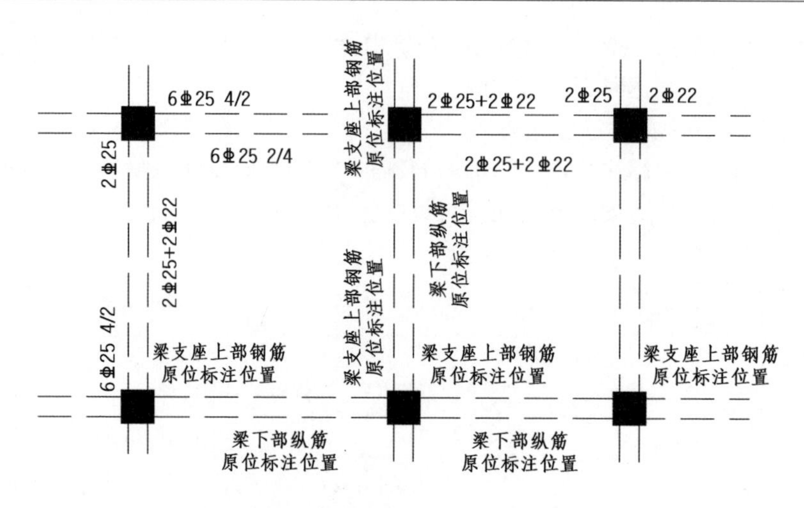

图5.44　梁纵筋原位注写位置

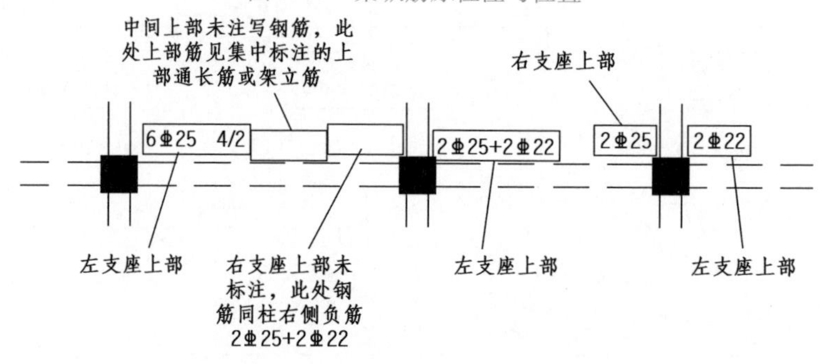

图5.45　梁支座上部纵筋原位注写范例及释义1

例:6 ⏀25 4/2 表示上部第一排 4 ⏀25,第二排 2 ⏀25,如图 5.46(a)所示。

③当同排纵筋有两种直径时,用加号“ + ”将两种直径纵筋相连,注写时将角部纵筋写在前面。

例:2 ⏀25 +2 ⏀22 表示上部只有一排钢筋,角部 2 ⏀25,中间 2 ⏀22,如图 5.46(b)所示。

④当梁中间支座两边的上部纵筋不同时,须在支座两边分别标注。

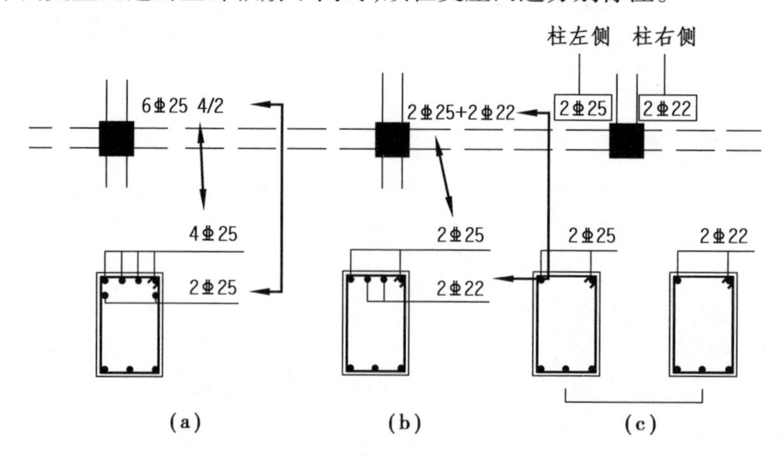

图5.46　梁支座上部纵筋原位注写范例及释义2

范例 11　原位标注中梁下部纵筋的注写

①注写在梁下部跨中位置。

②当下部纵筋多于一排时，用斜线“/”将各排纵筋自上而下分开。

例：6 ⌀25 2/4 表示下部两排钢筋，最下排 4 ⌀25，其上一排 2 ⌀25，如图 5.47(a)所示。

③当同排纵筋有两种直径时，用加号“+”将两种直径的纵筋相连，注写时角筋写在前面。

例：2 ⌀25 + 2 ⌀22 表示下部只有一排钢筋，角部 2 ⌀25，中间 2 ⌀22，如图 5.47(b)所示。

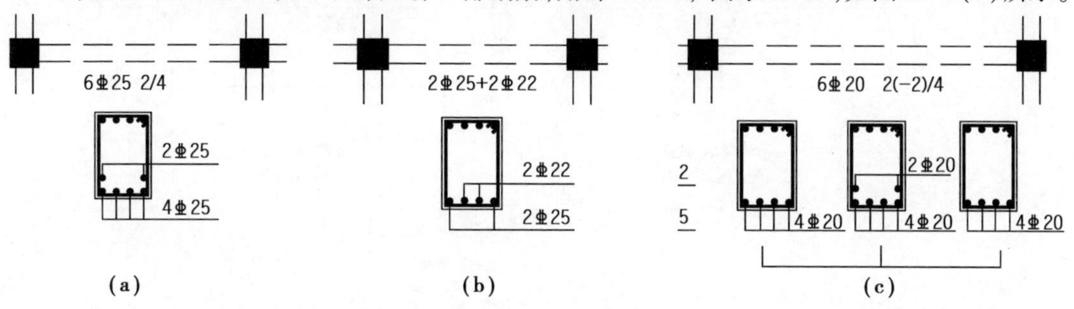

图 5.47　梁跨中下部纵筋原位注写范例及释义

④当梁下部纵筋不全部伸入支座时，将梁支座下部纵筋减少的数量写在括号内。

例：6 ⌀20 2(-2)/4 表示下部一共两排钢筋，最下排 4 ⌀20 直接伸入支座，其上一排 2 ⌀20 不伸入支座，如图 5.47(c)所示。

⑤当已按规定注写了梁上部和下部均为通长的纵筋值时，则不需在梁下部重复做原位标注，如图 5.48 所示。

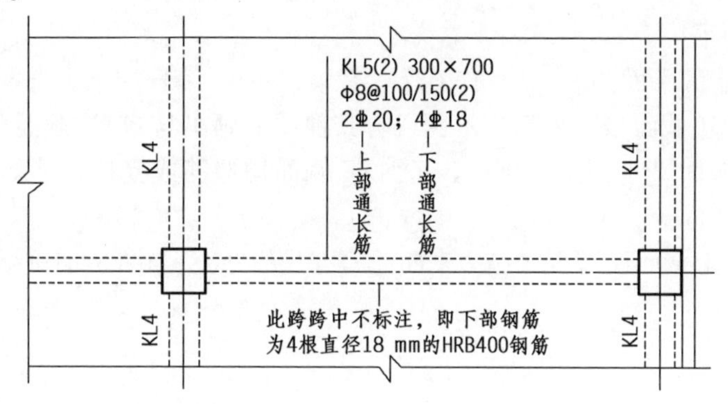

图 5.48　无须重复标注梁跨下部通长筋注写范例及释义

范例 12　原位标注中梁高差的注写

图 5.49 为梁原位标注中梁高差的注写范例及释义。

范例 13　原位标注中附加箍筋和吊筋的注写

附加箍筋和吊筋用在主次梁的相交处，钢筋画在主梁上，一般直接画在平面图中的主梁上，用引线标注总配筋值，如图 5.50 所示。

当大多数附加箍筋或吊筋相同时，可在梁平法施工图上统一注明，少数与统一注明值不同时，再原位标注。

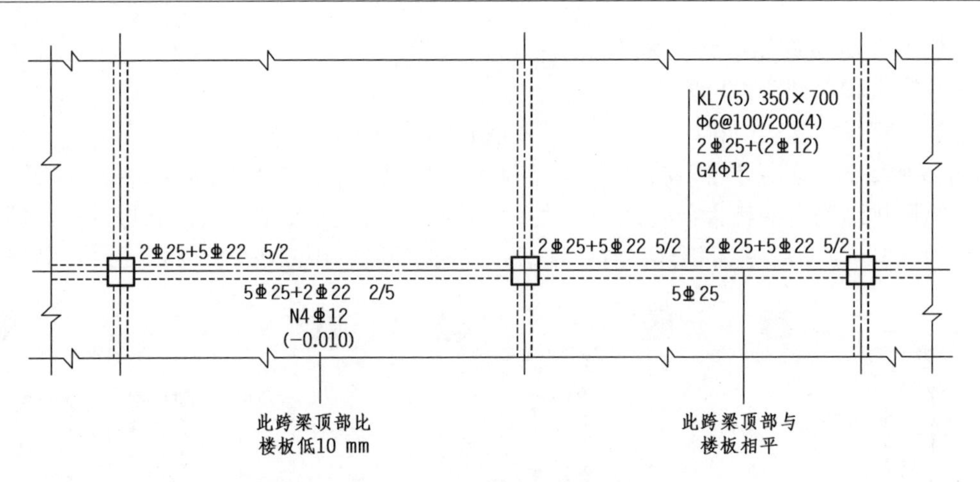

图 5.49 梁原位标注中梁高差的注写范例及释义

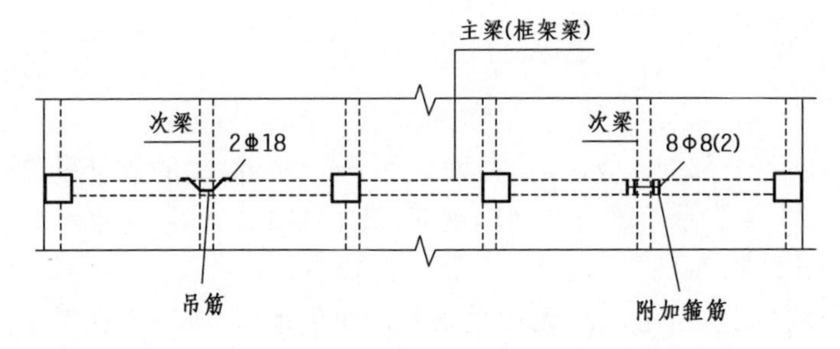

图 5.50 梁内附加箍筋与吊筋的注写范例及释义

范例 14 截面注写

在梁分层绘制的平面图上，对所有梁统一编号，在同一编号的梁中选取一根梁，在梁的支座和跨中画上“单边截面号”，然后在本图或者其他图上画出与“单边截面号”对应的断面图，断面图表达梁的截面尺寸、上部钢筋、下部钢筋、侧面构造筋或受扭钢筋等，断面图的画法与前述的断面详图相同。

工程中，一般把截面注写方式作为平面注写方式的补充，如图 5.51 所示。

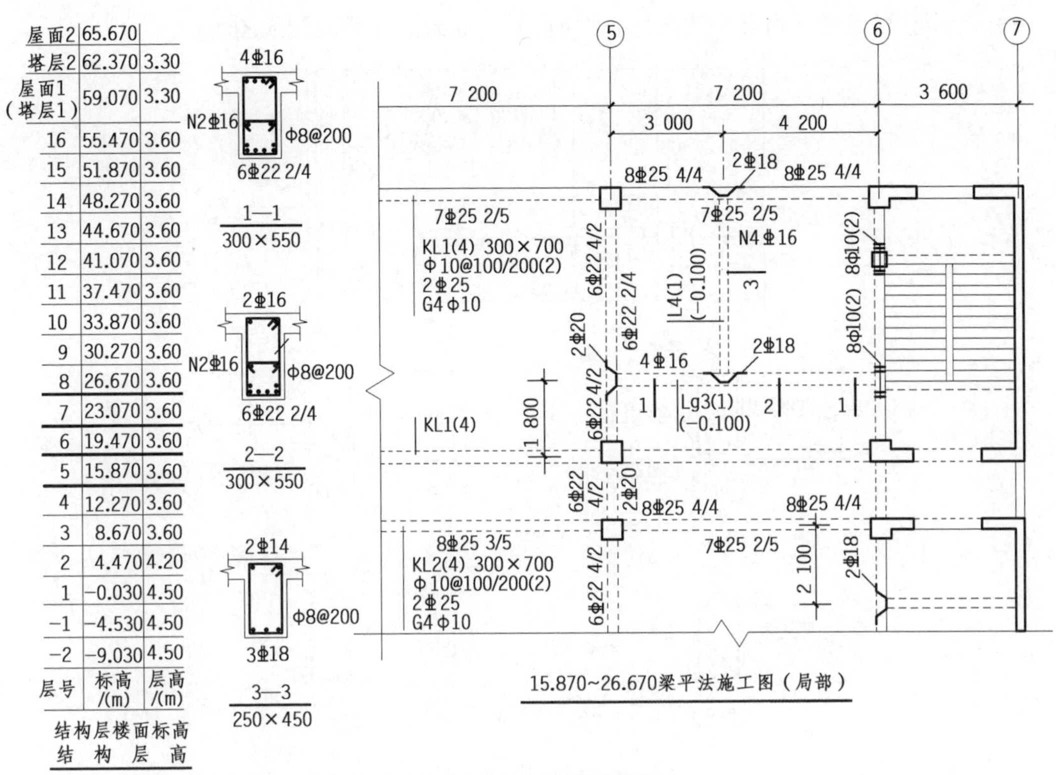

层号	标高/(m)	层高/(m)
屋面2	65.670	
塔层2	62.370	3.30
屋面1（塔层1）	59.070	3.30
16	55.470	3.60
15	51.870	3.60
14	48.270	3.60
13	44.670	3.60
12	41.070	3.60
11	37.470	3.60
10	33.870	3.60
9	30.270	3.60
8	26.670	3.60
7	23.070	3.60
6	19.470	3.60
5	15.870	3.60
4	12.270	3.60
3	8.670	3.60
2	4.470	4.20
1	-0.030	4.50
-1	-4.530	4.50
-2	-9.030	4.50

结构层楼面标高
结构层高

注:1.可在“结构层楼面标高、结构层高”表中增加混凝土强度等级等栏目。
2.横向粗线表示本页梁平法施工图中的楼面标高为5~8层，楼面标高:15.870 m，19.470 m，23.070 m，26.670 m。

图5.51　梁截面注写范例

典型工作环节3　工作实施

(1)学习资讯材料

学习22G101—1图集中梁平法施工图的表示方法(平面注写方式、截面注写方式)、梁支座上部纵筋长度规定、梁标准构造详图内容[楼层框架梁(KL)纵向钢筋构造、屋面框架梁(WKL)纵向钢筋构造、框架梁水平、竖向加腋构造等],填写工作任务单。

(2)回答引导问题

引导问题1:框架梁平法注写有哪几种方式?

引导问题2:梁箍筋加密区应设在什么位置?

引导问题3:识读下列梁平法图样,可知在Ⅱ—Ⅱ截面处梁的配筋图为(　　)。

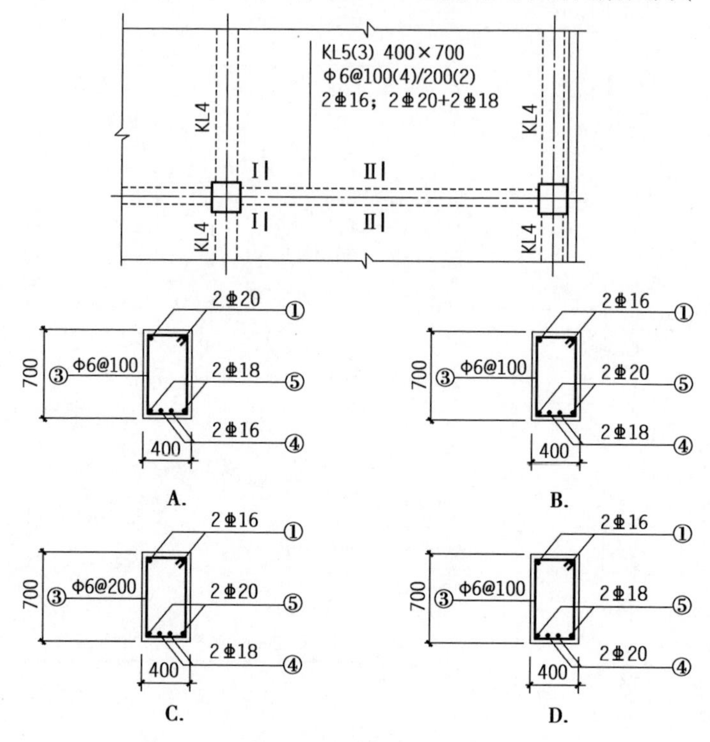

引导问题4:绘制引导问题3的Ⅰ—Ⅰ断面图样。

引导问题5:识读引导问题3中的图样,可知下列关于箍筋描述错误的是(　　)。

A. 框架梁的箍筋级别是HPB300,直径为6 mm,加密区间距为100 mm

B. 框架梁的箍筋级别是HPB300,直径为6 mm,非加密区间距为200 mm

C. 框架梁的箍筋级别是HPB300,直径为6 mm,间距为100和200 mm间隔布置

D. 框架梁的箍筋加密区为4肢箍,非加密区为2肢箍

引导问题6:识读引导问题3中的图样,可知该框架梁与本层楼板的位置关系是(　　)。

A. 框架梁的梁顶与本层楼板的顶面标高相同

B. 框架梁的梁顶与本层楼板的底面结构标高相同

C. 框架梁的梁底与本层楼板的顶面结构标高相同

D. 框架梁的梁底与本层楼板的底面结构标高相同

图纸识读记录单

班级:________组别:________

识读附件 2 办公楼项目中的梁平法施工图样(结施-16—结施-26),撰写识读记录。(此处教师提供电子版图纸供对照)

典型工作环节4　评价反馈

(1)学生自评

学生自评表

<table>
<tr><td>班级</td><td></td><td>姓名</td><td></td><td>学号</td><td></td></tr>
<tr><td colspan="2">任务4</td><td colspan="4">识读梁平法施工图</td></tr>
<tr><td colspan="2">评价项目</td><td colspan="2">评价标准</td><td>分值/分</td><td>得分/分</td></tr>
<tr><td colspan="2">引导问题1</td><td colspan="2">1.完整　2.正确　3.书写清晰</td><td>5</td><td></td></tr>
<tr><td colspan="2">引导问题2</td><td colspan="2">1.完整　2.正确　3.书写清晰</td><td>5</td><td></td></tr>
<tr><td colspan="2">引导问题3</td><td colspan="2">正确</td><td>5</td><td></td></tr>
<tr><td colspan="2">引导问题4</td><td colspan="2">1.正确　2.规范</td><td>5</td><td></td></tr>
<tr><td colspan="2">引导问题5</td><td colspan="2">正确</td><td>5</td><td></td></tr>
<tr><td colspan="2">引导问题6</td><td colspan="2">正确</td><td>5</td><td></td></tr>
<tr><td colspan="2">图纸识读记录单</td><td colspan="2">1.全面　2.专业　3.正确　4.清晰</td><td>35</td><td></td></tr>
<tr><td colspan="2">工作态度</td><td colspan="2">态度端正,无缺勤、迟到、早退现象</td><td>10</td><td></td></tr>
<tr><td colspan="2">工作质量</td><td colspan="2">能按计划完成工作任务</td><td>10</td><td></td></tr>
<tr><td colspan="2">协调能力</td><td colspan="2">能与小组成员、同学合作交流,协调工作</td><td>5</td><td></td></tr>
<tr><td colspan="2">职业素质</td><td colspan="2">能做到细心、严谨,体现精益求精的工匠精神</td><td>5</td><td></td></tr>
<tr><td colspan="2">创新意识</td><td colspan="2">能提炼材料内容,在阅读标准、规范、图集后,能理论联系实践,完成不同类型结构梁平法图样的识读</td><td>5</td><td></td></tr>
<tr><td colspan="4">合计</td><td>100</td><td></td></tr>
</table>

(2)学生互评

学生互评表

<table>
<tr><td>任务名称</td><td colspan="15">识读梁平法施工图</td></tr>
<tr><td rowspan="2">评价项目</td><td rowspan="2">分值/分</td><td colspan="8" rowspan="2">等级</td><td colspan="6">评价对象(组别)</td></tr>
<tr><td>1</td><td>2</td><td>3</td><td>4</td><td>5</td><td>6</td></tr>
<tr><td>计划合理</td><td>10</td><td>优</td><td>10</td><td>良</td><td>9</td><td>中</td><td>7</td><td>差</td><td>6</td><td></td><td></td><td></td><td></td><td></td><td></td></tr>
<tr><td>团队合作</td><td>10</td><td>优</td><td>10</td><td>良</td><td>9</td><td>中</td><td>7</td><td>差</td><td>6</td><td></td><td></td><td></td><td></td><td></td><td></td></tr>
<tr><td>组织有序</td><td>10</td><td>优</td><td>10</td><td>良</td><td>9</td><td>中</td><td>7</td><td>差</td><td>6</td><td></td><td></td><td></td><td></td><td></td><td></td></tr>
<tr><td>工作质量</td><td>20</td><td>优</td><td>20</td><td>良</td><td>18</td><td>中</td><td>14</td><td>差</td><td>12</td><td></td><td></td><td></td><td></td><td></td><td></td></tr>
<tr><td>工作效率</td><td>10</td><td>优</td><td>10</td><td>良</td><td>9</td><td>中</td><td>7</td><td>差</td><td>6</td><td></td><td></td><td></td><td></td><td></td><td></td></tr>
<tr><td>工作完整</td><td>10</td><td>优</td><td>10</td><td>良</td><td>9</td><td>中</td><td>7</td><td>差</td><td>6</td><td></td><td></td><td></td><td></td><td></td><td></td></tr>
<tr><td>工作规范</td><td>10</td><td>优</td><td>10</td><td>良</td><td>9</td><td>中</td><td>7</td><td>差</td><td>6</td><td></td><td></td><td></td><td></td><td></td><td></td></tr>
<tr><td>成果展示</td><td>20</td><td>优</td><td>20</td><td>良</td><td>18</td><td>中</td><td>14</td><td>差</td><td>12</td><td></td><td></td><td></td><td></td><td></td><td></td></tr>
<tr><td>合计</td><td>100</td><td colspan="8"></td><td></td><td></td><td></td><td></td><td></td><td></td></tr>
</table>

(3)教师评价

教师评价表

班级		姓名		学号		
任务4		识读梁平法施工图				
评价项目		评价标准			分值/分	得分/分
考勤(10%)		无迟到、早退、旷课现象			10	
工作过程(60%)	引导问题1	1. 完整　2. 正确　3. 书写清晰			5	
	引导问题2	1. 正确　2. 正确　3. 书写清晰			5	
	引导问题3	正确			5	
	引导问题4	1. 正确　2. 规范			5	
	引导问题5	正确			5	
工作过程(60%)	引导问题6	正确			5	
	图纸识读记录单	1. 全面　2. 专业　3. 正确　4. 清晰			15	
	工作态度	态度端正,工作认真、主动			5	
	协调能力	能按计划完成工作任务			5	
	职业素质	能与小组成员、同学合作交流,协调工作			5	
项目成果(30%)	工作完整	能按时完成任务			5	
	工作规范	能按规范要求完成引导问题及编制识读记录单			5	
	识读记录单	编写规范、专业、全面			15	
	成果展示	能准确表达、汇报工作成果			5	
合计					100	
综合评价		学生自评(20%)	小组互评(30%)	教师评价(50%)	综合得分	

典型工作环节5　拓展思考题

识读“附件1 人才公寓楼项目”的梁平法图样(结施3-01—结施3-09)的图纸信息,规范撰写识读说明。

学习性工作任务5　识读板平法施工图

典型工作任务描述

根据《房屋建筑制图统一标准》(GB/T 50001—2017)、《混凝土结构施工图平面整体表示方法制图规则和构造详图——现浇混凝土框架、剪力墙、梁、板》(22G101—1)和附件2办公楼项目板平法图样(结施-27—结施-37)的图纸信息并进行规范表达。

【学习目标】

1. 了解有梁楼盖平法施工图的表示方法。
2. 掌握板平法施工图的制图规则。
3. 熟悉板标准构造详图的内容,包括有梁楼盖板配筋构造、有梁楼盖不等跨板上部贯通纵筋连接构造、有梁楼盖悬挑板钢筋构造等。
4. 熟悉板平法施工图的识读方法,具备识读板构件平法施工图的基本能力。

【任务书】

根据《房屋建筑制图统一标准》(GB/T 50001—2017)、22G101—1 图集和典型工作环节2的资讯材料,完成引导问题和附件2办公楼项目中板平法图样(结施-27—结施-37)的识读,填写"图纸识读记录单"。

典型工作环节1　工作准备

1. 阅读任务书,基本了解板平法施工图的表达内容和表现方法。
2. 小组成员对本次任务进行分解,制订合理的实施计划,并进行人员任务分工。
3. 学习资讯材料,填写学生任务分配表、图纸识读记录单,查阅22G101—1。

学生任务分配表

<table>
<tr><td>班级</td><td></td><td>组号</td><td></td><td>指导教师</td><td></td></tr>
<tr><td>组长</td><td></td><td>学号</td><td colspan="3"></td></tr>
<tr><td>组员</td><td colspan="5"><table><tr><td>姓名</td><td>学号</td></tr><tr><td></td><td></td></tr><tr><td></td><td></td></tr><tr><td></td><td></td></tr></table></td></tr>
<tr><td colspan="6">任务分工</td></tr>
</table>

典型工作环节2　资讯搜集

知识点1:板构件及板钢筋分类

现浇整体式楼盖按楼板受力和支承条件的不同,可分为有梁楼盖和无梁楼盖。其中,现浇有梁楼盖是最常见的楼盖结构形式,无梁楼盖是由柱直接支撑板的一种楼盖体系(现应用较少)。

板中的钢筋分类方法有很多,按其受力不同,可分为下部纵筋、板上部贯通纵筋、板支座负筋、分布筋等类型;按其所处位置不同,可分为底筋、面筋和马凳筋,如图5.52、图5.53所示。

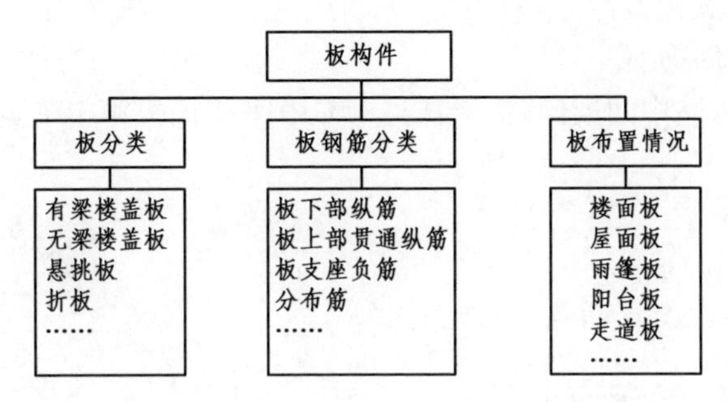

图5.52　板构件及板钢筋分类

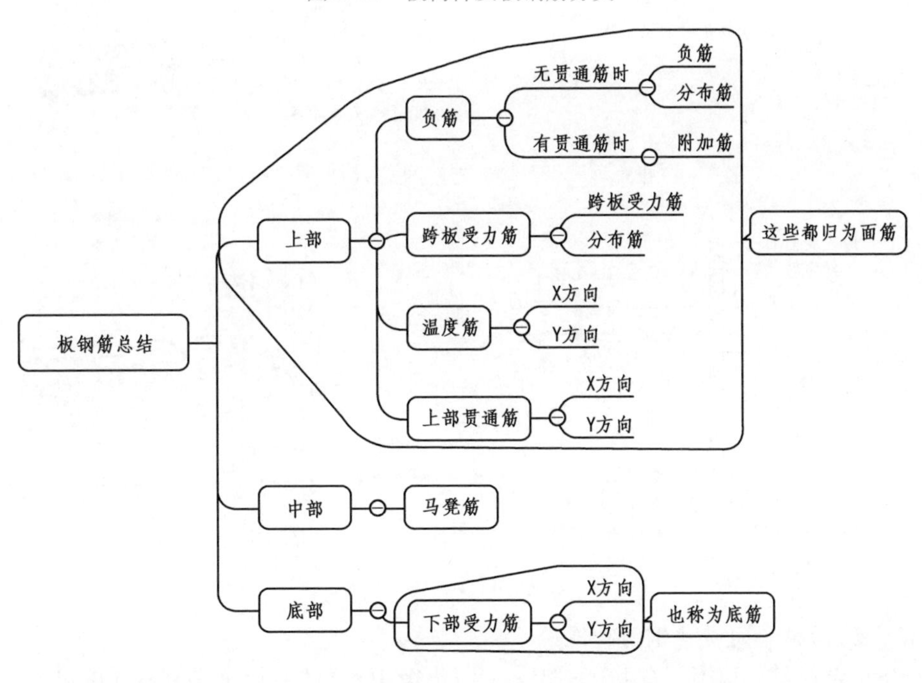

图5.53　板内钢筋分类

知识点2:板平法施工图的形成

板结构平面布置图是假想沿楼板面将建筑物水平剖开,移去上部建筑物,画出该层楼板的梁、柱、墙的轮廓线以及板的水平剖面图(反映钢筋配置)。

知识点3:板平法施工图的表示方法

板的传统标注与平法标注比较

此部分内容请查阅22G101—1图集第38页至第43页内容,主要包括有梁楼盖平法施工图的表示方法、板块集中标注、板支座原位标注等内容。

知识点4:有梁楼(屋)盖面板钢筋构造

1.楼(屋)面板端部支座钢筋构造

楼面板与屋面板的端部支座有梁、剪力墙、砌体墙或圈梁等各种支承情况,为了避免板受力后在支座上部出现裂缝,通常在这些部位上部配置受拉钢筋,称为支座负筋。

板平法施工图制图规则

①端部支座为梁,其构造详见22G101—1图集第106页“板在端部支座的锚固构造(一)”,如图5.54所示。

②端部支座为剪力墙中间层,其构造详见22G101—1图集第107页“板在端部支座的锚固构造(二)”,如图5.55所示。

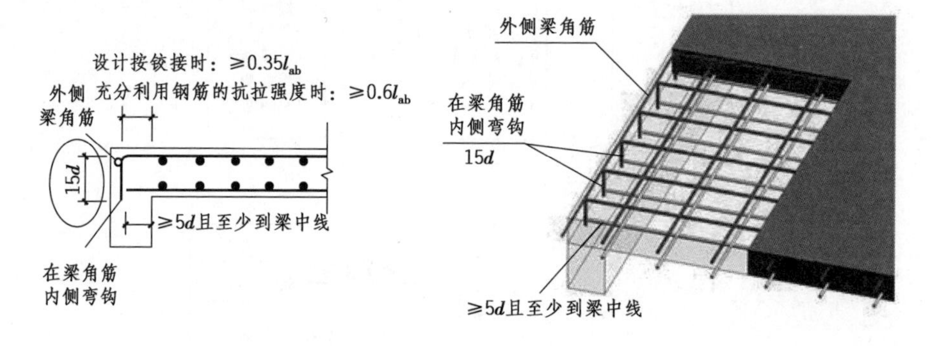

图5.54 板在端部支座的锚固构造(一)

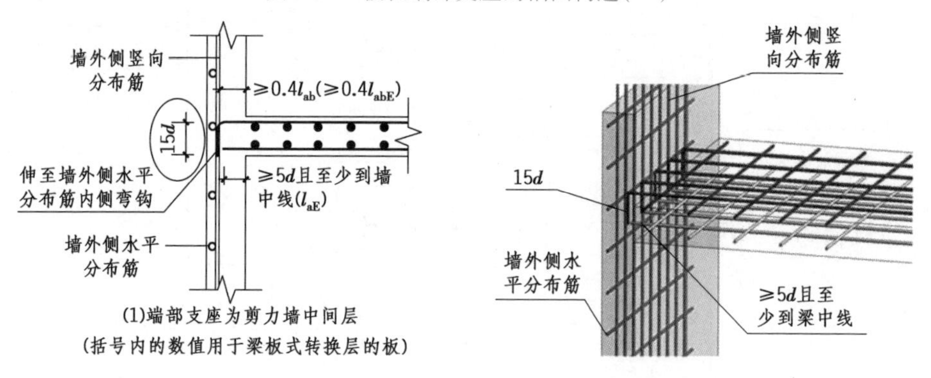

图5.55 板在端部支座的锚固构造(二)

2.楼(屋)面板中间支座钢筋构造

(1)板下部纵筋,其构造详见22G101—1图集第106页“有梁楼盖楼板LB和屋面板WB钢筋构造”。

①除搭接连接外,板下部纵筋可采用机械连接或焊接连接,且同一连接区段内钢筋接头百分率不宜大于50%。下部钢筋接头位置宜在距支座1/4净跨内。

②板位于同一层面的两向交叉纵筋何向在下何向在上,应按具体设计说明。

③与支座垂直的贯通纵筋,伸入支座内直锚长度 $>5d$ 且至少到梁中线。

④与支座平行的贯通纵筋,第一根钢筋在距梁边为 1/2 板筋间距处开始设置。其构造如图 5.56 所示。(22G101—1 图集第 106 页)

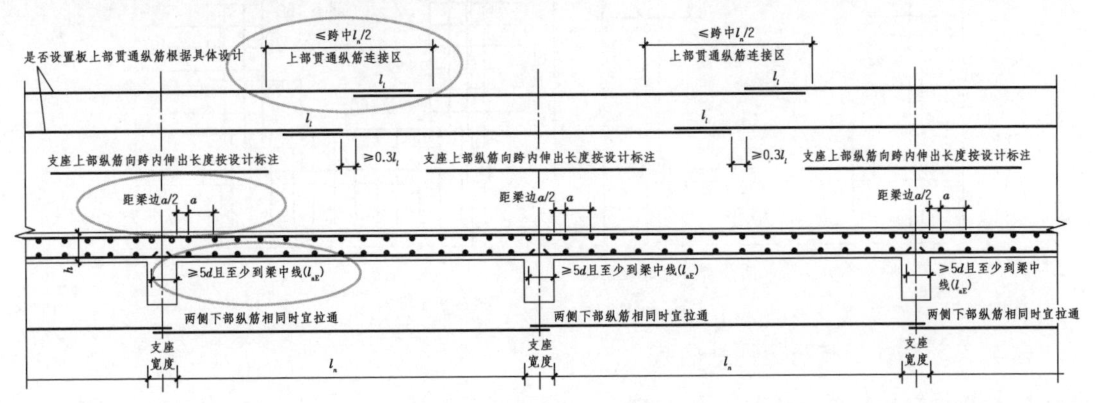

图 5.56　有梁楼盖楼面板 LB 和屋面板 WB 钢筋构造

(2)板上部纵筋

除搭接连接外,板上部贯通纵筋可采用机械连接或焊接连接,且同一连接区段内钢筋接头百分率不宜大于 50%。上部钢筋接头位置宜在板跨中 1/2 净跨内,其构造如图 5.56 所示。

(3)板支座上部非贯通纵筋(支座负筋)

①支座上部非贯通筋(与支座垂直)向跨内延伸长度详见具体设计。

②支座上部非贯通筋的分布钢筋(与支座平行)从支座边缘算起,第一根分布筋从 1/2 分布筋间距处开始设置,在支座负筋拐角处必须布置一根分布筋。板分布筋的直径和间距一般在结构设计说明中给出,如图 5.57 所示。

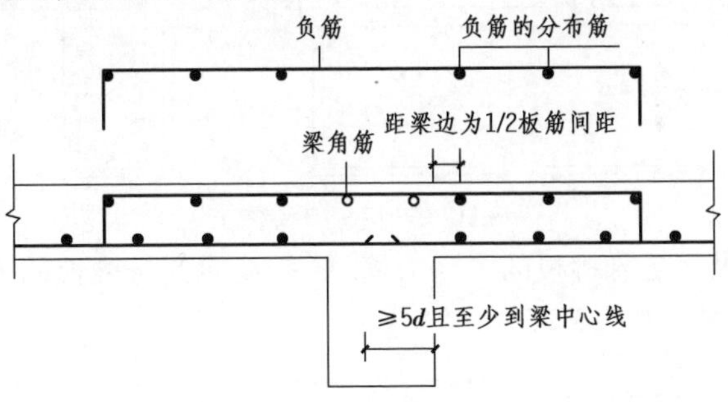

图 5.57　支座上部非贯通筋的分布钢筋

③在楼板角部矩形区域,纵横两个方向的支座负筋相互交叉,已形成钢筋网,因此这个角部矩形区域不应再设置分布筋,否则四层钢筋交叉重叠在一起。支座负筋的分布筋伸进角部矩形区域的长度为 150 mm,即支座负筋与垂直交叉的另一个方向负筋的分布筋平行搭接长度为 150 mm,如图 5.58 所示。

3. 其他钢筋构造

板开洞 BD 构造,详见 22G101—1 图集第 118 页和第 119 页。

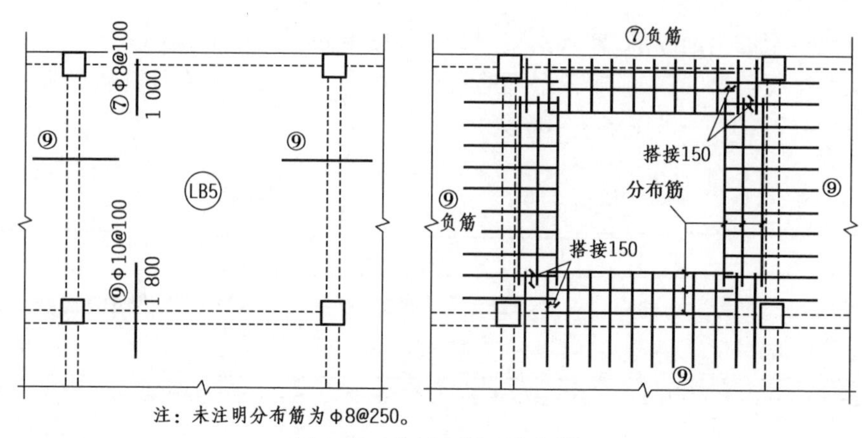

图 5.58　楼板角部支座负筋

知识点 5:悬挑板与折板钢筋构造

1. 悬挑板钢筋构造

悬挑板有两种:一种是延伸悬挑板,即楼面板(屋面板)的端部带悬挑,如挑檐板、阳台板等;另一种是纯悬挑板,即仅在梁的一侧带悬挑的板,常见的如雨篷板。

延伸悬挑板和纯悬挑板具有相同的上部钢筋构造。因为上部纵筋均为受力筋,所以无论延伸悬挑板还是纯悬挑板,上部纵筋都是贯通筋,并一直伸到悬挑板的末端,然后直钩到悬挑板底。两种板钢筋构造的不同之处在于它们的支座处构造,平法施工图如图 5.59 所示。

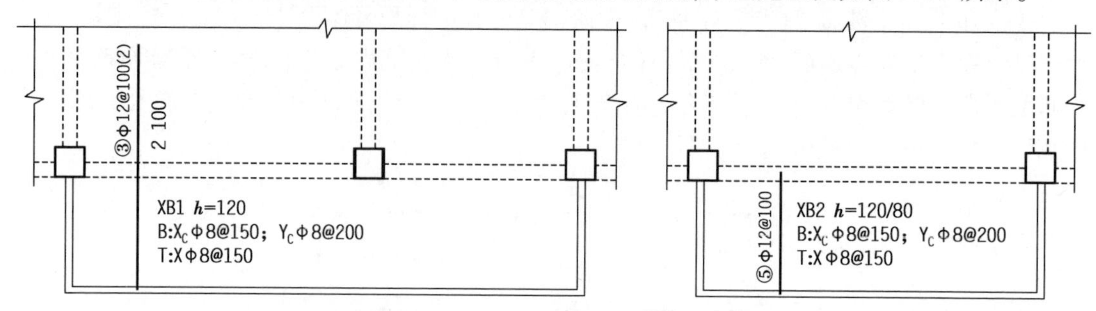

图 5.59　悬挑板平法施工图

纯悬挑板的上部纵筋是悬挑板的主受力筋,要一直伸到悬挑板的末端,其构造如图 5.60 所示(22G101—1 图集第 110 页)。

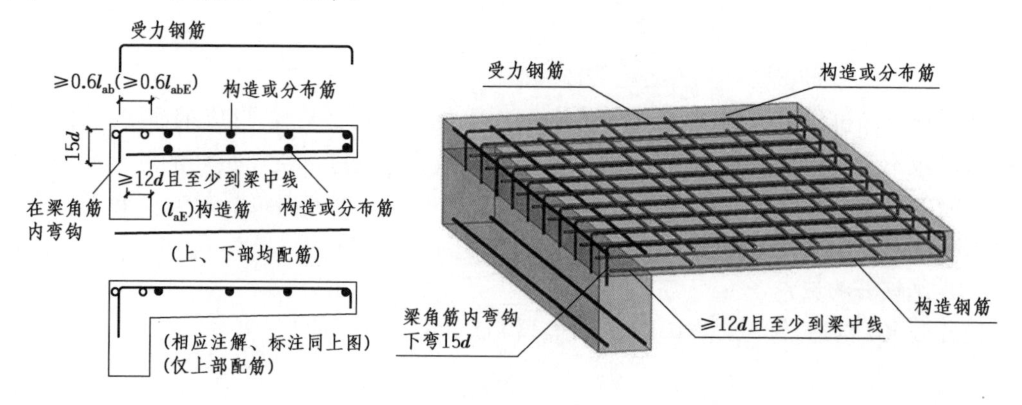

图 5.60　悬挑板钢筋构造

2. 折板钢筋构造

由于折线形板在曲折处形成内折角，配筋时若钢筋沿内折角连续配置，则此处受拉钢筋将产生较大的向外合力，可能使该处混凝土保护层崩落，钢筋被拉出而失去作用。因此，在板的内折角处应将受力钢筋分开设置，并分别满足钢筋的锚固要求，其构造详见22G101—1图集第110页。

知识点6：板的平法识读示例

范例1（板块集中标注）　如图5.61所示板平法施工图，按照板平法制图规则，解释图中板块LB5集中标注的含义。

解　LB5表示5号楼面板，$h=110$ 表示板厚110 mm。B：XΦ12@120；YΦ10@110表示板下部配置的贯通纵筋 X 向为Φ12@120，Y向为Φ10@110，板上部未配置贯通纵筋。（−0.050）表示该板块相对于结构层楼面标高低0.050 m。

范例2（悬挑板平法注写）　识读如图5.62所示板平法施工图，按照板平法制图规则，解释图5.62中板块YXB1集中标注的含义。

解　YXB1表示1号延伸悬挑板，板根部厚150 mm，端部厚100 mm，板下部配置构造钢筋双向均为Φ8@200。

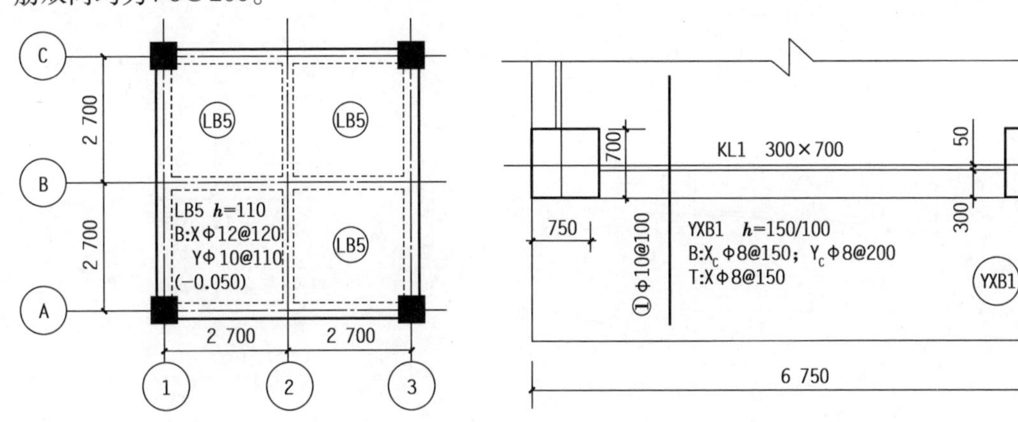

图5.61　板块集中标注示例　　　　图5.62　悬挑板平法注写示例

范例3（现浇板平法施工图识读）　现浇板平法施工图如图5.63所示，按照板平法制图规则，解释图中平法标注的含义。

解　①该层楼板共有3个编号。第一个是LB1，板厚 $h=120$ m，板下部钢筋是B：X&YΦ10@200，表示板下部钢筋两个方向都是Φ10@200。第二个是LB2，板厚 $h=100$ mm，板下部钢筋是B：XΦ8@200，YΦ8@150，表示板下部钢筋 x 方向是Φ8@200，y 方向是Φ8@150，LB1和LB2板没有配上部贯通钢筋。板支座负筋采用原位标注，同时给出编号，同一编号的钢筋只详细标明一个，其余只标明编号。第三个是LB3，板厚 $h=100$ mm，集中标注钢筋是B&T：X&YΦ8@200，表示该楼板上部下部两个方向都配Φ8@200的贯通钢筋，即双层双向都是Φ8@200。括号内的数字（−0.080）表示该楼板比楼层结构标高低80 mm，这是因为该房间是卫生间，卫生间的地面通常要比普通房间的地面低。

②雨篷是纯悬挑板，编号是XB1，板厚 $h=130$ mm/100 mm，表示板根部厚度为130 mm，板端部厚度为100 mm。悬挑板的下部不配钢筋，上部 x 方向通长筋是Φ8@200，悬挑板受力

钢筋采用原位标注,为⑥号钢筋Φ10@150。为了表示该雨篷的详细做法,图中还画出了 *A—A* 断面图。从 *A—A* 断面图可以看出雨篷和框架梁的关系。板底标高是 2.900 m,刚好与框架梁底平齐。

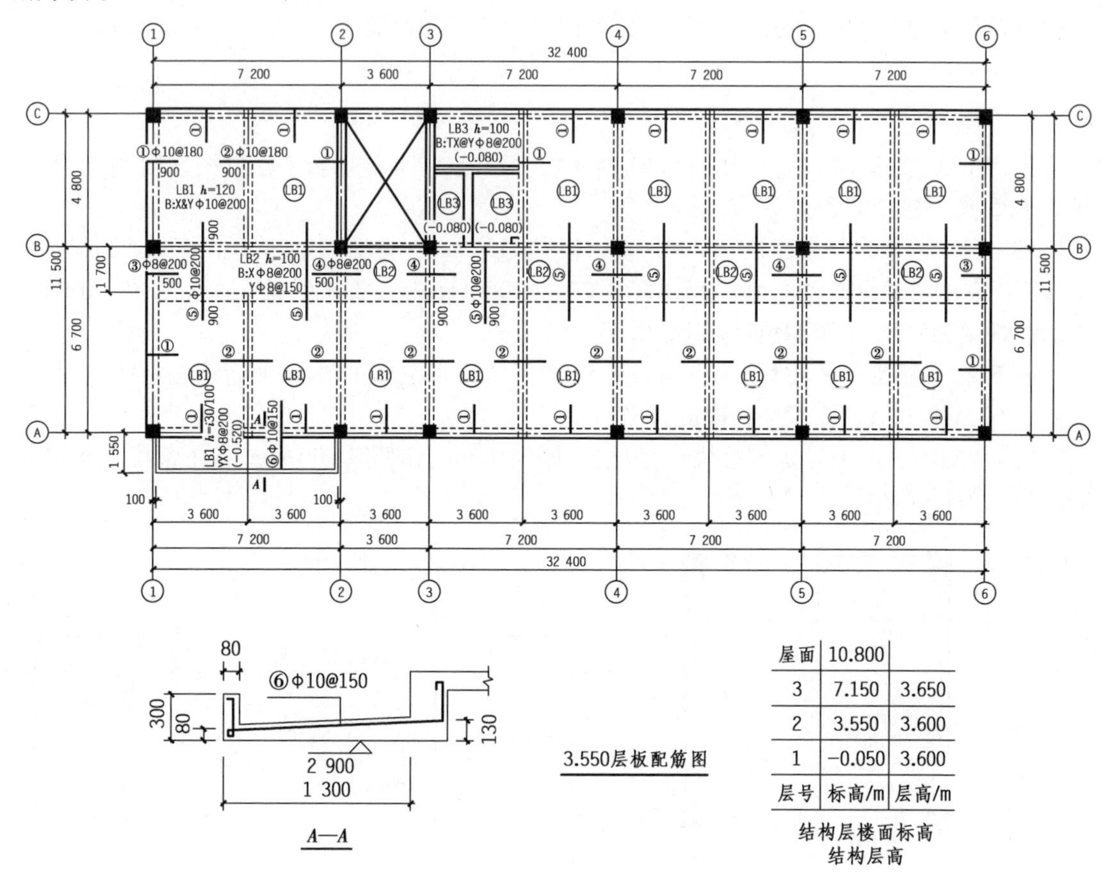

图 5.63　某板块平法注写示例

典型工作环节 3　工作实施

(1)学习资讯材料

学习 22G101—1 图集中板平法施工图的表示方法(平面注写方式、截面注写方式)、梁支座上部纵筋长度规定、梁标准构造详图内容(楼层框架梁纵向钢筋构造,屋面框架梁纵向钢筋构造,框架梁水平、竖向加腋构造等),填写工作任务单。

(2)回答引导问题

引导问题 1:结构板平法注写有哪几种方式?

引导问题 2:板块编号中 XB 表示什么类型的板?

引导问题3:识读下列各图,指出A~D分别是什么类型的楼板。

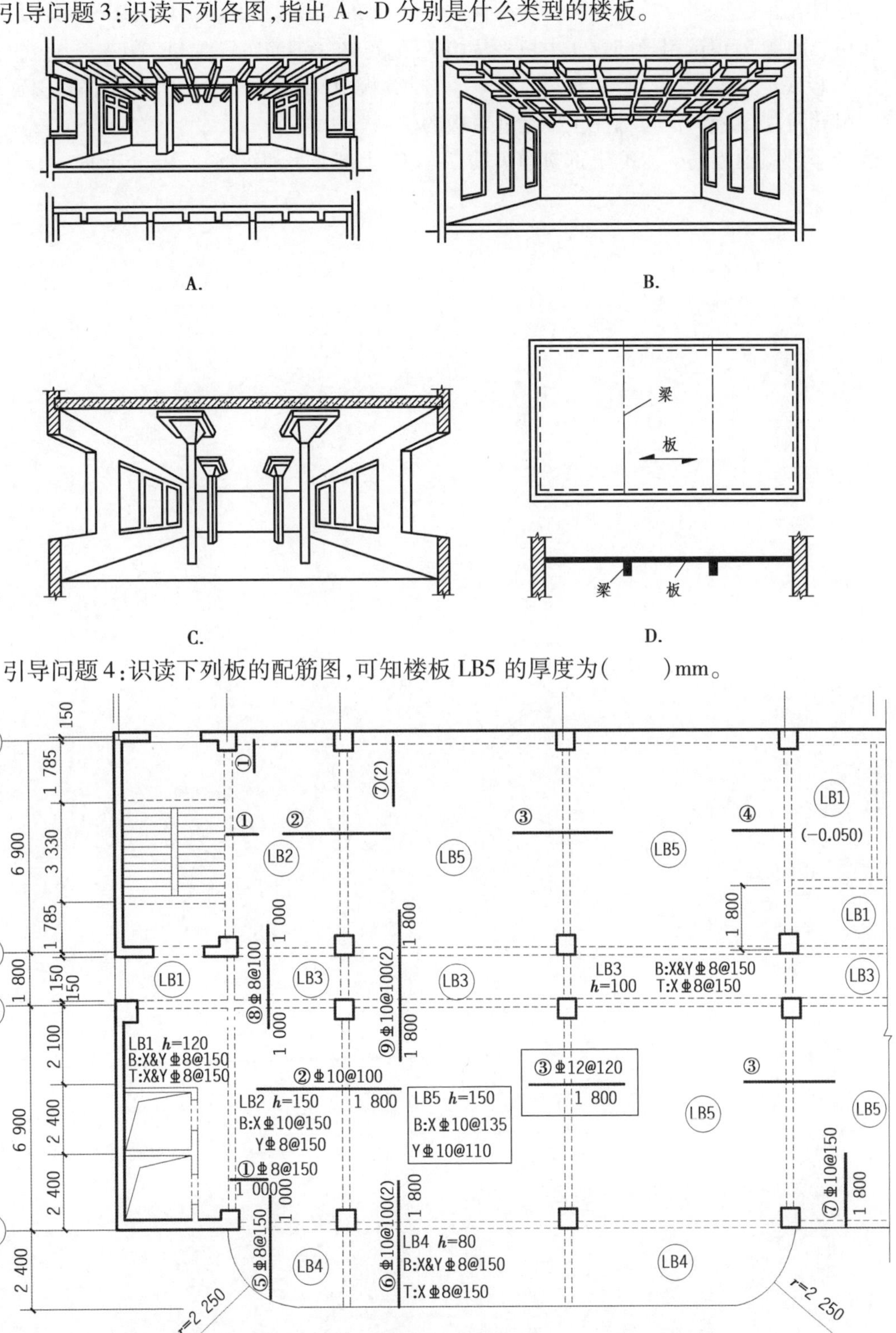

引导问题4:识读下列板的配筋图,可知楼板LB5的厚度为(　　)mm。

15.870~26.670板平法施工图

(未注明分布筋为Φ8@250)

A. 90　　B. 110　　C. 135　　D. 150

引导问题 5:识读引导问题 4 中板平法施工图,可知③钢筋布置在 LB 的(　　)位置。

A. 板底　　B. 板顶　　C. 板中间部位　　D. 板厚任意位置均可

引导问题 6:板的原位标注主要是针对板的(　　)。

A. 下部贯通纵筋　　B. 上部贯通纵筋　　C. 上部非贯通纵筋　　D. 分布筋

图纸识读记录单

班级:________组别:________

识读附件 2 中的办公楼项目中的板平法施工图样(结施-27—结施-37),撰写识读记录。(此处教师提供电子版图纸供对照)

典型工作环节 4　评价反馈

(1)学生自评

学生自评表

班级		姓名		学号	
任务 5		识读板平法施工图			
评价项目		评价标准		分值/分	得分/分
引导问题 1		1. 完整　2. 正确　3. 书写清晰		5	
引导问题 2		1. 完整　2. 正确　3. 书写清晰		5	
引导问题 3		正确		5	
引导问题 4		正确		5	
引导问题 5		正确		5	
引导问题 6		正确		5	
图纸识读记录单		1. 全面　2. 专业　3. 正确　4. 清晰		35	
工作态度		态度端正,无缺勤、迟到、早退现象		10	
工作质量		能按计划完成工作任务		10	
协调能力		能与小组成员、同学合作交流,协调工作		5	
职业素质		能做到细心、严谨,体现精益求精的工匠精神		5	
创新意识		能提炼材料内容,在阅读标准、规范、图集后,能理论联系实践,完成不同类型结构板平法图样的识读		5	
合计				100	

(2)学生互评

学生互评表

任务名称	识读板平法施工图													
评价项目	分值/分	等级								评价对象(组别)					
										1	2	3	4	5	6
计划合理	10	优	10	良	9	中	7	差	6						
团队合作	10	优	10	良	9	中	7	差	6						
组织有序	10	优	10	良	9	中	7	差	6						
工作质量	20	优	20	良	18	中	14	差	12						
工作效率	10	优	10	良	9	中	7	差	6						
工作完整	10	优	10	良	9	中	7	差	6						
工作规范	10	优	10	良	9	中	7	差	6						
成果展示	20	优	20	良	18	中	14	差	12						
合计	100														

(3)教师评价

教师评价表

班级		姓名		学号		
任务 5		识读板平法施工图				
评价项目		评价标准			分值/分	得分/分
考勤(10%)		无迟到、早退、旷课现象			10	
工作过程(60%)	引导问题 1	1. 完整　2. 正确　3. 书写清晰			5	
	引导问题 2	1. 正确　2. 正确　3. 书写清晰			5	
	引导问题 3	正确			5	
工作过程(60%)	引导问题 1	1. 完整　2. 正确　3. 书写清晰			5	
	引导问题 2	1. 正确　2. 正确　3. 书写清晰			5	
	引导问题 3	正确			5	
	引导问题 4	正确			5	
	引导问题 5	正确			5	
	引导问题 6	正确			5	
	图纸识读记录单	1. 全面　2. 专业　3. 正确　4. 清晰			15	
	工作态度	态度端正,工作认真、主动			5	
	协调能力	能按计划完成工作任务			5	
	职业素质	能与小组成员、同学合作交流,协调工作			5	
项目成果(30%)	工作完整	能按时完成任务			5	
	工作规范	能按规范要求,完成引导问题及编制识读记录单			5	
	识读记录单	编写规范、专业、全面			15	
	成果展示	能准确表达、汇报工作成果			5	
合计					100	
综合评价		学生自评(20%)	小组互评(30%)	教师评价(50%)	综合得分	

典型工作环节 5　拓展思考题

识读“附件 1 人才公寓楼项目”的板平法图样(结施 3-01—结施 3-09)的图纸信息,规范撰写识读说明。

学习性工作任务6　识读剪力墙平法施工图

典型工作任务描述

根据《房屋建筑制图统一标准》(GB/T 50001—2017)、《混凝土结构施工图平面整体表示方法制图规则和构造详图——现浇混凝土框架、剪力墙、梁、板》(22G101—1)和附件2办公楼项目中剪力墙平法图样(结施-06—结施-15)的图纸信息并进行规范表达。

【学习目标】

1. 了解剪力墙平法施工图的表示方法。
2. 掌握剪力墙平法施工图的制图规则。
3. 熟悉剪力墙标准构造详图的内容,包括剪力墙水平分布钢筋构造,剪力墙竖向钢筋构造,约束边缘构件YBZ构造,剪力墙水平分布钢筋计入约束边缘构件体积配箍率的构造做法,构造边缘构件GBZ、扶壁柱FBZ、非边缘暗柱AZ构造,连梁LL配筋构造,剪力墙BKL或AL与LL重叠时配筋构造,地下室外墙DWQ钢筋构造,剪力墙洞口补强构造等。
4. 熟悉剪力墙平法施工图的识读方法,具备识读剪力墙构件平法施工图的基本能力。

【任务书】

根据《房屋建筑制图统一标准》(GB/T 50001—2017)、《混凝土结构施工图平面整体表示方法制图规则和构造详图》(22G101—1)和典型工作环节2的资讯材料,完成引导问题和附件2办公楼项目图纸中剪力墙平法图样(结施-06—结施-15)的识读,填写“图纸识读记录单”。

典型工作环节1　工作准备

1. 阅读任务书,基本了解剪力墙平法施工图的表达内容和表现方法。
2. 小组成员对本次任务进行分解,制订合理的实施计划,进行人员任务分工。
3. 学习资讯材料,填写学生任务分配表、图纸识读记录单,查阅《混凝土结构施工图平面整体表示方法制图规则和构造详图》(22G101—1)。

学生任务分配表

<table>
<tr><td>班级</td><td></td><td>组号</td><td></td><td>指导教师</td><td></td></tr>
<tr><td>组长</td><td></td><td>学号</td><td colspan="3"></td></tr>
<tr><td>组员</td><td colspan="5"><table><tr><td>姓名</td><td>学号</td></tr><tr><td></td><td></td></tr><tr><td></td><td></td></tr><tr><td></td><td></td></tr><tr><td></td><td></td></tr></table></td></tr>
<tr><td colspan="6">任务分工</td></tr>
</table>

典型工作环节 2　资讯搜集

知识点 1:剪力墙构件及剪力墙钢筋分类

框架结构中有时把框架柱之间的矩形空间设置一道现浇钢筋混凝土墙,用以加强框架的空间刚度和抗剪能力,这面墙就是剪力墙,主要作用是抵抗水平力。

剪力墙构件由剪力墙身、剪力墙柱、剪力墙梁 3 部分组成。

(1)剪力墙身

剪力墙的墙身就是一道混凝土墙,包含竖向钢筋、横向钢筋和拉筋。墙身厚度一般在 200 mm 以上,其钢筋分布如图 5.64 所示。

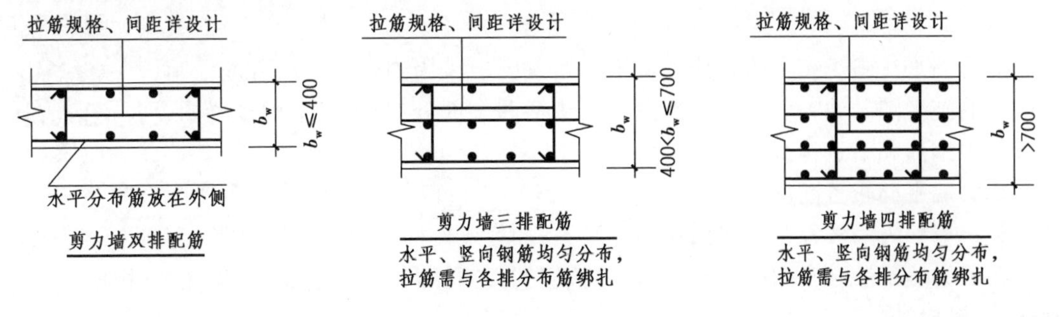

图 5.64　剪力墙墙身钢筋分布

(2)剪力墙柱

剪力墙柱分为两大类,即暗柱和端柱。暗柱的宽度等于墙的厚度,所以暗柱隐藏在墙内不可见,而端柱的宽度比墙的厚度要大,如图 5.55 所示。22G101—1 图集中把暗柱和端柱统称为“边缘构件”,这是因为这些构件被设置在墙肢的边缘部位。墙柱内配置纵向钢筋和横向钢筋,其连接方式与柱相同。

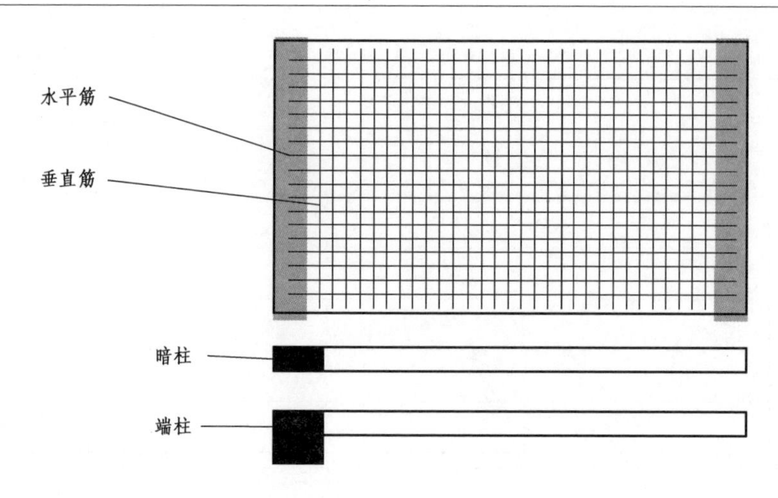

图 5.65　剪力墙柱钢筋分布

(3)剪力墙梁

剪力墙梁分为剪力墙连梁 LL、剪力墙暗梁 AL 和剪力墙边框梁 BKL 三大类,由纵向钢筋和横向钢筋组成,构造与绑扎和梁基本相同。

连梁其实是一种特殊的墙身,它是上下楼层窗(门)洞口之间的那部分水平窗间墙。

暗梁与暗柱有共同性,因为它们都是隐藏在墙身内部的构件,都是墙身的一个组成部分。剪力墙的暗梁和砖混结构的圈梁有共同之处,它们都是墙身的一个水平性"加强带",一般设置在楼板之下。

边框梁与暗梁有很多共同之处,边框梁一般设置在楼板以下部位,但边框梁的截面宽度比暗梁宽,即边框梁的截面宽度大于墙身厚度,因而形成了凸出剪力墙的一个边框。

知识点 2:剪力墙平法施工图的形成

剪力墙平法施工图是假想一水平面沿墙高度方向剖开,移去上部结构,假设混凝土为透明体,画出该楼层剪力墙的平面位置和类型的水平剖面图(反映钢筋配置)。

知识点 3:剪力墙平法施工图的表示方法

剪力墙平法施工图制图规则

剪力墙平法施工图是指在剪力墙平面布置图上采用列表注写或截面注写方式表达的施工图。剪力墙平面布置图主要包括两个部分:剪力墙平面布置图、剪力墙各类构造和节点构造详图。

剪力墙平面布置图可采用适当比例单独绘制,也可与柱或梁平面布置图合并绘制。当剪力墙较复杂或采用截面注写方式时,应按标准层分别绘制剪力墙平面布置图。

在剪力墙平法施工图中,应注明各结构层的楼面标高、结构层高及相应的结构层号,尚应注明上部结构嵌固部位位置。

对轴线未居中的剪力墙(包括端柱),应标注其偏心定位尺寸。

1. 列表注写方式

列表注写方式是分别在剪力墙柱表、剪力墙身表和剪力墙梁表中,对应剪力墙平面布置图上的编号,用绘制截面配筋图并注写几何尺寸与配筋具体数值的方式来表达剪力墙平法施工图。

剪力墙按墙柱、墙身、墙梁三类构件分别编号。

(1)墙柱编号,由墙柱类型代号和序号组成,表达形式符合表5.7的规定。

表5.7　墙柱编号

墙柱类型	代号	序号
约束边缘构件	YBZ	××
构造边缘构件	GBZ	××
非边缘暗柱	AZ	××
扶壁柱	FBZ	××

注:约束边缘构件包括约束边缘暗柱、约束边缘端柱、约束边缘翼墙、约束边缘转角墙4种,如图5.66所示。构造边缘构件包括构造边缘暗柱、构造边缘端柱、构造边缘翼墙、构造边缘转角墙4种,如图5.67所示。

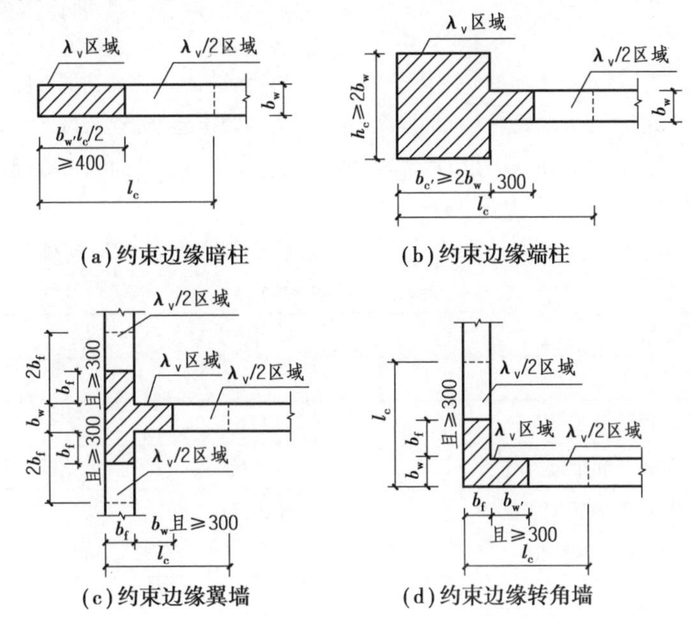

图5.66　约束边缘构件

λ_v—剪力墙约束边缘构件配箍特征值;l_c—剪力墙约束边缘构件沿墙肢的长度;

b_f—剪力墙水平方向的厚度;b_c—剪力墙约束边缘端柱垂直方向的长度;

b_w—剪力墙垂直方向的厚度

注:①在编号中,如若干墙柱的截面尺寸与配筋均相同,仅截面与轴线的关系不同时,可将其编为同一墙柱号;又如,若干墙身的厚度尺寸和配筋均相同,仅墙厚与轴线的关系不同或墙身长度不同时,也可将其编为同一墙身号,但应在图中注明与轴线的几何关系。

②当墙身所设置的水平与竖向分布钢筋的排数为2时可不注。

③对分布钢筋网的排数规定。当剪力墙厚度不大于400 mm时,应配置双排;当剪力墙厚度大于400 mm,但不大于700 mm时,宜配置三排;当剪力墙厚度大于700 mm时,宜配置四排。各排水平分布钢筋和竖向分布钢筋的直径与间距宜保持一致。当剪力墙配置的分布钢筋多于两排时,剪力墙拉筋两端应同时钩住外排水平纵筋和竖向纵筋,还应与剪力墙内排水平纵筋和竖向纵筋绑扎在一起。

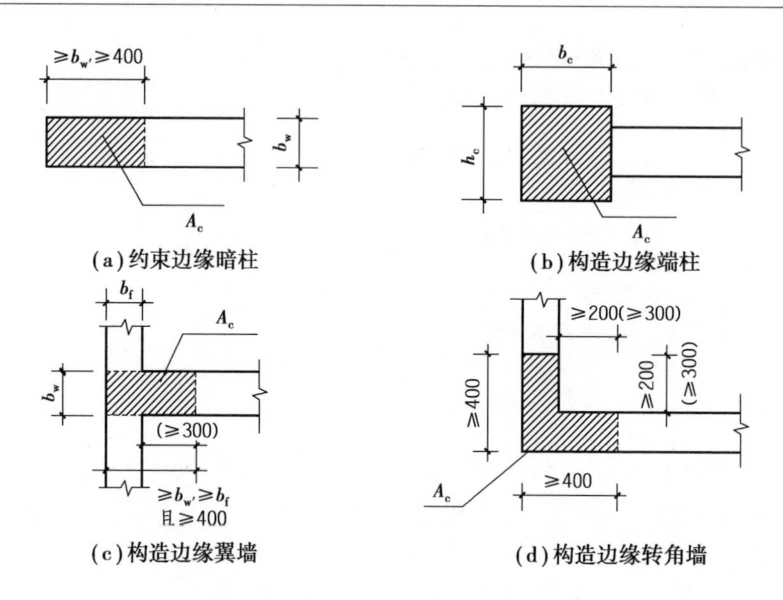

图5.67　构造边缘构件

b_f—剪力墙水平方向的厚度;b_f—剪力墙约束边缘端柱垂直方向的长度;

B_w—剪力墙垂直方向的厚度;A_c—剪力墙的构造边缘构件区

(2)墙身编号,由墙身代号、序号以及墙身所配置的水平与竖向分布钢筋的排数组成,其中,排数注写在括号内。表达形式为:Q××(×排)。

(3)墙梁编号,由墙梁类型代号和序号组成,表达形式符合表5.8的规定。

表5.8　墙梁编号

墙梁类型	代号	序号
连梁	LL	××
连梁(对角暗撑配筋)	LL (JC)	××
连梁(交叉斜筋配筋)	LL (JX)	××
连梁(集中对角斜筋配筋)	LL (DX)	××
连梁(跨高比不小于5)	LLk	××
暗梁	AL	××
边框梁	BKL	××

注:①在具体工程中,当某些墙身需设置暗梁或边框梁时,宜在剪力墙平法施工图中绘制暗梁或边框梁的平面布置图并编号,以明确其具体位置。

②跨高比不小于5 mm的连梁按框架梁设计时,代号为LLk。

2. 截面注写方式

①截面注写方式是在分标准层绘制的剪力墙平面布置图上,以直接在墙柱、墙身、墙梁上注写截面尺寸和配筋具体数值的方式来表达剪力墙平法施工图。

②选用适当比例原位放大绘制剪力墙平面布置图,其中对墙柱绘制配筋截面图;对所有墙柱、墙身、墙梁分别按本节"列表注写"中的规定进行编号,并分别在相同编号的墙柱、墙身、墙梁中选择一根墙柱、一道墙身、一根墙梁进行注写,其注写方式按22G101—1第17-18页规

定进行。

当墙身水平分布钢筋不能满足连梁、暗梁及边框梁的梁侧面纵向构造钢筋的要求时，应补充注明梁侧面纵筋的具体数值；注写时，以大写字母 N 打头，接续注写直径与间距。其在支座内的锚固要求同连梁中的受力钢筋。

如"N ⏀10@150"，表示墙梁两个侧面纵筋对称配置为：HRB400 级钢筋，直径为 10 mm，间距为 150 mm。

3. 剪力墙洞口的表示方法

(1)无论采用列表注写方式还是截面注写方式，剪力墙上的洞口均可在剪力墙平面布置图上原位表达。

(2)洞口的具体表示方法：

①在剪力墙平面布置图上绘制洞口示意图，并标注洞口中心的平面定位尺寸。

②在洞口中心位置引注以下内容：

A. 洞口编号：矩形洞口为 JD××(××为序号)；

圆形洞口为 YD××(××为序号)。

B. 洞口几何尺寸：矩形洞口为洞宽×洞高($b \times h$)；

圆形洞口为洞口直径 D。

C. 洞口中心相对标高是相对于结构层楼(地)面标高的洞口中心高度。当其高于结构层楼面时为正值，低于结构层楼面时为负值。

D. 洞口每边补强钢筋，分为以下几种不同情况：

当矩形洞口的洞宽、洞高均不大于 800 mm 时，此项注写为洞口每边补强钢筋的具体数值。当洞宽、洞高方向补强钢筋不一致时，分别注写洞宽方向、洞高方向补强钢筋，以"/"分隔。

例 1：JD 2　400×300　+3.100　3⏀14，表示 2 号矩形洞口，洞宽 400 mm，洞高 300 mm，洞口中心距本结构层楼面 3 100 mm，洞口每边补强钢筋为 3⏀14。

例 2：JD3　400×300　+3.100，表示 3 号矩形洞口，洞宽 400 mm，洞高 300 mm，洞口中心距本结构层楼面 3 100 mm，洞口每边补强钢筋按构造配置。

例 3：JD 4　800×300　+3.100　3⏀18/3⏀14，表示 4 号矩形洞口，洞宽 800 mm，洞高 300 mm，洞口中心距本结构层楼面 3 100 mm，洞宽方向补强钢筋为 3⏀18，洞高方向补强钢筋为 3⏀14。

当矩形或圆形洞口的洞宽或直径大于 800 mm 时，在洞口的上下需设置补强暗梁，此项注写为洞口上下每边暗梁的纵筋与箍筋的具体数值(在标准构造详图中，补强暗梁梁高一律定为 400 mm，施工时按标准构造详图取值，设计不注。当设计者采用与该构造详图不同的做法时，应另行注明)，圆形洞口时尚需注明环向加强钢筋的具体数值；当洞口上下边为剪力墙连梁时，此项免注；洞口竖向两侧设置边缘构件时，也不在此项表达中(当洞口两侧不设置边缘构件时，设计者应给出具体做法)。

例 4：JD 5　1000×900　+1.400　6⏀20　Φ8@150，表示 5 号矩形洞口，洞宽 1 000 mm，洞高 900 mm，洞口中心距本结构层楼面 1 400 mm，洞口上下设补强暗梁，每边暗梁纵筋为 6⏀20，箍筋为Φ8@150。

例5：YD 5　1000　+1.800　6⏀20　Φ8@150　2⏀16，表示5号圆形洞口，直径1 000 mm，洞口中心距本结构层楼面1 800 mm，洞口上下设补强暗梁，每边暗梁纵筋为6⏀20，箍筋为Φ8@150，环向加强钢筋为2⏀16。

③当圆形洞口设置在连梁中部1/3范围(且圆洞直径不应大于1/3梁高)时，需注写圆洞上下水平设置的每边补强纵筋与箍筋。

④当圆形洞口设置在墙身或暗梁、边框梁位置且洞口直径不大于300 mm时，此项注写为洞口上下、左右每边布置的补强纵筋的具体数值。

⑤当圆形洞口直径大于300 mm，但不大于800 mm时，此项注写为洞口上下、左右每边布置的补强纵筋的具体数值，以及环向加强钢筋的具体数值。

4. 地下室外墙的表示方法

地下室外墙仅适用于起挡土作用的地下室外围护墙。地下室外墙中墙柱、连梁及洞口等的表示方法同地上剪力墙。具体规定详见22G101—1图集第19-21页。

知识点4：剪力墙钢筋构造

1. 剪力墙水平分布钢筋构造

22G101—1图集对剪力墙水平分布钢筋构造规定，如图5.68所示。

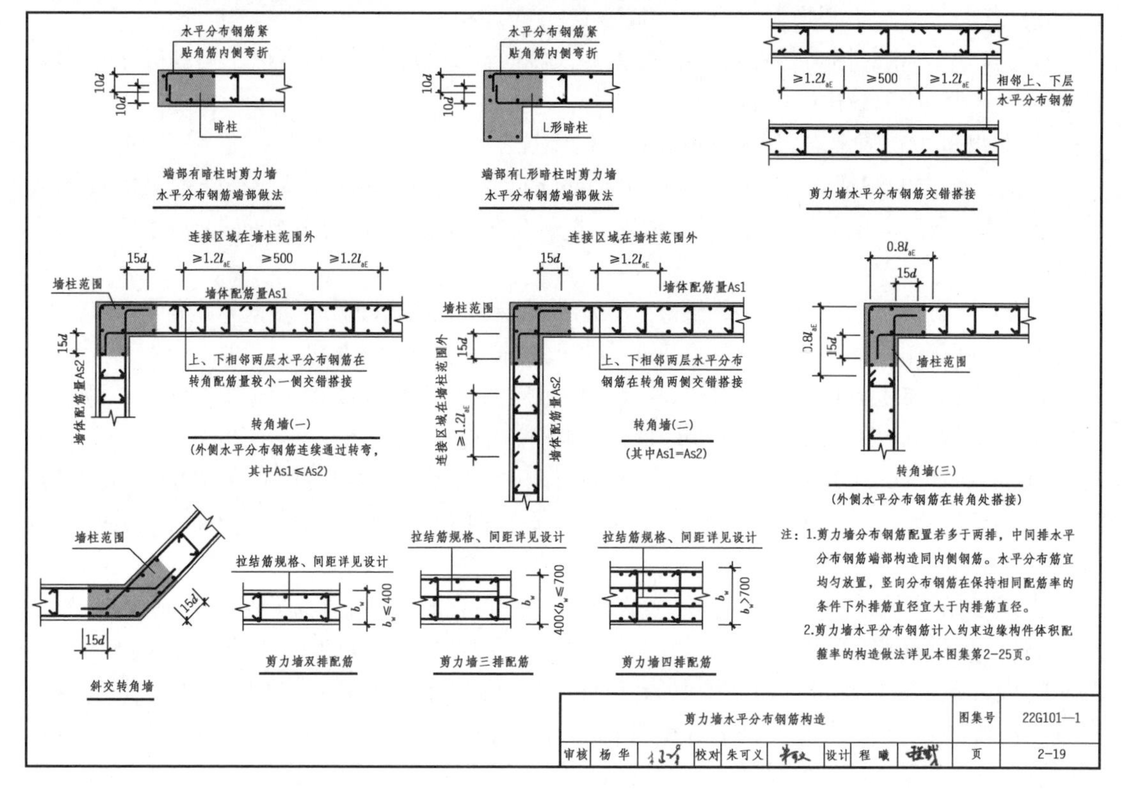

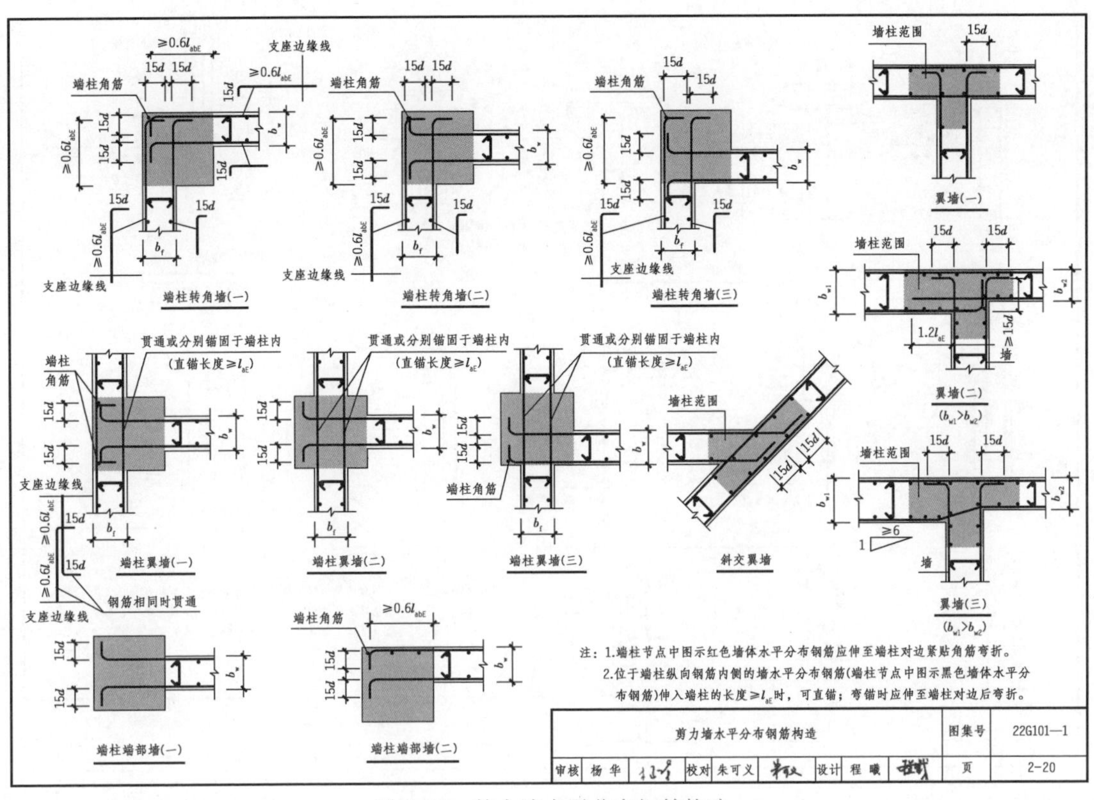

图 5.68　剪力墙水平分布钢筋构造

2.剪力墙竖向钢筋构造

22G101—1 图集对剪力墙竖向钢筋构造的规定，如图 5.69 所示。

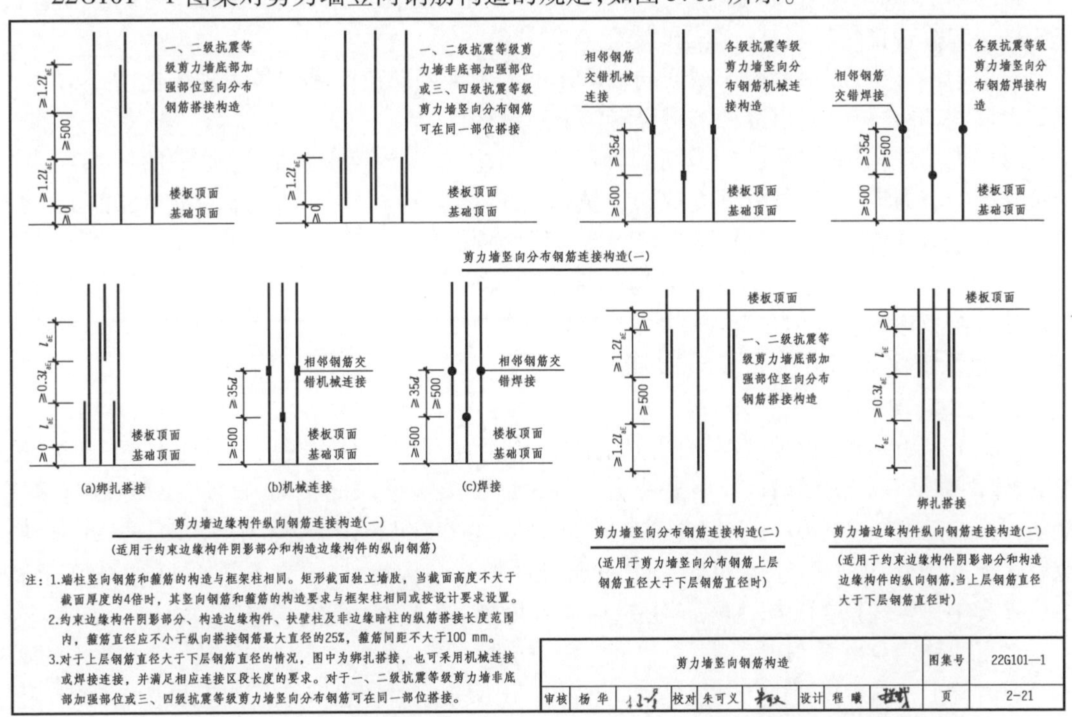

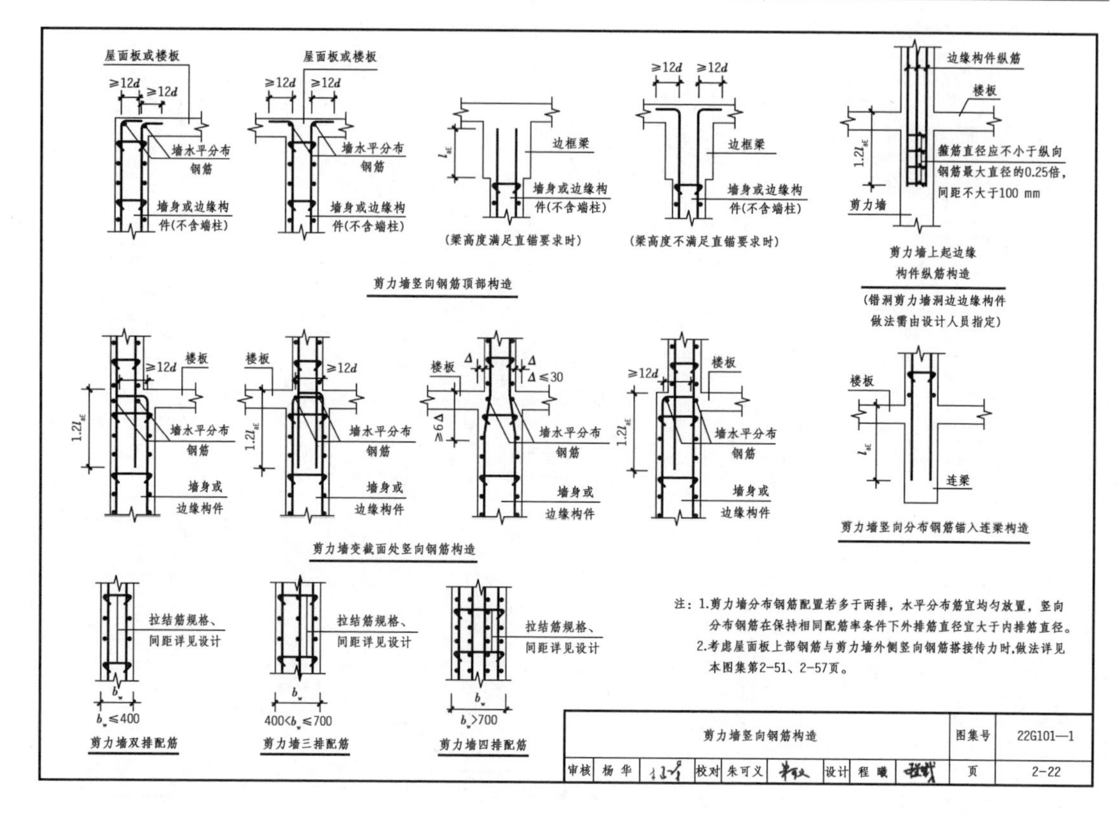

图5.69　剪力墙竖向钢筋构造

3. 边缘构件构造

根据《建筑抗震设计规范》(GB 50011—2010)的规定,剪力墙两端和洞口两侧应设置边缘构件。边缘构件包括暗柱、端柱和翼墙。

对剪力墙结构,底层墙肢底截面的轴压比不大于抗震规范要求的最大轴压比的一、二、三级剪力墙和四级抗震墙,墙肢两端可设置构造边缘构件。

对剪力墙结构,底层墙肢底截面的轴压比大于抗震规范要求的最大轴压比的一、二、三级抗震等级剪力墙,以及部分框支剪力墙结构的抗震墙,应在底部加强部位及相邻的上一层设置约束边缘构件,在以上部位可设置构造边缘构件。

22G101—1图集对剪力墙约束边缘构件YBZ构造规定,如图5.70所示;剪力墙水平分布钢筋计入约束边缘构件体积配箍率的构造做法,如图5.71所示;构造边缘构件GBZ、扶壁柱FBZ、非边缘暗柱AZ构造,如图5.72所示。

4. 连梁配筋构造

连梁LL的配筋在剪力墙梁表中进行定义,包括连梁的编号、梁高、上部纵筋、下部纵筋、箍筋、侧面纵筋和相对标高等。剪力墙连梁的钢筋种类包括纵向钢筋、箍筋、拉筋、墙身水平钢筋。其构造详见22G101—1第83-86页,包括连梁LL配筋构造、剪力墙BKL或AL与LL重叠时配筋构造、剪力墙连接LLk纵向钢筋、箍筋加密区构造、连梁交叉斜筋LL(JX)配筋构造连梁集中对角斜筋LL(DX)配筋构造、连梁对角暗撑LL(JC)配筋构造。

5. 剪力墙洞口补强构造

剪力墙上开洞后需要进行补强处理,22G101—1图集中对补强钢筋的规定,如图5.73所示。

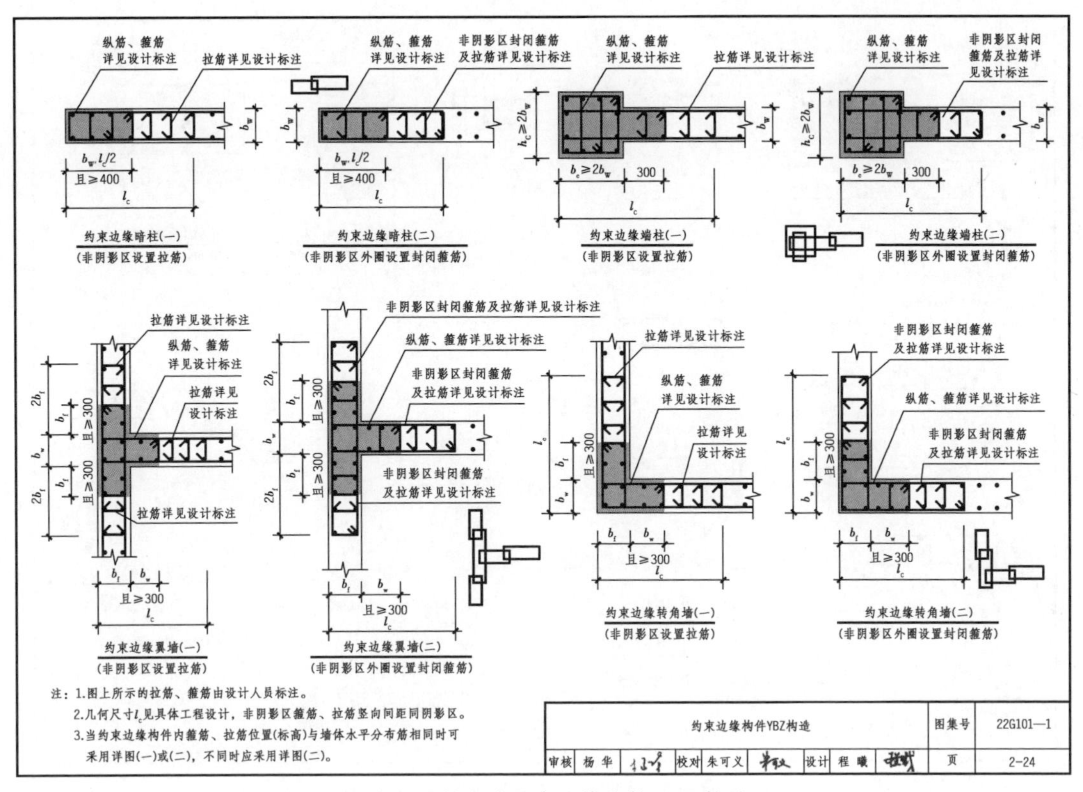

图 5.70　剪力墙约束边缘构件 YBZ 构造

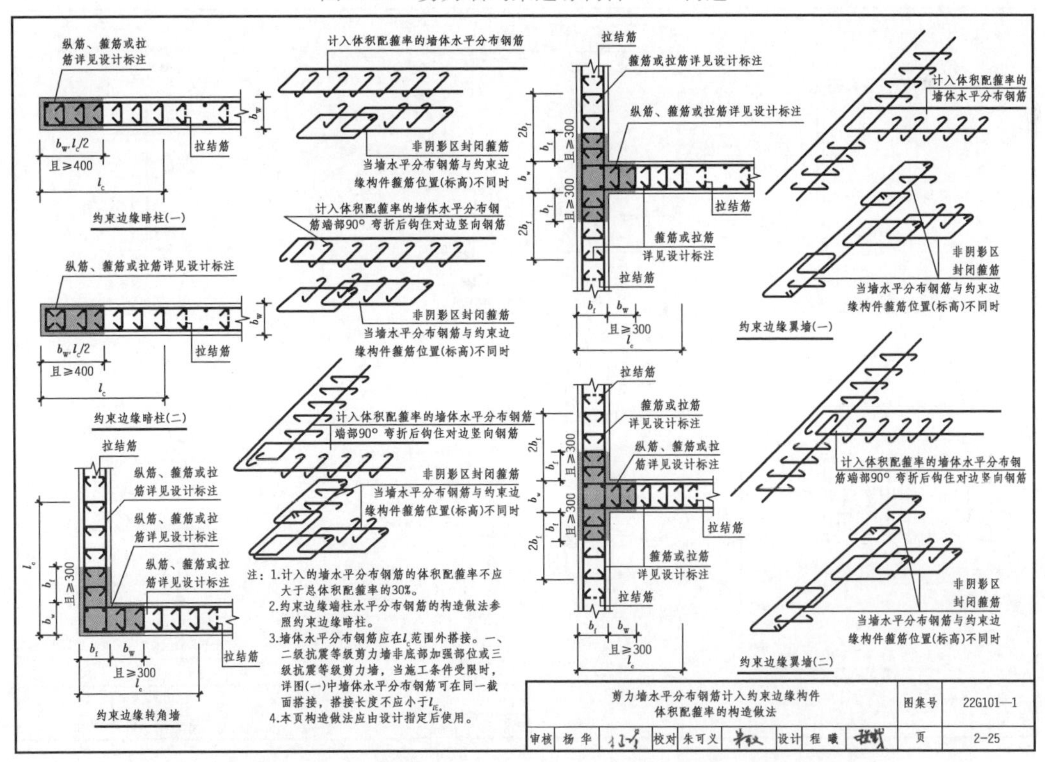

图 5.71　剪力墙水平分布钢筋计入约束边缘构件体积配筋率的构造做法

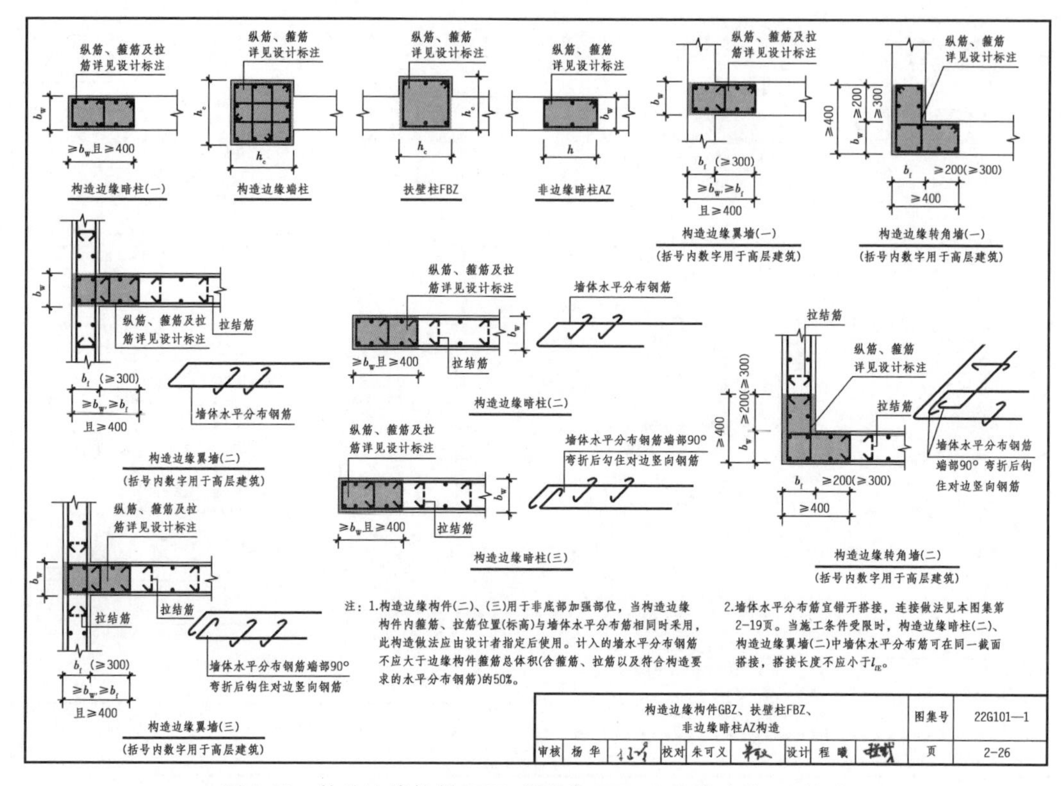

图 5.72 构造边缘构件 GBZ、扶壁柱 FBZ、非边缘暗柱 AZ 构造

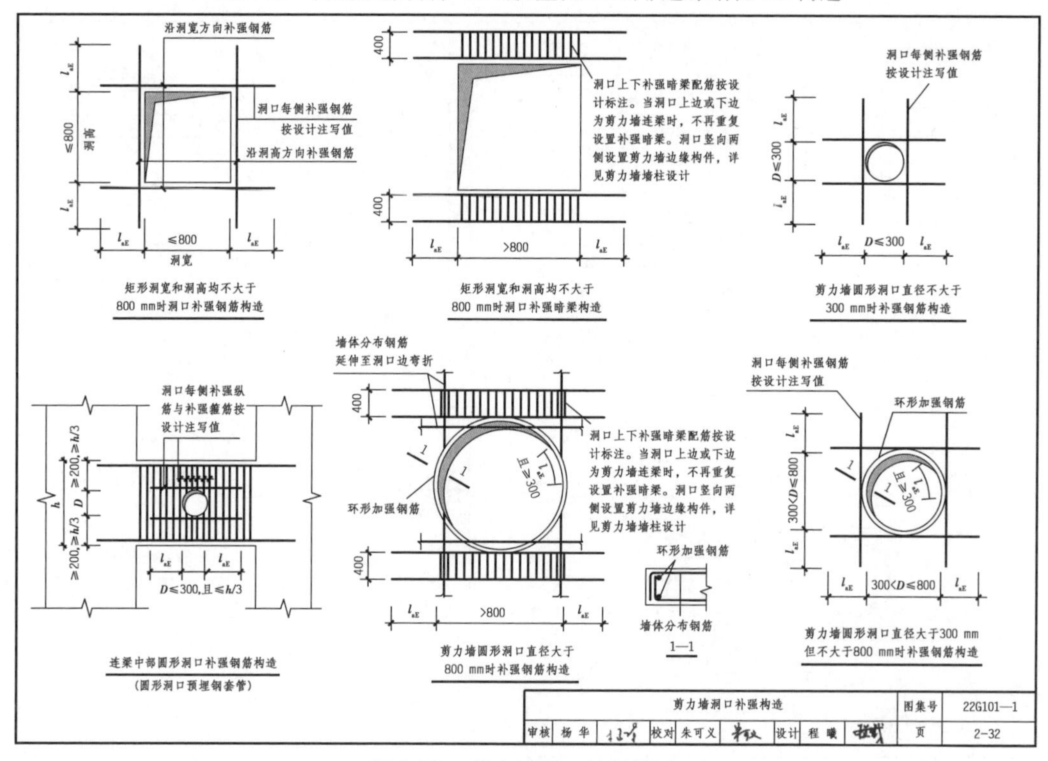

图 5.73 剪力墙洞口补强构造

知识点 5:剪力墙的平法识读示例

范例 1(截面注写方式)　如图 5.74 所示为某剪力墙平法施工图,按照板平法制图规则,解释图 5.74 中剪力墙 Q1 的注写含义。

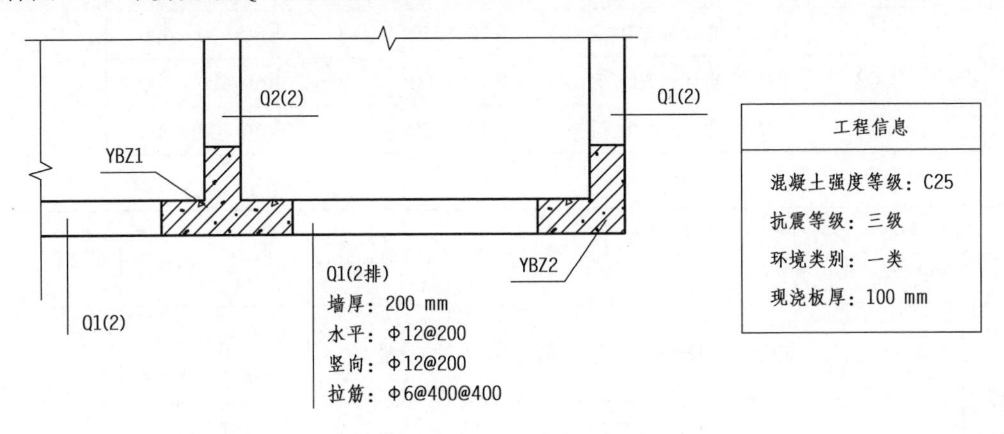

图 5.74　剪力墙平法施工图的截面注写集中标注示例

解析:Q1 表示 1 号剪力墙,2 排表示剪力墙双排配筋。墙厚 200 mm;水平分布钢筋采用 HPB300 级钢筋,直径 12 mm,每间隔 200 mm 布置一根;竖向分布筋采用 HPB300 级钢筋,直径 12 mm,每间隔 200 mm 布置一根;拉筋采用 HPB300 级钢筋,直径 6 mm,双向间距均为 400 mm 布置。

范例 2(列表注写方式)　识读如图 5.75 所示的板平法施工图,按照板平法制图规则,解释图 5.75 中板块 YXB1 所注写的集中标注含义。

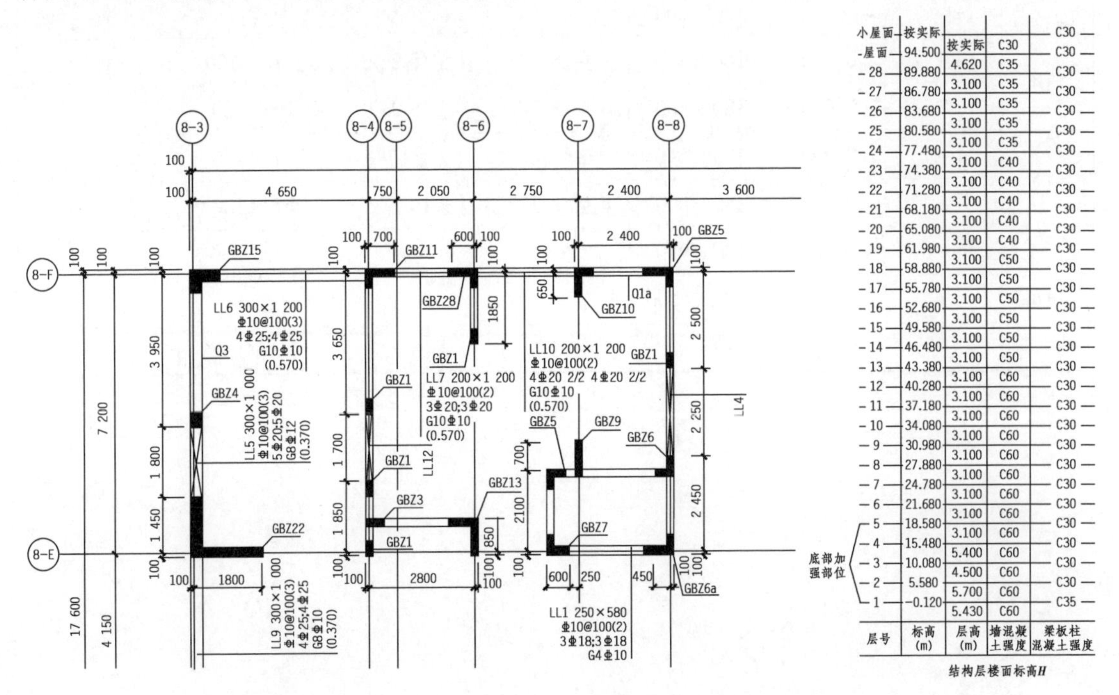

层号	标高(m)	层高(m)	墙混凝土强度	梁板柱混凝土强度
小屋面	按实际	按实际	C30	C30
屋面	94.500	4.620	C35	C30
28	89.880	3.100	C35	C30
27	86.780	3.100	C35	C30
26	83.680	3.100	C35	C30
25	80.580	3.100	C35	C30
24	77.480	3.100	C40	C30
23	74.380	3.100	C40	C30
22	71.280	3.100	C40	C30
21	68.180	3.100	C40	C30
20	65.080	3.100	C40	C30
19	61.980	3.100	C50	C30
18	58.880	3.100	C50	C30
17	55.780	3.100	C50	C30
16	52.680	3.100	C50	C30
15	49.580	3.100	C50	C30
14	46.480	3.100	C50	C30
13	43.380	3.100	C60	C30
12	40.280	3.100	C60	C30
11	37.180	3.100	C60	C30
10	34.080	3.100	C60	C30
9	30.980	3.100	C60	C30
8	27.880	3.100	C60	C30
7	24.780	3.100	C60	C30
6	21.680	3.100	C60	C30
5	18.580	3.100	C60	C30
4	15.480	5.400	C60	C30
3	10.080	4.500	C60	C30
2	5.580	5.700	C60	C30
1	-0.120	5.430	C60	C35

底部加强部位（1～5 层）

结构层楼面标高 H

剪力墙墙身配筋表

墙身编号	墙厚	竖向筋	水平筋	拉结筋
Q1	200	Φ8@200(两排)	Φ8@200(两排)	ϕ6@600×600
Q2	250	Φ10@250(两排)	Φ10@250(两排)	ϕ6@500×500
Q3	300	Φ10@200(两排)	Φ10@200(两排)	ϕ6@600×600
Q1a	200	Φ8@200(两排)	Φ10@150(两排)	ϕ6@600×600

编号	所在楼层号	相对标高高差	梁截面 $b \times h$	上部纵筋	下部纵筋	箍筋	备注
LL1 (LL1a) (LL1b)	4~7	0.000	180×410	2Φ16	2Φ16	ϕ8@100 <(Φ8@100)>	
	8	0.000	180×800 <180×500>	4Φ18 2/2	4Φ18 2/2	ϕ8@100 <(Φ8@100)>	
LL2	4~7	0.000	180×410	2Φ16	2Φ16	Φ12@100	
	8	0.000	180×800	4Φ18 2/2	4Φ18 2/2	ϕ8@100	
LL3 (LL3a)	4~7	+1.425 (+1.505)	180×400 (180×465)	2Φ18	2Φ18	ϕ8@150	与建筑楼梯剖面配合施工
	8	0.000	180×500 (180×800)				
LL4	4~7	0.000	180×410	4Φ18 2/2	4Φ18 2/2	Φ12@100	
	8	0.000	180×800	4Φ18 2/2	4Φ18 2/2	ϕ8@100	
LL5	4~7	0.000	180×410	2Φ16	2Φ16	ϕ8@100	
	8	0.000	180×800	4Φ18 2/2	4Φ18 2/2	ϕ8@100	
LL6	4~6	0.54	180×950	4Φ18 2/2	4Φ18 2/2	Φ12@100	
	7	0.69	180×1 100				
	8	0.000	180×800	4Φ18 2/2	4Φ18 2/2	ϕ8@100	

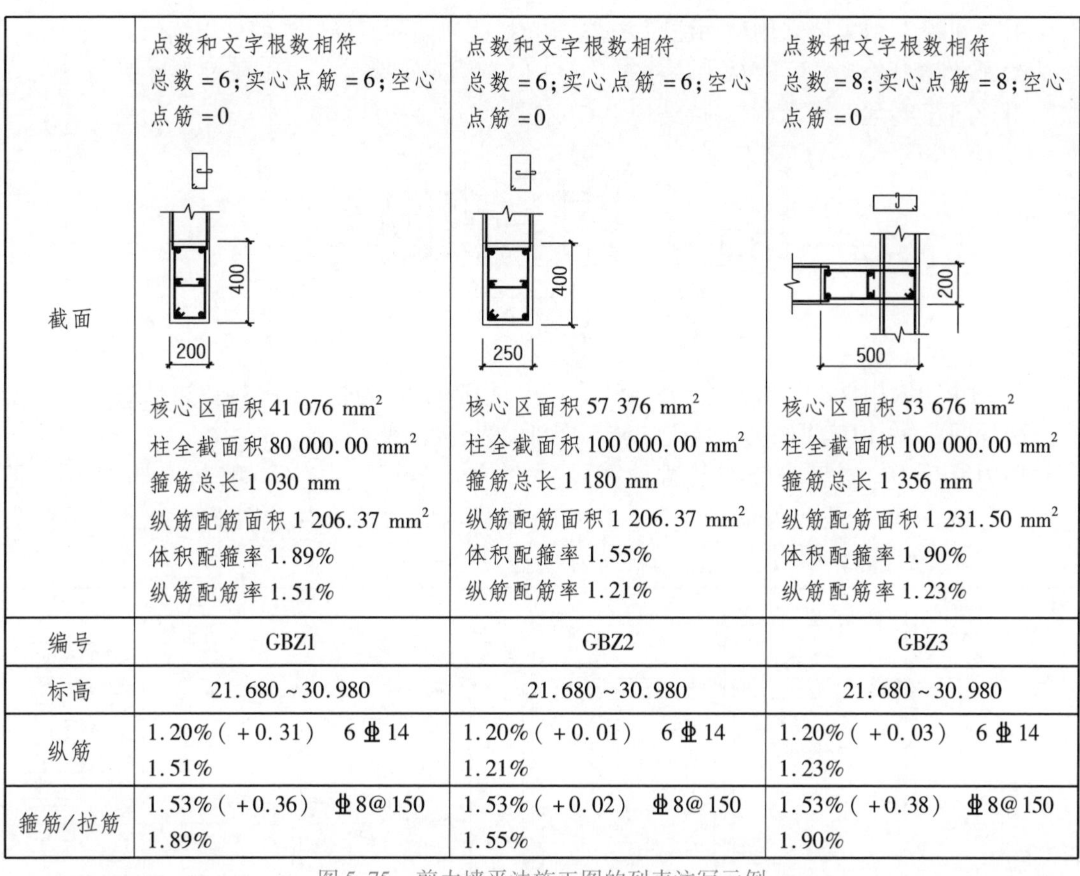

截面	点数和文字根数相符 总数=6;实心点筋=6;空心点筋=0 核心区面积 41 076 mm^2 柱全截面积 80 000.00 mm^2 箍筋总长 1 030 mm 纵筋配筋面积 1 206.37 mm^2 体积配箍率 1.89% 纵筋配筋率 1.51%	点数和文字根数相符 总数=6;实心点筋=6;空心点筋=0 核心区面积 57 376 mm^2 柱全截面积 100 000.00 mm^2 箍筋总长 1 180 mm 纵筋配筋面积 1 206.37 mm^2 体积配箍率 1.55% 纵筋配筋率 1.21%	点数和文字根数相符 总数=8;实心点筋=8;空心点筋=0 核心区面积 53 676 mm^2 柱全截面积 100 000.00 mm^2 箍筋总长 1 356 mm 纵筋配筋面积 1 231.50 mm^2 体积配箍率 1.90% 纵筋配筋率 1.23%
编号	GBZ1	GBZ2	GBZ3
标高	21.680~30.980	21.680~30.980	21.680~30.980
纵筋	1.20%(+0.31)　6⌀14 1.51%	1.20%(+0.01)　6⌀14 1.21%	1.20%(+0.03)　6⌀14 1.23%
箍筋/拉筋	1.53%(+0.36)　⌀8@150 1.89%	1.53%(+0.02)　⌀8@150 1.55%	1.53%(+0.38)　⌀8@150 1.90%

图 5.75　剪力墙平法施工图的列表注写示例

解析:图中出现的 Q3 表示 3 号剪力墙,结合剪力墙墙身配筋表可知其厚度为 300 mm,设有竖向和水平方向分布筋,均为 2 排,每排采用 HRB400 级钢筋,间隔 200 mm。拉筋采用 HPB300 级钢筋,双向间隔 600 mm 布置。

GBZ1 表示 1 号构造边缘构件,结合节点构造表可知其纵筋采用 6 根直径 14 mm 的 HRB400 级钢筋,箍筋采用 HPB400 级钢筋,每间隔 150 mm 布置一道。

LL10 表示 10 号连梁,截面尺寸为 200 mm×1 000 mm;其内箍筋为直径 10 mm 的 HRB400 级钢筋,间隔 100 mm,双肢箍;梁上部和下部通长筋均为 3 根直径 20 mm 的 HRB400 级钢筋;梁侧面构造钢筋为 10 根直径 10 mm 的 HRB400 级钢筋;梁顶标高相较于楼面标高高 0.570 m。

典型工作环节 3　工作实施

(1)学习资讯材料

学习 22G101—1 图集中剪力墙平法施工图的表示方法(截面注写方式、列表注写方式),剪力墙钢筋构造内容,填写工作任务单。

(2)回答引导问题

引导问题 1:下列哪项不是 22G101—1 图集中规定的剪力墙的构件(　　)?

A. 剪力墙柱　　B. 剪力墙梁　　C. 剪力墙板　　D. 剪力墙身

引导问题 2:下列哪项不是 22G101—1 图集中规定的剪力墙柱的代号(　　)?

A. YBZ　　B. GBZ　　C. Q　　D. FBZ

引导问题3:剪力墙采用截面注写方式表达时,剪力墙的配筋应在何处识读(　　)?

A.剪力墙身表　　B.剪力墙柱表　　C.剪力墙梁表　　D.平面布置图

引导问题4:如图所示,剪力墙结构中 GBZ8 为(　　)构件。

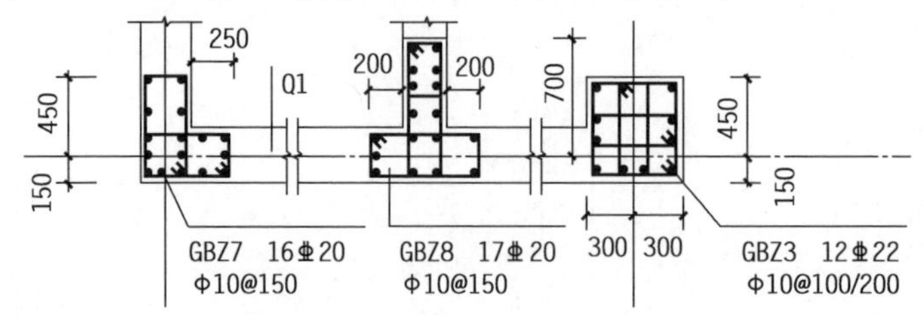

A.约束边缘构件　　B.约束边缘暗柱　　C.构造边缘构件　　D.构造边缘端柱

引导问题5:识读下图剪力墙平法施工图,回答下列问题。

剪力墙身 Q1 的竖向分布筋排数是________排,置于________侧,拉筋布置方式是________型。GBZ2 是剪力墙的________边缘构件。剪力墙在楼层处设置暗梁,梁宽为________,暗梁顶部纵筋为________,箍筋为________。

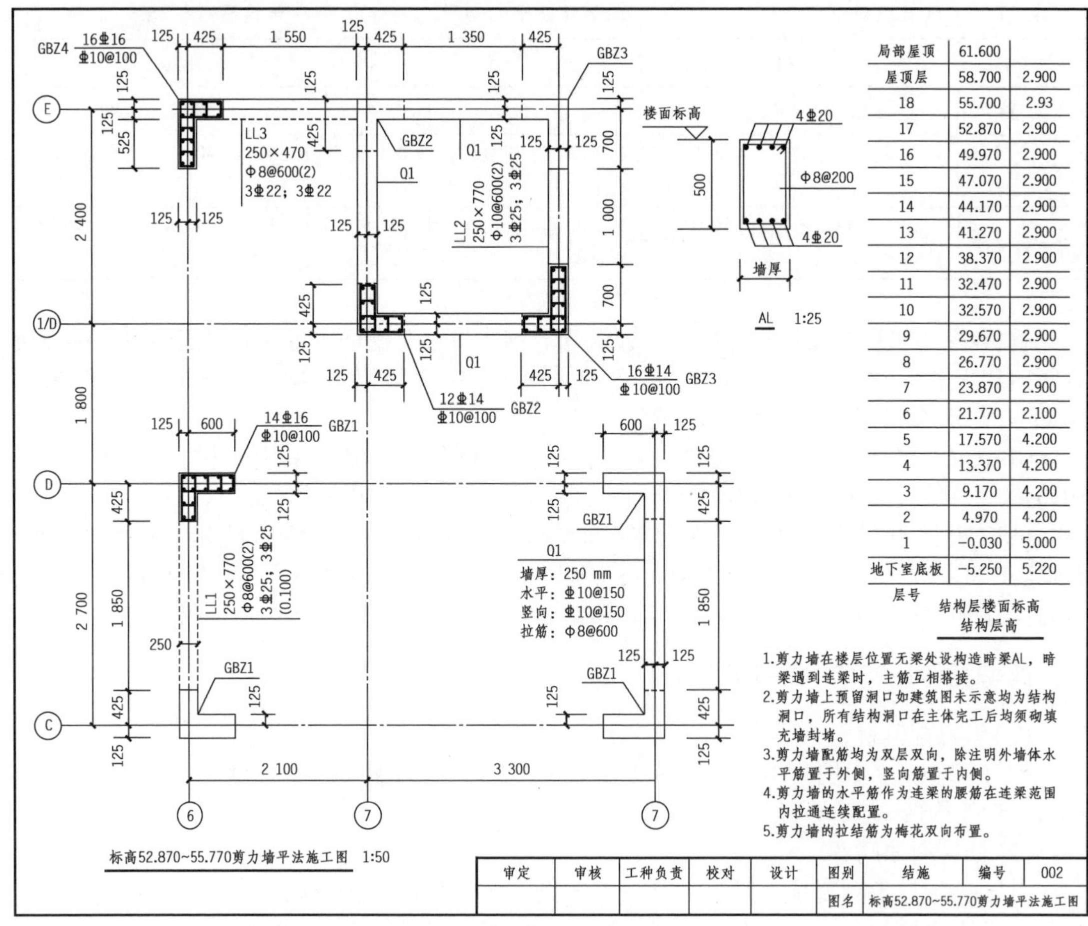

层号	结构层楼面标高	结构层高
局部屋顶	61.600	
屋顶层	58.700	2.900
18	55.700	2.93
17	52.870	2.900
16	49.970	2.900
15	47.070	2.900
14	44.170	2.900
13	41.270	2.900
12	38.370	2.900
11	32.470	2.900
10	32.570	2.900
9	29.670	2.900
8	26.770	2.900
7	23.870	2.900
6	21.770	2.100
5	17.570	4.200
4	13.370	4.200
3	9.170	4.200
2	4.970	4.200
1	−0.030	5.000
地下室底板	−5.250	5.220

引导问题6:下图剪力墙结构中,GBZ3 中纵向钢筋为(　　)。

A. 12⌀14　　B. 14⌀16　　C. 16⌀16　　D. 16⌀14

图纸识读记录单

班级:________组别:________

识读附件2办公楼项目中的剪力墙平法施工图样(结施-06—结施-15),撰写识读记录。(此处教师提供电子版图纸供对照)

典型工作环节 4　评价反馈

(1)学生自评

学生自评表

班级		姓名		学号	
任务 6		识读剪力墙平法施工图			
评价项目		评价标准		分值/分	得分/分
引导问题 1		1. 完整　2. 正确　3. 书写清晰		5	
引导问题 2		1. 完整　2. 正确　3. 书写清晰		5	
引导问题 3		正确		5	
引导问题 4		正确		5	
引导问题 5		正确		5	
引导问题 6		正确		5	
图纸识读记录单		1. 全面　2. 专业　3. 正确　4. 清晰		35	
工作态度		态度端正,无缺勤、迟到、早退现象		10	
工作质量		能按计划完成工作任务		10	
协调能力		能与小组成员、同学合作交流,协调工作		5	
职业素质		能做到细心、严谨,体现精益求精的工匠精神		5	
创新意识		能提炼材料内容,在阅读标准、规范、图集后,能理论联系实践,完成不同类型结构板平法图样的识读		5	
合计				100	

(2)学生互评

学生互评表

任务名称	识读剪力墙平法施工图													
评价项目	分值/分	等级								评价对象(组别)				
										1	2	3	4	5	6
计划合理	10	优	10	良	9	中	7	差	6						
团队合作	10	优	10	良	9	中	7	差	6						
组织有序	10	优	10	良	9	中	7	差	6						
工作质量	20	优	20	良	18	中	14	差	12						
工作效率	10	优	10	良	9	中	7	差	6						
工作完整	10	优	10	良	9	中	7	差	6						
工作规范	10	优	10	良	9	中	7	差	6						
成果展示	20	优	20	良	18	中	14	差	12						
合计	100														

(3)教师评价

教师评价表

<table>
<tr><td>班级</td><td></td><td>姓名</td><td></td><td>学号</td><td colspan="2"></td></tr>
<tr><td colspan="2">任务6</td><td colspan="5">识读剪力墙平法施工图</td></tr>
<tr><td colspan="2">评价项目</td><td colspan="3">评价标准</td><td>分值/分</td><td>得分/分</td></tr>
<tr><td colspan="2">考勤(10%)</td><td colspan="3">无迟到、早退、旷课现象</td><td>10</td><td></td></tr>
<tr><td rowspan="10">工作过程(60%)</td><td>引导问题1</td><td colspan="3">1. 完整　2. 正确　3. 书写清晰</td><td>5</td><td></td></tr>
<tr><td>引导问题2</td><td colspan="3">1. 正确　2. 正确　3. 书写清晰</td><td>5</td><td></td></tr>
<tr><td>引导问题3</td><td colspan="3">正确</td><td>5</td><td></td></tr>
<tr><td>引导问题4</td><td colspan="3">正确</td><td>5</td><td></td></tr>
<tr><td>引导问题5</td><td colspan="3">正确</td><td>5</td><td></td></tr>
<tr><td>引导问题6</td><td colspan="3">正确</td><td>5</td><td></td></tr>
<tr><td>图纸识读记录单</td><td colspan="3">1. 全面　2. 专业　3. 正确　4. 清晰</td><td>15</td><td></td></tr>
<tr><td>工作态度</td><td colspan="3">态度端正,工作认真、主动</td><td>5</td><td></td></tr>
<tr><td>协调能力</td><td colspan="3">能按计划完成工作任务</td><td>5</td><td></td></tr>
<tr><td>职业素质</td><td colspan="3">能与小组成员、同学合作交流,协调工作</td><td>5</td><td></td></tr>
<tr><td rowspan="4">项目成果(30%)</td><td>工作完整</td><td colspan="3">能按时完成任务</td><td>5</td><td></td></tr>
<tr><td>工作规范</td><td colspan="3">能按规范要求,完成引导问题及编制识读记录单</td><td>5</td><td></td></tr>
<tr><td>识读记录单</td><td colspan="3">编写规范、专业、全面</td><td>15</td><td></td></tr>
<tr><td>成果展示</td><td colspan="3">能准确表达、汇报工作成果</td><td>5</td><td></td></tr>
<tr><td colspan="5">合计</td><td>100</td><td></td></tr>
<tr><td colspan="2" rowspan="2">综合评价</td><td>学生自评(20%)</td><td>小组互评(30%)</td><td>教师评价(50%)</td><td colspan="2">综合得分</td></tr>
<tr><td></td><td></td><td></td><td colspan="2"></td></tr>
</table>

典型工作环节5　拓展思考题

识读“附件1 人才公寓楼项目”的剪力墙平法图样(结施2-01—结施2-06、结施2-12—结施2-22)的图纸信息,规范撰写识读说明。

学习性工作任务7　识读板式楼梯平法施工图

典型工作任务描述

根据《房屋建筑制图统一标准》(GB/T 50001—2017)、《混凝土结构施工图平面整体表示方法制图规则和构造详图——现浇混凝土板式楼梯》(22G101—2)和附件2办公楼项目板式楼梯平法图样(结施-38—结施-44)的图纸信息并进行规范表达。

【学习目标】

1. 了解现浇混凝土板式楼梯平法施工图的表示方法。
2. 掌握板式楼梯平法施工图的制图规则。
3. 掌握板式楼梯的分类,熟悉AT,BT类型楼梯的平面注写内容和配筋构造。
4. 熟悉板式楼梯平法施工图的识读方法,具备识读板式楼梯平法施工图的基本能力。

【任务书】

根据《房屋建筑制图统一标准》(GB/T 50001—2017)、《混凝土结构施工图平面整体表示方法制图规则和构造详图——现浇混凝土板式楼梯》(22G101—2)和典型工作环节2的资讯材料,完成引导问题和附件2办公楼项目图纸中楼梯平法图样(结施-38—结施-44)的识读,填写"图纸识读记录单"。

典型工作环节1　工作准备

1. 阅读任务书,基本了解板式楼梯平法施工图的表达内容和表现方法。
2. 小组成员对本次任务进行分解,制订合理的实施计划,并进行人员任务分工。
3. 学习资讯材料,填写学生任务分配表、图纸识读记录单,查阅《混凝土结构施工图平面整体表示方法制图规则和构造详图(现浇混凝土板式楼梯)》(22G101—2)。

学生任务分配表

班级		组号		指导教师	
组长		学号			
组员	姓名		学号		
任务分工					

典型工作环节 2 资讯搜集

知识点 1:楼梯的分类

楼梯按施工方式分,可分为现浇和预制两大类。

楼梯按形式分,可分为直上楼梯、曲尺楼梯、双折楼梯(又称转弯楼梯、双跑楼梯、平行楼梯)、三折楼梯、弧形楼梯、螺旋形楼梯、有中柱的盘旋形楼梯、剪刀式楼梯和交叉楼梯等。

楼梯根据梯跑结构形式分,可分为梁板式楼梯、板式楼梯(应用最为广泛)、悬挑楼梯和旋转楼梯等。

知识点 2:板式楼梯的组成

以一个楼梯间所包含的构件为例,一个完整的现浇钢筋混凝土板式楼梯主要有踏步板、梯梁或平台梁(层间梯梁和楼层梯梁)和平台板(层间平板和楼层平板)等,如图 5.76 所示。

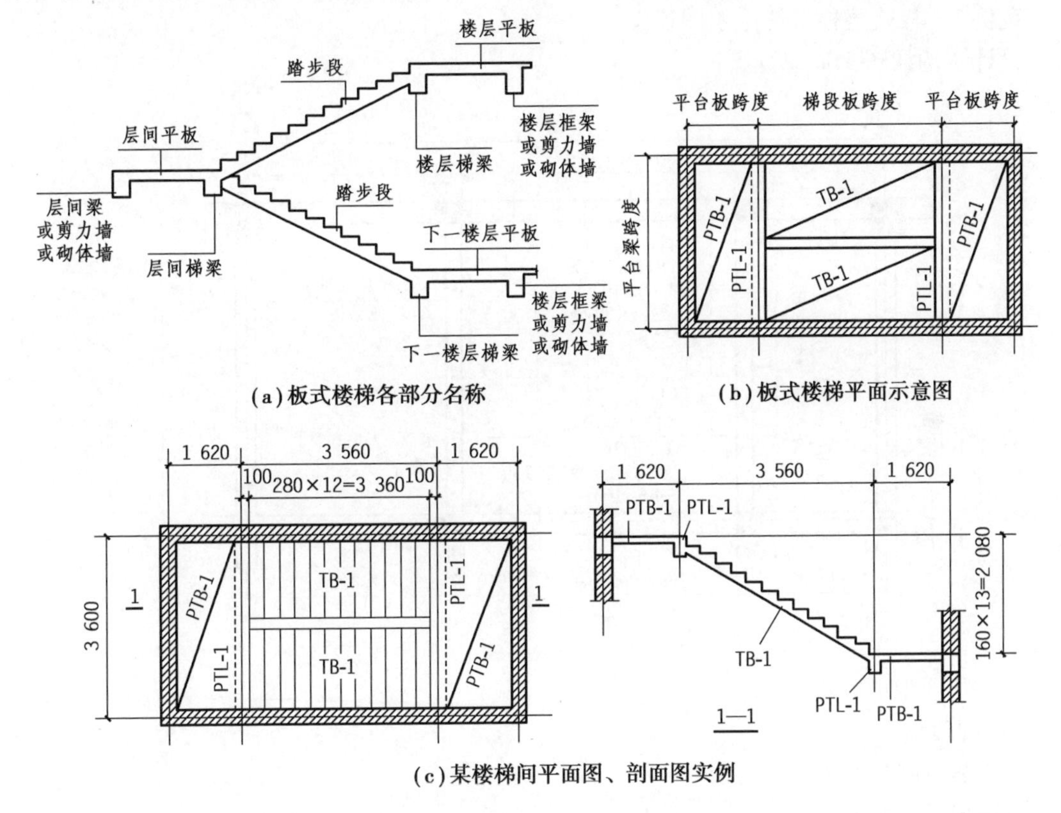

图 5.76 板式楼梯的构件组成

知识点 3:板式楼梯的类型

此部分内容请查阅 22G101—2 图集的第 7-9 页内容。主要包括楼梯类型和楼梯特征两部分内容。

知识点 4:现浇混凝土板式楼梯平法制图规则

现浇混凝土板式楼梯平法施工图有平面注写、剖面注写和列表注写 3 种表达方式。

1. 平面注写方式

此部分内容请查阅 22G101—2 图集第 9-10 页内容。

2. 剖面注写方式

此部分内容请查阅 22G101—2 图集第 9-10 页内容。

3. 列表注写方式

此部分内容请查阅 22G101—2 图集第 10-11 页内容。

知识点 5:楼梯构造详图

楼梯结构施工图表示方法

楼梯构造详图主要表达下部纵筋伸入支座的长度、上部纵筋在板内的延伸长度、上部纵筋在支座内的锚固(包括直锚和弯锚)以及楼梯的分布钢筋 4 个方面的内容。具体构造方式详见 22G101—2 第 27-61 页内容。

知识点 6:楼梯识图范例

范例 1 板式楼梯平法施工图识读。

设计实例如图 5.77 所示。

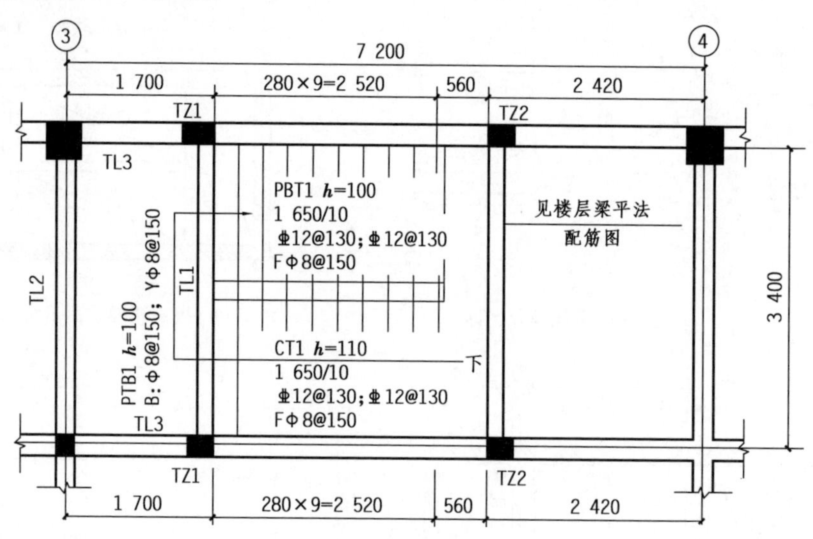

图 5.77 板式楼梯平法施工图设计实例

解 从图中可以看出:

(1)梯段板

①编号、序号:AT1。

②板厚:h = 110 mm。

③踏步高度:"1 650/10"表示踏步段总高度为 1 650 mm,踏步数为 10 个。

④梯板支座上部纵筋、下部纵筋:"⌀ 12@ 130;⌀ 12@ 130"表示上部纵筋为 HRB400 级钢筋,直径为 12 mm,每间隔 130 mm 布置一根;下部纵筋为 HRB400 级钢筋,直径为 12 mm,每间隔 130 mm 布置一根。

⑤分布筋:"F Φ8@ 150"表示楼梯分布筋为 HPB300 级钢筋,直径为 8 mm,每间隔 150 mm 布置一根。

⑥外围注写：踏步宽 b_s = 280 mm，踏步级数 9，楼梯层间平台宽 1 700 mm，楼层平台宽 2 420 mm，楼梯间开间 3 400 mm，进深 7 200 mm。

（2）平台板

①编号、序号：PTB1。

②板厚：h = 100 mm。

③板底短跨配筋/长跨配筋：短跨为Φ8@150，长跨为Φ8@150。

④构造配筋：Φ8@150 均贯通。

范例 2　板式楼梯结构剖面图识读。

设计实例如图 5.78 所示。

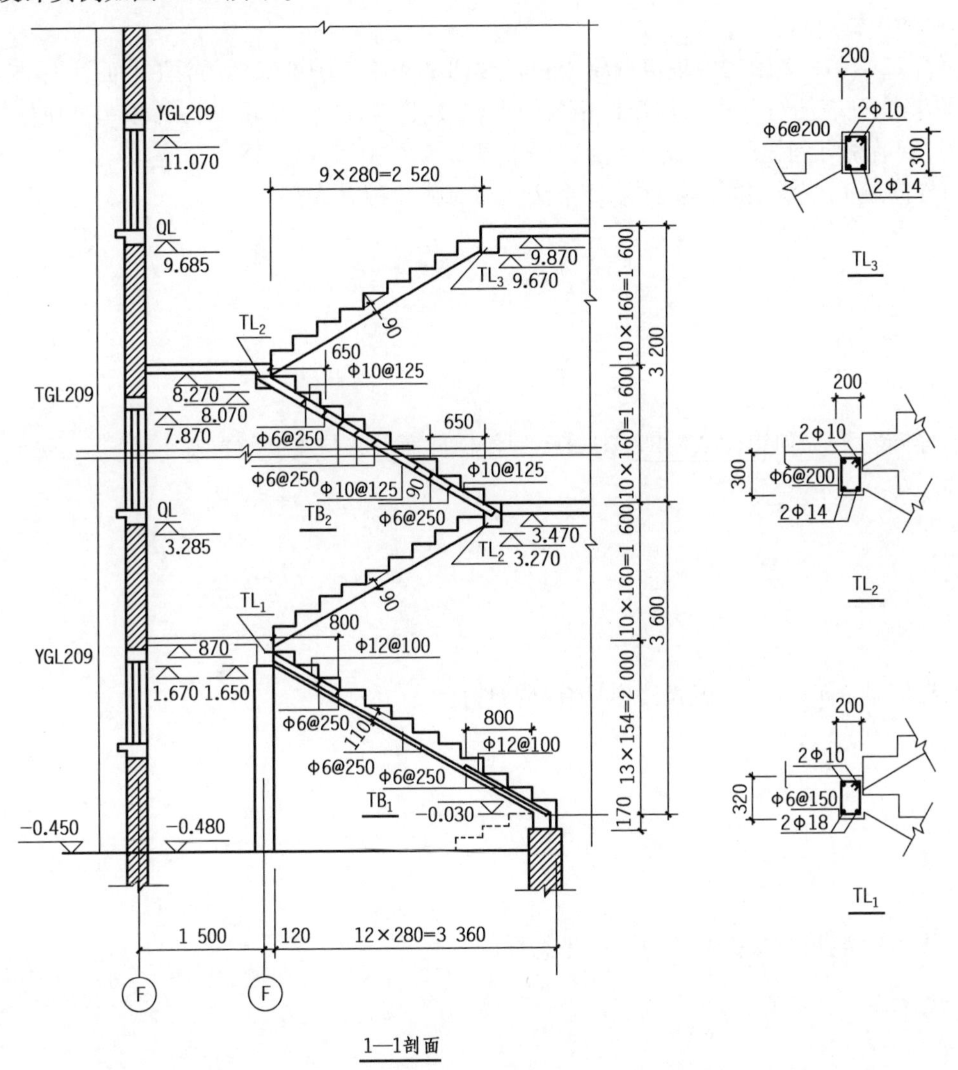

图 5.78　楼梯结构剖面图设计实例

解　①楼梯的结构剖面图是表示楼梯间各种构件的竖向布置和构造情况的图样。图 5.68所示为楼梯结构平面图中所画出的 1—1 剖面图。

②它表明了剖切到的梯段(TB1,TB2)的配筋、楼梯基础墙、楼梯梁(TL_1,TL_2,TL_3)、平台板(YKB)/部分楼板、室内外地面和踏步以及外墙中窗过梁(YGL209)和圈梁(QL)等的布置,还表示出未剖切到梯段的外形和位置。与楼梯平面图相似,楼梯剖面图中的标准层可利用折断线断开,并采用标注不同标高的形式来简化。

③在楼梯结构剖面图中,应标注出轴线尺寸、梯段的外形尺寸和配筋、层高尺寸和室内、外地面与各种梁、板底面的结构标高等。

④图中还画出了楼梯梁(TL_1,TL_2,TL_3)的断面形状、尺寸和配筋。

典型工作环节 3　工作实施

(1)学习资讯材料

学习 22G101—2 图集中现浇混凝土板式楼梯平法施工图的表示方法(平面注写方式、剖面注写方式、列表注写方式),与楼梯相关的平台板、梯梁、梯柱的注写方式,填写工作任务单。

(2)回答引导问题

引导问题 1:现浇混凝土板式楼梯平法注写有哪几种方式?

引导问题 2:如何识读 AT,BT,CT,DT 型楼梯截面形状与支座位置?

引导问题 3:FT,GT 型板式楼梯具有哪些特征?

引导问题 4:板式楼梯的传力方式是怎样的?

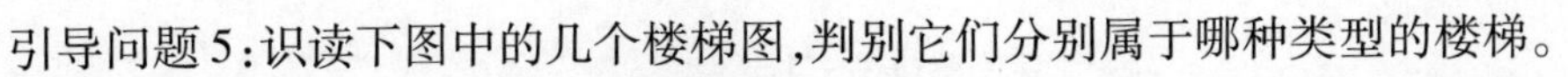

引导问题5:识读下图中的几个楼梯图,判别它们分别属于哪种类型的楼梯。

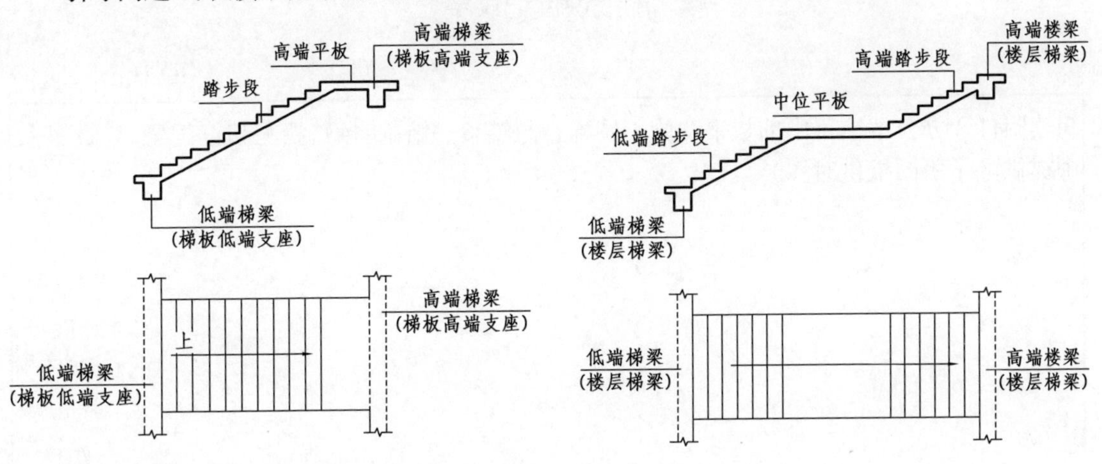

引导问题6:识读下图,描述集中标注的含义。

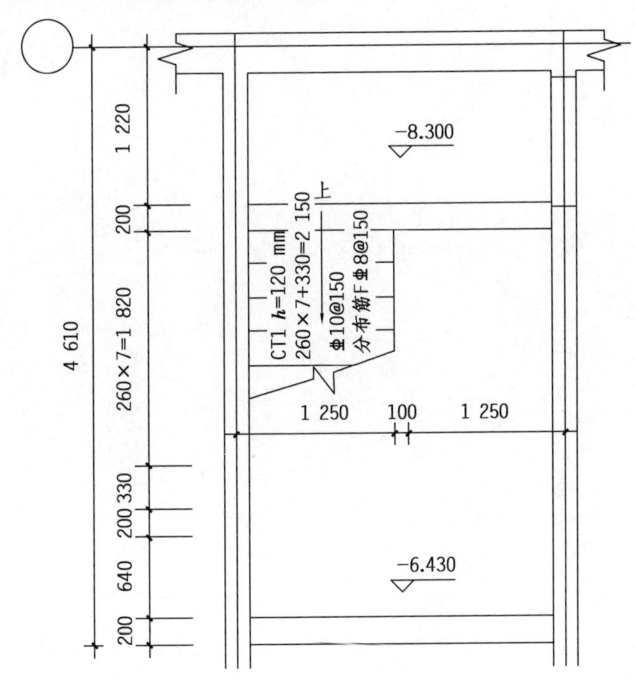

图纸识读记录单

班级：________ 组别：________

识读附件 2 办公楼项目中的板平法施工图样（结施-38—结施-44），撰写识读记录。（此处教师提供电子版图纸供对照）

典型工作环节4　评价反馈

(1)学生自评

学生自评表

班级		姓名		学号	
任务7		识读板式楼梯平法施工图			
评价项目		评价标准		分值/分	得分/分
引导问题1		1. 完整　2. 正确　3. 书写清晰		5	
引导问题2		1. 完整　2. 正确　3. 书写清晰		5	
引导问题3		1. 完整　2. 正确　3. 书写清晰		5	
引导问题4		1. 完整　2. 正确　3. 书写清晰		5	
引导问题5		正确		5	
引导问题6		1. 完整　2. 规范　3. 书写清晰		5	
图纸识读记录单		1. 全面　2. 专业　3. 正确　4. 清晰		35	
工作态度		态度端正,无缺勤、迟到、早退现象		10	
工作质量		能按计划完成工作任务		10	
协调能力		能与小组成员、同学合作交流,协调工作		5	
职业素质		能做到细心、严谨,体现精益求精的工匠精神		5	
创新意识		能提炼材料内容,在阅读标准、规范后,能理论联系实践,完成不同类型结构板平法图样的识读		5	
合计				100	

(2)学生互评

学生互评表

任务名称	识读板式楼梯平法施工图														
评价项目	分值/分	等级								评价对象(组别)					
										1	2	3	4	5	6
计划合理	10	优	10	良	9	中	7	差	6						
团队合作	10	优	10	良	9	中	7	差	6						
组织有序	10	优	10	良	9	中	7	差	6						
工作质量	20	优	20	良	18	中	14	差	12						
工作效率	10	优	10	良	9	中	7	差	6						
工作完整	10	优	10	良	9	中	7	差	6						
工作规范	10	优	10	良	9	中	7	差	6						
成果展示	20	优	20	良	18	中	14	差	12						
合计	100														

(3)教师评价

教师评价表

<table>
<tr><td>班级</td><td></td><td>姓名</td><td></td><td>学号</td><td colspan="2"></td></tr>
<tr><td colspan="2">任务7</td><td colspan="5">识读板式楼梯平法施工图</td></tr>
<tr><td colspan="2">评价项目</td><td colspan="3">评价标准</td><td>分值/分</td><td>得分/分</td></tr>
<tr><td colspan="2">考勤(10%)</td><td colspan="3">无迟到、早退、旷课现象</td><td>10</td><td></td></tr>
<tr><td rowspan="10">工作过程(60%)</td><td>引导问题1</td><td colspan="3">1. 完整　2. 正确　3. 书写清晰</td><td>5</td><td></td></tr>
<tr><td>引导问题2</td><td colspan="3">1. 完整　2. 正确　3. 书写清晰</td><td>5</td><td></td></tr>
<tr><td>引导问题3</td><td colspan="3">1. 完整　2. 正确　3. 书写清晰</td><td>5</td><td></td></tr>
<tr><td>引导问题4</td><td colspan="3">1. 完整　2. 正确　3. 书写清晰</td><td>5</td><td></td></tr>
<tr><td>引导问题5</td><td colspan="3">正确</td><td>5</td><td></td></tr>
<tr><td>引导问题6</td><td colspan="3">1. 完整　2. 规范　3. 书写清晰</td><td>5</td><td></td></tr>
<tr><td>图纸识读记录单</td><td colspan="3">1. 全面　2. 专业　3. 正确　4. 清晰</td><td>15</td><td></td></tr>
<tr><td>工作态度</td><td colspan="3">态度端正,工作认真、主动</td><td>5</td><td></td></tr>
<tr><td>协调能力</td><td colspan="3">能按计划完成工作任务</td><td>5</td><td></td></tr>
<tr><td>职业素质</td><td colspan="3">能与小组成员、同学合作交流,协调工作</td><td>5</td><td></td></tr>
<tr><td rowspan="4">项目成果(30%)</td><td>工作完整</td><td colspan="3">能按时完成任务</td><td>5</td><td></td></tr>
<tr><td>工作规范</td><td colspan="3">能按规范要求,完成引导问题及编制识读记录单</td><td>5</td><td></td></tr>
<tr><td>识读记录单</td><td colspan="3">编写规范、专业、全面</td><td>15</td><td></td></tr>
<tr><td>成果展示</td><td colspan="3">能准确表达、汇报工作成果</td><td>5</td><td></td></tr>
<tr><td colspan="5">合计</td><td>100</td><td></td></tr>
<tr><td colspan="2" rowspan="2">综合评价</td><td>学生自评(20%)</td><td>小组互评(30%)</td><td>教师评价(50%)</td><td colspan="2">综合得分</td></tr>
<tr><td></td><td></td><td></td><td colspan="2"></td></tr>
</table>

典型工作环节5　拓展思考题

识读“附件1 人才公寓楼项目”的板平法图样(结施4-01—结施4-08)的图纸信息,规范撰写识读说明。

参考文献

[1] 王强,张小平. 建筑工程制图与识图[M]. 北京:机械工业出版社,2011.
[2] 王成刚,赵奇平. 工程图学简明教程[M]. 5 版. 武汉:武汉理工大学出版社,2017.
[3] 唐人卫. 画法几何及土木工程制图[M]. 南京:东南大学出版社,2018.
[4] 候爱民. 建筑工程制图及计算机绘图[M]. 北京:国防工业出版社,2001.
[5] 刘志麟. 建筑制图[M]. 北京:机械工业出版社,2009.
[6] 梁玉成. 建筑识图[M]. 3 版. 北京:中国环境科学出版社,2002.
[7] 朱福熙,何斌. 建筑制图[M]. 3 版. 北京:高等教育出版社,1995.
[8] 高竞. 怎样阅读建筑工程图[M]. 北京:中国建筑工业出版社,1998.
[9] 王子茹,黄红武. 房屋建筑结构识图[M]. 北京:中国建材工业出版社,2001.
[10] 王强,赵春荣. 建筑工程制图与识图习题集[M]. 北京:机械工业出版社,2021.